JN234729

新物理学ライブラリ＝別巻2

新版 量子論の基礎

その本質のやさしい理解のために

清水　明　著

サイエンス社

サイエンス社のホームページのご案内
http://www.saiensu.co.jp
ご意見・ご要望は　rikei@saiensu.co.jp　まで．

新版 まえがき

　本書は，筆者の東京大学における講義ノートを，臨時別冊・数理科学SGCライブラリ「量子論の基礎」として出版したものを，増補改訂して単行本にしたものである．SGC版は，量子論の新しいタイプの教科書として幸いに好評であるが，書籍の分類上は雑誌になるために，インターネット書店で入手できない等の問題点も出てきた．また，ページ数の制限から詳しい説明を省いた部分もあった．そこで，SGC版は簡略版としてそのまま残し，大幅に加筆・改訂したものを単行本として出版することになった．それが本書である．具体的な加筆・改訂点は最後に述べることにして，まず本書の特徴と構成を説明する．

　量子論の教科書のほとんどは，1粒子の座標表示の量子力学から説きおこし，次第に「高度な」量子論へと話を進めていく．そうした伝統的な教え方には，伝統であるがゆえの安心感はあるのだが，弊害(へいがい)も少なくないようである．というのは，量子論の基礎をあまりにも特殊な例で学ぶことになるために，その例だけに成り立つ形で「理解」してしまいがちなのである．その結果，その先に進もうとすると，初期に習ったこと・理解した（つもりの）ことが，次々に修正され拡張されてついには内容がほとんど変質してしまったり，あるいは，否定されて「正しい」ものをもういちど学ぶ羽目になる．これを頭の中で整理するのはとても大変なので，多くの学生は，最初に身につけた特定の場合にしか通用しない知識と，もっと進んだ量子論の知識が頭の中で渾然(こんぜん)一体となってしまって，混乱することになる．（筆者自身も同級生も学生のときに何回か混乱した.）そして，たくさん習った中で何が量子論の本質なのかという肝心な点も，見失いがちである．

　また，物理系でない学科の学生に量子論の入門的な講義をする場合にも，このような伝統的な教え方の初めの部分を教えることが多いのではないだろうか？しかし，そのような学生の多くは，量子論をプロからきちんと学ぶのはそれが最初で最後になるわけで，いわば一期一会(いちごいちえ)の量子論としてそれがふさわしい内容なのだろうか？むしろ，量子論の本質を，できるだけ簡単な計算を用いて教えるべきではないのだろうか？

このような問題意識から，量子論の基礎と本質をきちんと，しかし易しく解説した新しい量子論の教科書が必要だと考え，試行錯誤(しこうさくご)の末に生み出したのが本書である．具体的には，本書は次のように構成した：1) 古典論の破綻(はたん)を第1章で説明し，2) 全ての量子論に共通する基本原理を第2章で示し，3) それを具体化する形式の中で最も基本的である演算子形式の5つの「要請」（公理）を，有限自由度系の量子論を説明の場として借りながらも，最も一般的な形で第3章で示し，4) その演算子形式の量子論を個々の系について具体的に構成するための代表的な方法である正準量子論を第4章で説明し，5) その簡単な応用例として1次元の易しい基本的な計算を第5章で扱い，6) 時間発展に関する必須の知識を第6章で述べ，7) 無限自由度系の量子論を，有限自由度系との共通点と相違点に重きをおいて第7章で説明し，8) 量子論の本質を表すベルの不等式を第8章で詳しく解説し，9) 第9章では，第2章の基本原理を「基本変数」を用いて再論し，10) 最後に，さらに学びたい人のための指針を述べた．また，計算の複雑さのあまり本筋を見失うことがないように，用いる例は，どれも簡単な計算で済むものばかりにした．

　2) から5) の流れを見ればわかるように，通常の量子論の入門書とは全く逆に，普遍的で一般的な基本原理から始めて，それを具体化し，個々のケースへの応用例に向かうという，いわば川上から川下へ向かう方向で解説していく．これにより，一般の量子論の中で自分が今どこを学んでいるかを常に把握しながら学べるし，先に進むたびに知識を修正する必要もなくなる．そして，易しく丁寧(ていねい)に解説をしたので，このような川上から始める書き方をしたにもかかわらず，スペードマーク♠の付いた項をとばして読めば，全くの初心者や，高校で物理をやらなかった学生でも読める教科書になっている．（これは講義で実証済みである．）また，わかりやすさを損なわない範囲で，できるだけ正確な記述を心がけた．そして，数学的に注意すべき点とか，プロも注意すべき点とか，分野によって異なる様々な立場がどうなっているかなども，スペードマークを付けて記してある．これらにより，筆者としては，他の本を読む前に最初に読むべき本，そして，進んだ量子論の学習・研究をしているときでも参照してもらうと役立つ本を狙ったつもりである．

　SGC版からの加筆・改訂点は次のとおりである：新しく付け加えた節は，1.4

新版 まえがき

節, 3.12 節, 3.16 節, 3.20.3 節, 3.26.5 節, 4.7.1 節, 5.8 節, 7.4 節である．さらに，0.2 節, 1.2 節, 2.5 節, 3.20.2 節, 4.5 節, 4.6 節, 5.16 節, 6.3 節, 7.1.2 節補足, 8.6 節, 8.7 節,「さらに学びたい人のための指針」を大幅に加筆・改訂した．また，4.2 節, 4.3 節はそれぞれ 1 自由度系と多自由度系に分けて説明を詳しくし，5.6 節は独立した節にして加筆した．さらに，理解を助けるために講義の際に黒板に書いている図を，図 1.1, 図 3.1, 図 3.2, 図 3.3, 図 5.3, 図 5.4, 図 5.6, 図 8.1, 図 8.2 として付け加えた．また，随所に挿入した補足にタイトルを付けて，内容が一見して判るようにした．留学生が増えてきたことに配慮して，ふりがなも増やした．さらに，学生の要望に応えて，練習問題の数も倍以上に増やした．ただし，量子論に限らず，最良の練習問題は，本の内容の一節をひと通り読んで理解したつもりになった後で，本を閉じて，その議論の内容を，自分なりのやり方でよいから，紙に書いて繰り返してみることである．本書は，そのように勉強する途中で練習問題も解く，というように読み進んで欲しい[*1]．また，読者のレベルや要求に応じて読みやすくするために，スペードマーク ♠ の付け方を次のように変えた：1 個＝学部 2 年生後期から 4 年生向け，2 個＝それ以上向けで，プロが読んでも有益なものを含む．これら以外にも，全ての節に細かい加筆・改訂を施し，結果として，3 割も分量が増える大きな増改訂となった．SGC 版も安価な簡略版として併売することになったので，以上の加筆・改訂点を参考にして御自分に適した方を選んでいただけばよいのではないかと思う．筆者としてはどちらを薦めるかと問われれば，厚くなったのが気にならなければ，説明が詳しいこの新版の方をお薦めする．

今回の増改訂でも，多くの方々のお世話になった．次ページ以降に掲載した SGC 版まえがきに記した方々には今回も助けていただいたし，今回はさらに，山西正道氏，古沢明氏，小芦雅斗氏，沙川貴大氏，木村敬氏，立本貴大氏，清水恵利香氏，清水皓貴氏にも助けていただいた．この場を借りて深く感謝したい．

2004 年 2 月

清水 明

[*1] 決まり切った問題を解くのが目的の受験勉強の影響か，本の内容をろくに理解しないまますぐに演習書をやろうとする学生が少なくない．だが，量子論のような学問を学ぶときには，そのようなやり方ではいくら勉強しても理解には至らない．

初版（SGC版）まえがき

本書は，量子論の，新しいスタイルの入門書である．読者として想定しているのは，第一には全くの初学者であるが，それだけではない．ほとんどの章は，量子論を既に学んだことのある読者が読んでも役立つと思うし，さらに，大学院生以上の読者が量子論を整理し直すのにも役立つと思う．一言で言えば，筆者自身が「自分はこういう本で量子論の勉強を始めたかった——そうすればずっと早く本質が判ったのに」と思うような本を書いたつもりである．また，進んだ量子論を学ぶときに，「判らなくなったらこの本のところまで戻ってくればよい」という原点のようなものも目指している．そして，物理的には（解りやすさを損なわない範囲で）最大限正しく，数学的には，脚注や補足を手がかりにして調べれば本書の物理的な記述との違いが判るように書いたつもりである[*2]．

入門書であるから，まったくの初学者——例えば大学の1年生や文科系の大学生，あるいは，向学心に燃える高校生——が読んでも判るように，必要な事は（**複素数**などの初等的な数学を含めて）全て書いたつもりである．実際，筆者は本書のもとになった講義ノートを用いて，東京大学教養学部の1・2年生（高校で物理を履修しなかった学生も含む）や，同学部の文科系の学生向けに量子論の講義を行い，好評であった．学生の到達度も，成績評価はレポートでなく計算問題の試験を（文科系の学生にも！）課したのだが，きわめて良好であった．講義を行う前は，仲間の物理学者達から「そんな高度なことをいきなり教えるのは無理だ」という心配が多く寄せられたが，丁寧に教えれば「高度」なことも理解してもらえることが実証されたと思う．

その一方で，初学者だけでなく，量子論をひととおり学んだ読者が「あの項目とこの項目との，論理的な繋がりはどうなっているのだろう？」「いろんな事を習ったけれど，結局量子論とは何だろう？」「古典論をどんどん拡張していったとすると，量子論との違いは残るのだろうか？」などという疑問を抱いた時に，読むと役立つ本でもある．このような多様な読者の便を考え，読者のレベ

[*2] ただし，数学を志す人以外は，数学的厳密さに深入りせずに，物理的な正しさを身につけることの方に意識を向けることをお薦めする．

初版(SGC版)まえがき

ルに応じた読み方の指針を♠で表現し，このマークの利用の仕方を 0.2 節で説明したので，参考にして欲しい．

具体的には，本書の最大の特徴は，およそ量子論と名の付く理論であればどんな理論でも有している**一般的な枠組みを最初に(第 2 章で)提示する**，という従来の入門書にはなかったスタイルを採ったことにある．これは，有限自由度・無限自由度，閉じた系・開いた系，純粋状態・混合状態，相対論的・非相対論的を問わずに成り立つ，(現時点では)最も一般的な枠組みである．従来は，このような「高度」なことは，長年量子論を学んだ末にようやく到達する理解とされていた．しかし，実際に書き下してみると，さほどの基礎知識を要求されるようなものではなく，むしろ，何の先入観も持たない人なら(多少難しく感じることはあっても)無理なく理解できる内容であった．そこで，これを真っ先に教えることにした．この枠組みを理解することによって，量子論の具体的な定式化も「どうしてそんなふうに考えるのか？」と悩まずにすむと思う．しかも，この量子論の一般的枠組みと対比すべき「古典論」を，従来のように古典力学や古典電磁気学のような狭い意味の古典論に限定するのではなく，(古典計算機を最も一般的に記述した)チューリングの計算機理論のようなもっと**広い意味での古典論に選んで対比させている**．このような対比のさせ方は，量子論の本質的な部分を浮き上がらせるものとして，特に近年その重要性が高まっているものである．

第 2 章で述べた基本的枠組みを具現化するひとつの定式化として，第 3 章以降で，量子論の最も基本的な形式である演算子形式の量子論を説明する．具体的には，まず第 3 章で，有限自由度系の量子論の，正準量子化によらない必要十分な公理系を提示する．不思議なことに，このように公理系をきちんと提示してある本はあまり多くないので，量子論をひととおり学んだ人が知識を整理するためにも役立つと思う．不確定性関係や測定後の状態に関する記述も，近年その重要性が高まっているにもかかわらず，混乱した記述の本が少なくないので，できる限り正確な記述に努め，混乱しやすい点を注意しておいた．第 4 章では，量子論を構成するのに最もよく使われる手続きである，正準量子化を説明した．一意性定理，正準量子化の曖昧さ，有限次元ヒルベルト空間との違いなど，あまり従来の入門書では強調されていない重要事項についても述べて

おいた．第5章は，第3章・第4章の簡単な応用である．初学者以外は読み飛ばしてもよい．(初学者は，必ず読んで，問題も解くこと．) 第6章は，時間発展についての標準的な記述であるが，6.4節では，いわゆる「時間とエネルギーの不確定性関係」について注意しておいた．第7章は，第2章の一般的な枠組みで，場の量子論も自然に理解できることを説明したものである．そして，7.3節で，第3章の有限自由度系の論理構成のどこが場の量子論では変更されるかを述べた．第8章では，ベルの不等式を詳しく解説した．これは，いわば量子論の核心を見抜いた不等式であり，近年その重要性が広く認識され応用されるようになった不等式だが，従来の教科書ではあまり解説されなかった事項である．最後に第9章では，第2章で述べた一般的枠組みを，「物理量を基本的な変数から構成する」という物理の標準的な立場から書き直すとどうなるかを述べた．これにより，第2章で述べた量子論の本質が，いっそうはっきり見えてくると思う．付録には，初学者の便のために，複素数，複素ベクトル空間，行列の必要な知識をまとめた．また，問題の解答例も記しておいた．

　本書を教科書として講義を行う場合の指針を記しておく．本書は，筆者がそうしているように，まったくの初学者に対する量子論の講義の教科書として使用することができる．標準的な半年間の講義の場合には，♠が付いている項目を省き，場合によっては第8章も割愛すればよいと思う．さらに，文科系の学生のように，将来量子論を直接利用する可能性が少ない学生に講義するときには，第3章の中程ぐらいまでをゆっくりと講義するのがよいと思う．経験上，それで充分，量子論という新しい世界観に触れさせることができ，新鮮な驚きを感じてくれる．他方，すでに量子論を学んだことのある学生に対する講義であれば，第0章・第1章・第5章を省略して全体を講義するなど，学生のバックグラウンドに合わせて取捨選択していただけるとよいと思う．

　なお，**本書のミスプリント**などが出版後に見つかった場合には，**筆者の研究室のホームページ** http://as2.c.u-tokyo.ac.jp に公開してゆく予定なので，役立てて欲しい．(将来アドレスが変わった場合には，検索エンジンなどで検索して欲しい．) また，参考文献は，ありふれた(例えば線形代数の)教科書以外は，洋書や原著論文になってしまうことが多く，本書の性格上割愛した．それに関する情報も，随時上記のホームページに公開してゆく予定なので，参考に

初版（SGC 版）まえがき

して欲しい．

　本書を執筆するにあたって，多くの方々に助けていただきました．特に，筆者と同世代の田崎晴明氏，若手研究者の宮寺隆之氏，学部学生の竹川敦氏は，年末年始のお忙しい時期にもかかわらず筆者の書きかけの原稿に目を通してくださり，三者三様の異なる視点から，大変多くのことを教えて下さいました．深く感謝をいたします．三氏だけでなく，北野正雄氏，筒井泉氏，小嶋泉氏，猪野和住氏，杉田歩氏，若山澄子氏，小澤正直氏，樋口三郎氏，加藤弘詔氏をはじめとする多くの物理学者・数学者の方々にも様々なご教示をいただきました．また，筆者の講義を受けた学生諸君の質問や指摘も，大変有益でした．ただし，本書の内容にもしも誤りがあったとしたら，もちろん筆者一人の責任です．最後に，いつも筆者を支えてくれている家族に，この場を借りて感謝したいと思います．

2003 年 2 月

清水　明

目次

序章   1
- 0.1 粒子の干渉と抽象化された自然観 1
- 0.2 本書の読み方—記号「♠」について 5
- 0.3 本書で用いる記法など 6

第1章 古典物理学の破綻   9
- 1.1 原子の大きさと安定性 9
- 1.2 電子のスピンの測定 10
- 1.3 ベルの不等式 12
- 1.4 ♠ 量子論は論理的必然なのか？ 14

第2章 基本的枠組み   16
- 2.1 古典論の基本的枠組み 16
- 2.2 量子論の基本的枠組み 18
- 2.3 自由度 21
- 2.4 閉じた系／開いた系 22
- 2.5 純粋状態／混合状態 22
  - 2.5.1 純粋状態と混合状態の例 23
  - 2.5.2 ♠ 一般の混合状態と純粋状態 24
  - 2.5.3 ♠ 混合状態の分解の非一意性 25
  - 2.5.4 ♠♠ 定義の一般性に関する注意 26
  - 2.5.5 ♠♠ 古典論の混合状態 26
- 2.6 ♠♠「同じ状態・異なる状態」再考 27

第3章 閉じた有限自由度系の純粋状態の量子論   28
- 3.1 基本的な考え方 28

	3.1.1 公理あるいは要請	28
	3.1.2 抽象的な量による記述	29
3.2	複素ヒルベルト空間	30
3.3	量子状態	34
3.4	演算子とその固有値・固有ベクトル	37
3.5	自己共役演算子と可観測量	40
3.6	自己共役演算子の固有値	44
3.7	正規直交完全系と波動関数 – 離散固有値の場合	45
3.8	ブラとケット	51
3.9	射影演算子	54
3.10	スペクトル分解と演算子の関数	57
3.11	ボルンの確率規則 – 離散固有値の場合	59
3.12	♠ ボルンの確率規則についての注意	62
	3.12.1 ♠ アンサンブル	62
	3.12.2 ♠ 物理量の値は実数か？	64
	3.12.3 ♠ 不定計量のヒルベルト空間	64
3.13	期待値	65
3.14	状態の重ね合わせと干渉効果	66
3.15	正規直交完全系と波動関数 – 連続固有値の場合	69
3.16	♠♠ 連続固有値に関する数学的注意	72
	3.16.1 ♠♠ 連続固有値の固有ベクトルはヒルベルト空間の元ではない	72
	3.16.2 ♠♠ 連続固有値の場合の射影演算子や積分の表し方 . .	73
	3.16.3 ♠♠ 演算子の定義域の問題	73
3.17	ボルンの確率規則 – 連続固有値の場合	73
3.18	ゆらぎ	78
3.19	交換関係と不確定性原理	81
3.20	♠ 不確定性原理にまつわる注意	84
	3.20.1 ♠ 交換子が定数でない場合の不確定性関係とその意味	84
	3.20.2 ♠♠ いろいろな不確定性関係	85

- 3.20.3 ♠♠ 自己共役でない可観測量 87
- 3.21 同時固有ベクトル 88
- 3.22 交換する物理量の完全集合とヒルベルト空間の選択 89
- 3.23 閉じた量子系の時間発展 — シュレディンガー方程式 94
- 3.24 エネルギー固有状態 96
  - 3.24.1 エネルギー固有状態の時間発展 96
  - 3.24.2 一般の状態の時間発展 97
  - 3.24.3 確率の保存 100
  - 3.24.4 ♠ 確率の保存の別証明 101
- 3.25 測定直後の状態 — 射影仮説 101
- 3.26 ♠ 射影仮説について 103
  - 3.26.1 ♠ 状態の用意 103
  - 3.26.2 ♠ 理想測定とは何か？ 104
  - 3.26.3 ♠ 非ユニタリー発展 105
  - 3.26.4 ♠ 連続スペクトルの場合 105
  - 3.26.5 ♠♠ ボルンの確率規則に射影仮説を含める立場 107

第4章 有限自由度系の正準量子化　　109

- 4.1 ♠ 古典解析力学 109
  - 4.1.1 ♠ ラグランジュ形式 109
  - 4.1.2 ♠ ハミルトン形式 111
- 4.2 正準量子化 112
  - 4.2.1 1自由度系の正準量子化 112
  - 4.2.2 ♠ 多自由度系の正準量子化 115
- 4.3 正準交換関係のシュレディンガー表現 117
  - 4.3.1 1自由度系の場合 117
  - 4.3.2 1自由度系のシュレディンガー表現による計算法 . . . 119
  - 4.3.3 ♠♠ 数学的注意 122
  - 4.3.4 ♠ 多自由度系の場合 122
  - 4.3.5 ♠ 多自由度系のシュレディンガー表現による計算法 . . 125

目次

- 4.3.6 ♠ 同種の粒子を複数個含む系の場合 126
- 4.4 フォン・ノイマンの一意性定理 127
- 4.5 ♠♠ 正準量子化の曖昧さ 128
- 4.6 行列表示 131
  - 4.6.1 行列表示の基本 131
  - 4.6.2 さまざまな行列表示 133
- 4.7 ♠ 無限次元ヒルベルト空間の注意 135
  - 4.7.1 ♠ 対角和 136
  - 4.7.2 ♠♠ 強収束と弱収束 137

第5章 1次元空間を運動する粒子の量子論　140

- 5.1 1次元空間を運動する粒子のシュレディンガー方程式 140
- 5.2 シュレディンガーの波動関数に対する種々の条件 142
- 5.3 1次元自由粒子 145
- 5.4 ド・ブロイの関係式 148
- 5.5 連続固有値に属する固有関数のラベル付けの注意 150
- 5.6 波動関数の「次元」について 151
- 5.7 1次元井戸型ポテンシャル—無限に高い障壁 152
  - 5.7.1 解き方 152
  - 5.7.2 解 154
  - 5.7.3 エネルギーの量子化 156
- 5.8 物理量の値の「量子化」と量子論の名の由来 157
- 5.9 重ね合わせの例 158
- 5.10 不確定性関係による基底準位の見積もり 161
- 5.11 水素原子 162
- 5.12 1次元井戸型ポテンシャル—有限の高さの障壁 ... 164
  - 5.12.1 $0 \leq E < V_0$ の場合 165
  - 5.12.2 $E \geq V_0$ の場合 167
- 5.13 波束 167
- 5.14 確率の流れ 170

5.15	トンネル効果	173
5.16	調和振動子	177

第6章　時間発展について　183

- 6.1 外場のかかった系の時間発展 183
- 6.2 時間発展演算子 184
  - 6.2.1 一般論 184
  - 6.2.2 ハミルトニアンが時間に依存しない場合 185
  - 6.2.3 ♠ハミルトニアンが時間に依存する場合 187
- 6.3 ハイゼンベルク描像 188
  - 6.3.1 シュレディンガー描像からハイゼンベルク描像への移行 189
  - 6.3.2 ハイゼンベルクの運動方程式–シュレディンガー描像では時間に依存しない物理量の場合 190
  - 6.3.3 保存則 191
  - 6.3.4 ♠ハイゼンベルクの運動方程式–シュレディンガー描像でも時間に依存する物理量の場合 192
  - 6.3.5 ♠$t_0 \neq 0$でシュレディンガー描像と一致するハイゼンベルク描像 193
- 6.4 いわゆる「時間とエネルギーの不確定性関係」 194

第7章　♠場の量子化—場の量子論入門　196

- 7.1 ♠場の古典解析力学 197
  - 7.1.1 ♠ラグランジュ形式 197
  - 7.1.2 ♠ハミルトン形式 199
- 7.2 ♠場の正準量子化 201
- 7.3 ♠♠有限自由度系との違い 205
- 7.4 ♠♠始めに何がありき? 207

第8章　ベルの不等式　209

- 8.1 遠く離れた2地点での実験 209

8.2	離れた地点での実験データの間の相関	211
8.3	局所性と因果律	214
8.4	局所実在論による記述	215
8.5	ベルの不等式	218
8.6	♠ 交換する物理量の同時測定の量子論	219
	8.6.1　♠ 離散スペクトルの場合	220
	8.6.2　♠ 連続スペクトルの場合	222
	8.6.3　♠♠ 異時刻相関についての注意	224
8.7	♠ 量子論によるベルの不等式の破れ	225
8.8	ベルの不等式の意義	230

第 9 章　♠ 基本変数による記述のまとめ　233

- 9.1　♠ 基本変数 … 233
- 9.2　♠ 基本変数を用いた古典論の基本的仮定と枠組み … 236
- 9.3　♠ 基本変数を用いた量子論の基本的仮定と枠組み … 237

さらに学びたい人のための指針　241

付録 A　複素数と複素ベクトル空間　243

- A.1　複素数 … 243
- A.2　複素ベクトル空間 … 245

付録 B　行列　248

付録 C　問題解答　251

索　引　260

補足目次

物理量の値の一覧表　17

写像　21

内積空間の完備性　34

双対空間　53

物理量に関する記法　65

超選択則　68

規格直交条件を満たさせる仕方　71

波動関数の名の由来と古典波動との違い　77

量子論の予言は $\mathcal{H}$ の選び方に依らないか？　94

ハイゼンベルク描像での正準交換関係　115

ワイル型の正準交換関係　128

正準変換はユニタリー変換で書けるか？　130

波動関数の微係数が不連続になる例　144

(5.24) の導出　147

古典波動との違い　149

固有関数のラベル付けの一般の場合　150

例 3.23 と同じ結果になった理由　160

定常状態でトンネル確率が計算できる理由　176

可分なヒルベルト空間　182

対称性と保存則　192

汎関数と汎関数微分　200

格子の上の場の量子論　204

ハイゼンベルク描像における正準交換関係　205

相関の定義　214

要請 (3) の表現法　224

局所量子論における $|C|$ の最大値　230

ミクロな理論は万能ではない　235

序章

0.1 粒子の干渉と抽象化された自然観

　普段，目で見ているもの，肌で感じているものだけを用いて，自然は記述できるのでしょうか？　あるいは，物質をどんどんバラバラに分解していって，ついには無限に小さな構成要素にまで分解できたとして，その極微の（ミクロな）構成要素—ここではその代表として，電子を取り上げましょう—が，とても小さいし軽いという点を除けば，普段目で見ている物質（例えばパチンコ玉）と，変わらない運動をするのでしょうか？　もしもそうであったならば，電子が運動している極微の世界のことを想像するには，例えば，私たちの体が，ドラえもん（藤子不二雄氏の漫画に出てくる，未来から来た猫型ロボット）のスモールライト（その光が当たった物は小さくなる）で小さくなった，という程度の想像を働かせればこと足りたことでしょう．ところが，20世紀の初めに科学者たちは，自然界はそんなに人間に理解しやすい形で存在しているのではないということを見出したのでした．極微の構成要素たちの運動を想像するには，単にスモールライトの力を借りるだけではダメで，どうしても，普段の経験には現れないような，ある種の抽象化された概念が必要なのでした．そのことについて少しお話をしてみたいと思います．

　まず，実験から始めましょう．それには，あなたの友人に手伝ってもらうのがよいでしょう．まず，日常の経験事実の復習をします．部屋の真ん中に衝立を立てて，部屋を2つに仕切ってください（図0.1）．その一方の側にはあなたが，他方には友人が入ってください．友人には，パチンコ玉をたくさん持たせてあげてください．衝立には，縦に長い細長いすき間（スリット）を2本，互

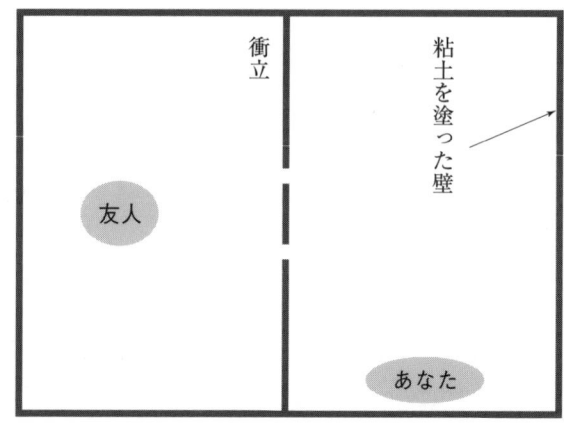

図 0.1 部屋の真ん中に，スリットが 2 本開いた衝立を立てる．

いに平行に開けておいてください．

　準備が整ったら，友人に，衝立のほうに向かって，でたらめにパチンコ玉を投げるように頼んでください．スリットの存在は気にしなくてよいですから，とにかくでたらめな方向に，力一杯，どんどん投げてもらってください．そうすると，パチンコ玉のうちのいくつかは，たまたまスリットを通り抜けて，あなたのいる側に飛び込んできて，あなたの後ろの壁にぶつかるでしょう．言い忘れましたが，壁には，粘土を塗っておいてください．そうすれば，パチンコ玉がぶつかった位置にへこみができますから，友人がたくさんの玉を投げ終えたあとには，無数のへこみが，図 0.2 のような模様を壁に作り出すことでしょう．2 本の縦長の模様の中心は，友人の手から投げ出された玉が，たまたまスリットの中心の位置を通ったときに着弾する位置—友人の位置とスリットの中心を結んだ直線が壁と交わる位置—に他なりません．その周りに少し広がっているのは，スリットの端を通った玉の着弾位置です．それよりもっと広がった位置にも，ぽつりぽつりとへこみが見えますが，これは，スリット側面にぶつかって軌道を変えられた玉の着弾位置です．

　この結果は，物理学の観点からは，「パチンコ玉が，ニュートン力学に従って運動する」として説明できます．実際，この力学理論によると「力を受けない物体は直進する」ということになりますが，これがまさに，「友人の位置とスリッ

0.1 粒子の干渉と抽象化された自然観

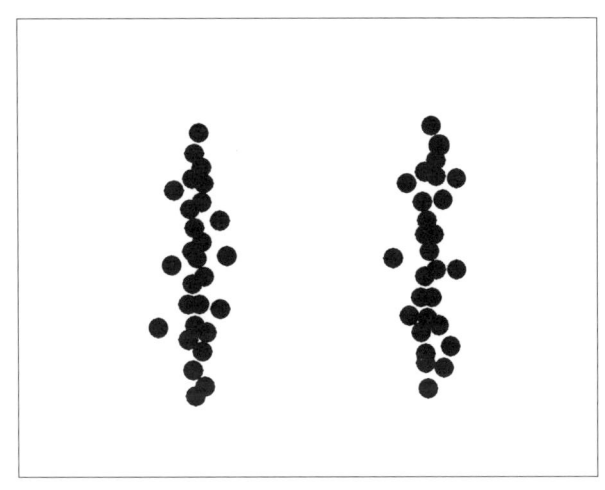

図 0.2 粘土を塗った壁への，パチンコ玉の着弾位置．

トの中心を結んだ直線が壁と交わる位置に模様の中心が出来る」ということを説明します．このように，ニュートン力学は，日常的な状況下では，目に見えるか見えないかぐらいの小さな物体から，地球や太陽のように大きな物体まで，その運動を，充分な精度で記述しています．ただし，「目に見えるか見えないかぐらいの小さな物体」の運動が記述できるといっても，そのような物体は，実は，極微の構成要素がおよそ 100,000,000,000 個も集まって出来ているので，ニュートン力学が極微の世界まで記述できるという証拠にはなりません．はたして，極微の世界もニュートン力学に従うのでしょうか？ この問いに答えるために，電子を用いて上の実験と同様の実験をやってみましょう．

友人に，今度は電子をたくさん持たせてあげて，さきほどと同じように，衝立のほうに向かって投げてもらってください．やはり，電子たちの一部は，スリットを通り抜けて後ろの壁に当たるでしょう．その着弾位置を見るのに，粘土は適していませんから，電子に感光するフィルムを壁に貼っておいて下さい．さあ，どんな模様ができましたか？ 仮に，電子もニュートン力学に従うものならば，先程とほとんど同じ模様が出来るはずです．なぜなら，パチンコ玉と電子は，質量も大きさもまるで違うものの，「力を受けない物体は直進する」とい

う点で一致することになるからです．ところが，この実験を実際に行うと*1)，図 0.2 とは全く異なる，図 0.3 のような縞模様になるのです！この縞模様は，波の干渉で出来る縞模様に似ているので，**干渉縞**と呼ばれます．古典的には粒子と考えられてきた電子が，波のように干渉縞を示したのです！

　こうして，ニュートン力学が極微の世界では正しくないことが判りました．それでは，極微の世界を記述するもっと正しい法則——**量子論**と呼ばれています——はどんなものでしょうか？ ニュートン力学は，「粒子の運動を予測するには，粒子の位置座標を，時々刻々追いかけてゆけばよい」という分かり易い考え方を採用し，その「追いかけてゆく」仕方を，ひとつの式として表したものでした．極微の世界の法則としてまず思いつくのは，この「追いかけてゆく仕方」の部分にだけ変更を加えたものでしょう．ところが，それではどうしてもうまくいきませんでした．上で述べた干渉実験の結果だけなら何とかなるのですが，他の実験を行うと，ぼろが出てしまうのです（1.3 節と第 8 章参照）．うまくいかない原因は，「粒子の位置座標を，時々刻々追いかけてゆけばよい」と

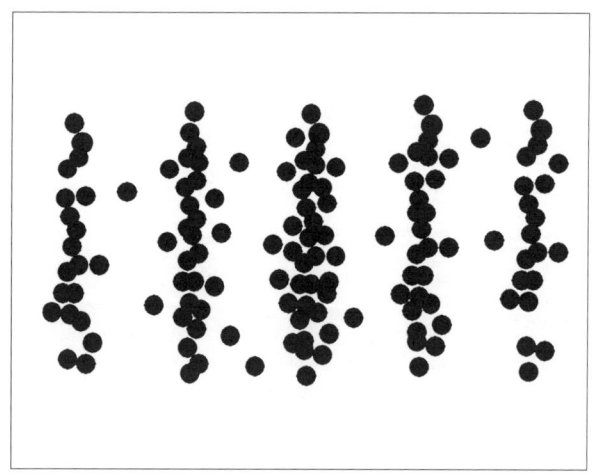

図 0.3　電子に感光するフィルムを貼った壁への，電子の着弾位置．

---

*1)　この実験を行うには，電子のエネルギーをきれいに揃えるなどの高度な技術が必要で，実際に実験が行われたのは，1980 年代になってからである．

いう基本的考え方にあったのです．この考え方が成り立つための前提は，「粒子には，常に位置がある（各瞬間瞬間に定まった位置を持つ）」という仮定です．これは，あまりにも当たり前に見えて，「なんでそれが仮定なのか」と不審に思われるかもしれません．ところが，まさにこの常識のような仮定を捨てなければ，極微の世界の運動は記述できないのでした．

量子論では，どの時刻においても定まっているのは，電子の位置ではなくて，「状態ベクトル」と名付けられた抽象的な量だと考えます．ニュートン力学では，物体の位置と速度によって，その物体の状態を表していたのに対し，量子論では，この抽象的な量によって電子の状態が記述されるのです．そんな抽象的な量を考えないと，極微の世界の記述がどうしてもできないのです．これは，科学者だけでなく，哲学者にとっても，大いにショッキングな事実でした．我々は，「位置」のようなものならば，日常経験から，なんとなく直感的に理解できますが，そういう直感的理解が難しい量を考えざるを得なくなったのですから．人間の素朴な常識は，自然界を相手にするときには通用しないことを，まざまざと見せつけられたのです[*2]．

0.2 本書の読み方—記号「♠」について

本書は，学部の 1 年生や文科系の学生でも全てを読みこなすことができるように，必要な説明は全て書いたつもりである．ただし，♠ や ♠♠ を付けた項目はやや程度が高いので，初学者は飛ばして読んでよい．

物理学を志す人が読む場合の目安としては，♠ は学部 2 年生後期から 4 年生ぐらいまで向けの内容であり，♠♠ はそれ以上向けの内容である．だから，学部の 1 年生から 2 年生の前期ぐらいのうちは，♠ や ♠♠ が付いた項目を飛ばして読んでおき，学年が上がってからこれらの項目を読むとよい．

なかでも ♠♠ が付いた項目[*3]は，プロが読んでも有益な内容も含んでいるので，特に理論志望の学生は，いつかは読んで欲しい．また，プロの方が，♠♠ が付いた項目だけ拾い読みするのも一興ではないかと思う．

[*2] 以上，東京大学教養学部報第 393 号 (1995 年) 掲載記事「抽象化された自然観」を（一部増補改訂の上）再録．

[*3] ♠♠ が付いていない節にも，♠♠ の付いた補足や脚注を付記した所がある．

もちろん，意欲のある読者は，学年が低くても好きに読んでいただいて構わない．時には背伸びが理解への早道になることもある．

0.3 本書で用いる記法など

本書では，物理学の習慣に従い，以下のような記号を頻繁に使う．

- $\neq$：等しくない．
- $\simeq$：ほぼ等しい．
- $\sim$：大きさの程度（オーダー (order)）が等しい．ただし物理では，数学とは違って，**「10倍以内程度の違い」**という**意味**で使うのが普通である．例えば，$10^{10} \sim 0.5 \times 10^{10} \sim 2 \times 10^{10}$ である．
- $\geq$：$>$ または $=$　　　（$\leq$ も同様）．
- $\gtrsim$：$>$ または $\simeq$　　　（$\lesssim$ も同様）．
- $\gg$：ずっと大きい．
  例えば，$10^{10} \gg 1$ だが，$0.5 \times 10^{10} \gg 1$ であるし，$2 \times 10^{10} \gg 1$ でもあるので，$\gg$ を使うときは**1桁程度の数係数は省いてしまってよい**．「ずっと小さい」という意味の $\ll$ も同様．
- $\equiv$：○○と定義する．
- ∞：無限大．
- 「for」「all」「every」「or」：for ＝「・・・について」，all ＝「全ての，任意の」，every ＝「どの・・・も」，or ＝「または」なので，例えば「for all x」は「任意の x について」という意味．
- 分数 $\frac{b}{a}$ は b/a とも書く．
- 和の記号：$a = -1, 0, +1$ とか $a = 1/2, 1/3, 1/4$ のように，値が連続していない飛び飛びの（離散的な）変数を**離散変数** (discrete variable) と言う．$\sum_a$ あるいは $\sum_a$ によって，離散変数 a についての和をとることを表す．
- 和の範囲を示すには，例えば $0 \leq a \leq 3$ の範囲内の a のとりうる値全てについての和であれば，$\sum_{a=0}^{3}$ とか $\sum_{0 \leq a \leq 3}$ と書く．ただし，**和の範囲が自明であれば，それはわざわざ書かない**．

0.3 本書で用いる記法など

- 2重の和 $\sum_a \sum_b$ は，$\sum_{a,b}$ とか $\sum_{a,b}$ とも書く．
- 積分の記号：-1 から 1 までの全ての実数 x，のように連続した値をとりうる変数を**連続変数** (continuous variable) と言う．連続変数に対する積分 $\int f(x)dx$ を $\int dx f(x)$ とも書く．
- 積分範囲を示すには，例えば $0 \leq x \leq 1$ なる範囲の積分なら，$\int_0^1 f(x)dx$ とか $\int_{0 \leq x \leq 1} f(x)dx$ と書く．ただし，**積分の範囲が自明であれば**，（たとえ定積分であっても）それはわざわざ書かない．ちなみに，本書には不定積分は出てこないので，**積分は全て定積分**である．
- 2重積分 $\iint f(x,y)dxdy$ は，$\iint dxdy f(x,y)$ とも，$\int dx \int dy f(x,y)$ とも書く．
- $\sum_a f(a)$ における a や，定積分 $\int f(x)dx$ における x を，他の文字（たとえば a' とか x'）に変えても（和や積分の範囲さえ同じなら）同じである．例えば，a, a' がともに整数値をとるとき，明らかに $\sum_{a=-\infty}^{\infty} f(a) = \sum_{a'=-\infty}^{\infty} f(a')$．これを利用した

$$\left(\sum_a f(a)\right)^2 = \sum_a f(a) \sum_{a'} f(a') = \sum_{a,a'} f(a)f(a')$$

という類の書き直しは，本書でよく用いる．なぜかこれを，$\sum_a f(a)f(a)$ としてしまう学生が少なくないが，それではダメなことは適当な具体例でチェックすればすぐわかるだろう．

- 偏微分：例えば，x と t の関数 $f(x,t)$ について，x を定数だと思って（つまり x を固定しておいて）t について微分することを，t に関する**偏微分**と言い，その微係数（偏微分係数）を $\frac{\partial}{\partial t}f(x,t)$ とか $\frac{\partial f(x,t)}{\partial t}$ と書く．同様に，t を定数だと思って x について微分することを，x に関する偏微分と言い，その微係数（偏微分係数）を $\frac{\partial}{\partial x}f(x,t)$ とか $\frac{\partial f(x,t)}{\partial x}$ と書く．
- 集合：何かを集めたものを，**集合** (set) と呼ぶ．集合のメンバーを**元** (element)（げん）と呼ぶ．例えば，$1, 2, 3$ を元とする集合 S を，

$$S = \{1, 2, 3\}$$

と書く．また，ある条件を満たす x 全体の集合 S を，

$$S = \{x \mid \text{条件}\}$$

と書く（次の区間の例を参照）．x が S の元であれば

$$x \in S$$

と書き，元でなければ $x \notin S$ と書く．

- 区間：a より大きく b 以下の実数の集合を**区間**と言い，$(a, b]$ と書く．つまり，

$$(a, b] = \{x \mid a < x \leq b\}.$$

同様に，

$$(a, b) = \{x \mid a < x < b\},$$
$$[a, b) = \{x \mid a \leq x < b\},$$
$$[a, b] = \{x \mid a \leq x \leq b\}$$

も区間である．(a, b) は 2 次元座標と紛らわしいが，文脈から区別する．

- 部分集合：集合 S' の元が全て集合 S の元でもあるとき，「S' は S の**部分集合である**」と言い，

$$S' \subset S$$

と書く．例えば，$\{1, 2\} \subset \{1, 2, 3\}$ である．

- ギリシャ文字：よく使われるものをここに記しておく．
  小文字：$\alpha, \beta, \gamma, \delta, \epsilon$（または ε），$\zeta, \eta, \theta, \kappa, \lambda, \mu, \nu, \xi, \pi, \rho, \sigma, \tau, \phi$（または φ），χ, ψ, ω.
  大文字：$\Gamma, \Delta, \Theta, \Lambda, \Xi, \Pi, \Sigma, \Phi, \Psi, \Omega$.

第1章
古典物理学の破綻

　量子論は，20世紀の初頭に産声をあげ，その基本的な形は四半世紀ぐらいの間にできあがった．それ以降，量子論以前の物理学を，**古典物理学**あるいは**古典論**と呼ぶようになった．前章で述べた粒子の干渉実験以外にも，古典物理学ではどうしても説明できない実験結果がたくさんある．この章では，それをいくつか述べる．

1.1 原子の大きさと安定性

　身の回りの物質は原子の集まりである．原子は，原子核と電子から成っている．安定な状態にある原子は決まった大きさを持っている．その大きさは，例えば水素原子ならば，半径がおよそ 0.5×10^{-10} m である．20世紀の初め頃，ラザフォード (Rutherford) らの活躍で，原子核がとても小さくて，電子がそのまわりに何らかの形で広がって存在しているらしいことが判ってきた．従って，原子の大きさは，電子の広がりの大きさで決まっていることになる．では，電子はどのような形態で原子核のまわりに広がっているのか？

　19世紀までにできあがった物理学では，物体の運動は，基本的に，ニュートン力学（**古典力学**）とマクスウェルの電磁気学（**古典電磁気学**）で記述されると考えられていた．原子核は正電荷を持ち，電子は負電荷をもつので，互いにクーロン引力で引きつけ合う．これはちょうど，太陽と地球が万有引力で引きつけ合うのと同じである．そして，太陽が地球よりずっと重いのと同様に，原子核は電子よりずっと重い．そこで，ラザフォードや長岡半太郎は，中心に原

子核があり，そのまわりを，クーロン引力で捕まった電子がぐるぐる回っている，と考えた．しかし，この一見自然な考え方には，多くの困難があった．

実験によると，原子の半径 ≫ 原子核の半径であるから，電子は原子核から離れて回っていることになる．しかし，そうなると，原子が決まった大きさを持っている事が説明できない．太陽系を思い浮かべてみれば，安定な軌道の半径は，地球の軌道半径に限らない．もっと小さな半径や大きな半径の軌道をもつ惑星達も安定な軌道をもっている．だから，「どの水素原子も決まった半径を持っている」という実験事実を説明できないのである．しかも，マクスウェルの電磁気学によれば，電子は電荷を持っているので，それがぐるぐる回っているのであれば，電磁波を放射し続けることになる．放射された電磁波の分だけ電子のエネルギーは減るので，どんどんエネルギーが減って半径が縮んでゆき，ついには原子核に衝突してしまうことになる．しかし，実際には水素原子は，ずっと同じ大きさのまま，安定である．外からエネルギーを加えて一時的にエネルギーの高い半径の大きい状態にすることはできるが，しばらくすると光を放出してまた元の安定な状態に戻る．

もちろん，ラザフォードや長岡半太郎のモデルを改良しようという研究も行われたが，ニュートン力学とマクスウェルの電磁気学を用いる限りは，どうやってもうまくいかなかった．これは，原子のような極微の世界では19世紀までの物理学が破綻することを強く示唆しており，量子論を生み出す動機のひとつになった．この問題が実際に量子論でどのように解決されたかは，5.11節で述べる．

1.2 電子のスピンの測定

電子は，スピン (spin) と呼ばれる量を有している．これは，いわば自転の向きを表すベクトルのようなものである[*1)]．例えば，z軸の回りを，z軸の負の側

---

*1) ♠ スピンは，電子が，第7章で説明するような「場」を「基本変数」として記述できることに由来している．この電子場は，ベクトル場である電磁場と似て，多成分を持つ場なので，電磁場の「偏光」（電磁場の向きが右回りに回転するか左回りに回転するか）に似た属性を持つ．これがスピンであり，場の自転のようなものなので，角運動量を伴う．その角運動量ベクトルで，スピンの向きと大きさを表す．

1.2 電子のスピンの測定

から見て右回りに自転していれば,「$+z$ 方向のスピンを持つ」と言う.このときスピンの z 成分 s_z を測れば,$s_z = (\hbar/2)\sigma_z$ とおいたとき,$\sigma_z = +1$ という値になる.ただし,$\hbar$ は,量子論を特徴づける定数である**プランク定数** (Planck's constant)

$$h \simeq 6.63 \times 10^{-34} \mathrm{Js} \tag{1.1}$$

を 2π で割ったものである:

$$\hbar \equiv h/2\pi \simeq 1.05 \times 10^{-34} \mathrm{Js}. \tag{1.2}$$

他方,左回りに自転していれば,「$-z$ 方向のスピンを持つ」と言い,$\sigma_z = -1$ という値になる.

　p. 81 の例 3.18 で示すように,面白いことに,スピンが $+x$ 方向や $+y$ 方向を向いている(x 軸や y 軸の回りを右回りに自転している)電子の s_z を測っても,$\sigma_z = +1$ または -1 という値を得る.ただし,$+1$ が出るか -1 が出るかは半々であり,全く予測がつかない.つまり,「$+y$ 方向のスピンを持つ」という**まったく同じ状態の電子を用意**してはまったく同じように**測定**をする,という実験をしているのに,σ_z の測定値はでたらめにばらつく.即ち,j 回目の測定で得られた測定値を $\sigma_z^{(j)}$ と書くと,$\sigma_z^{(1)}, \sigma_z^{(2)}, \sigma_z^{(3)}, \cdots$ を並べた表は,2 つの数字 $+1, -1$ がでたらめな順序に並んだものになる.従って,**個々の測定値**が,$+1, -1$ のどちらであるかは,まったく予測がつかず,でたらめである.例えば $\sigma_z^{(5)}$ の値が,ある日の実験では $+1$ だったのに,別の日の実験では -1 になったりする.しかし,次のような量は,きちんと定まった値(それぞれ $1/2$)に収束する:

$$P(+1) \equiv \lim_{N \to \infty} \frac{N\ 回の測定のうちで測定値が +1 であった回数}{N}, \tag{1.3}$$

$$P(-1) \equiv \lim_{N \to \infty} \frac{N\ 回の測定のうちで測定値が -1 であった回数}{N}. \tag{1.4}$$

この $P(\pm 1)$ を,「測定値が ± 1 になる**確率** (probability)」と呼ぶ.また,σ_z の各々の値について $P(\sigma_z)$ がいくらになるかを記した一覧表を**確率分布** (probability distribution) と言い[*2],本書では $\{P(\sigma_z)\}$ と記すことにする.

[*2)] ♠ ちょっと用語が紛らわしいので注意しておく.似た言葉に,「確率分布関数」がある

このように，まったく同じ状態についての同じ**物理量**の測定なのに，**個々の測定値はまったく定まらず，ただ確率分布だけが定まる**．これは，古典力学では理解しにくいことである[*3]．しかし，自然現象の中には，「全く同じ実験条件で同じ実験を行っても毎回異なる結果が得られる」という，本質的に定まらない部分が存在するのである．自然現象を正しく記述する理論は，そのような部分については，「定まらない」「予言できない」という結論を出すようなものでなければならない．理論に求められることは，$\{P(\sigma_z)\}$ のような，**定まっている部分について正しい予言を与える**ことなのである．

1.3 ベルの不等式

今まで述べた例は，前章で述べた粒子の干渉実験の例も含めて，「ニュートン力学＋マクスウェルの電磁気学という意味での古典論では決して説明できない」という例であった．しかしそれらは，実は，「古典論的考え方の範囲内で，変数の数や運動の法則をいかに改変しても説明できない」という程のものではない．ここでいう**古典論的考え方**とは，(素朴)**実在論**とも呼ばれ，「物理量は，各々が各瞬間瞬間でひとつずつ定まった値を持ち，測定とはその値を知ることである」という考え方である（詳しくは 2.1 節）．ニュートン力学もマクスウェルの電磁気学も，熱力学や流体力学も，全てこれに含まれる．つまり，古典物理学は全て実在論であった．しかし，実在論はこれらに限られるわけではない．例えば，ニュートンの運動方程式やマクスウェル方程式の具体形を様々に変更しても，やはり古典論的考え方の枠内にとどまるので，**古典論的考え方というのは，古典物理学よりもずっと広い考え方**である．

例えば，古典計算機[*4]を数学的に一般的に表現したチューリングの計算機理

が，数学ではこれは集積確率分布関数，つまり，

$$\mathcal{E}(\sigma_z) \equiv 測定値が \sigma_z 以下である確率 \tag{1.5}$$

を指すことが多い．

[*3] ♠♠ 古典力学では，「実は同じ状態ではなかった」と理解するしかない．2.5 節の用語を用いてもっと正確に言うと，「実際に用意されたのは，様々な純粋状態が確率的に混じった，混合状態であった」と考えるしかない．しかし量子論では，純粋状態でもこうなる．

[*4] 現在実用化されている計算機は，全て古典計算機である．

1.3 ベルの不等式

論では，チューリング機械 (Turing machine) と呼ばれる，実際の計算機械を抽象的にモデル化した機械において，記録媒体に書かれたデータ達 $x_1, x_2, \cdots$ の各々が，各瞬間瞬間でひとつずつ定まった値を持ち，その値を読んだり書き換えたりしながら，あらかじめ与えられたプログラムが実行される（図 1.1）．これを古典力学と対応づけると，記録媒体のデータが粒子の位置と速度に相当し，プログラムが運動方程式に対応する．これも古典論的考え方，つまり実在論である．

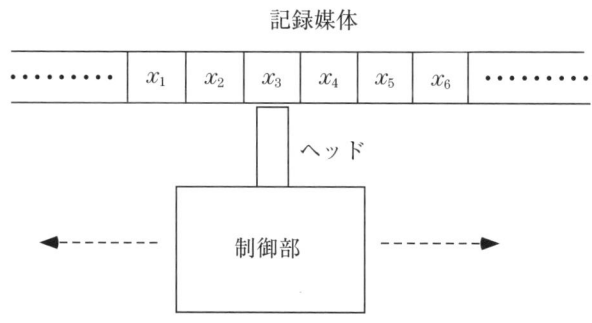

図 1.1 チューリング機械．制御部にあらかじめ組み込まれたプログラムに従って，記録媒体（磁性体でも半導体メモリーでも何でもよい）に書かれたデータ達 $x_1, x_2, \cdots$ を，ヘッドが，左右に移動しながら，読んだり書き換えたりしてゆく．このモデルは実在論に基づいている．さらに，離れた場所の 2 カ所のデータを同時に読み書きすることはできないので，このモデルは 8.3 節で説明する「局所性」も持っている．

これに対して，J. S. Bell は 1964 年にベルの不等式 (Bell's inequalities) と呼ばれる有名な不等式を証明し，それによって，**古典論的考え方を捨てない限り，原因と結果が逆転したりしないまともな理論の範囲内で，変数の数や運動の法則をいかに改変しようとも，決して説明できない自然現象がある**という決定的事実を示した．これこそ，古典論の破綻と量子論の本質を，最も明確にえぐり出したものである．

残念ながら，このような本質的な事は，多くの名著と呼ばれる書物には書かれておらず，講義でもほとんど解説されてこなかったと思う．その重要性が広く

認識されるようになってきたのは，ようやく近年になってからなのである．そこで本書では，ベルの不等式とその意義について第8章で詳しく解説する．

1.4 ♠ 量子論は論理的必然なのか？

第2章以降で，量子論の具体的な内容を述べるが，これについてよくある質問・要望は，「なぜそのような理論体系を採用するのか？」とか「実験的な必然性を挙げて欲しい」というものである．

たしかに，あたかも実験事実や理論的要求からの論理的必然として量子論が作られていったかのように書いてある書物は少なくないが，それを本当に論理的必然だと思ってしまったとしたら，誤読である．そこに挙げられている実験事実や理論的要求だけからは，古典論がダメであることは言えても，それに取って代わる理論体系としては，量子論が唯一の可能性とは決して言えない．たとえば，0.1, 1.1, 1.2 節で述べたことは，「古典力学と古典電磁気学ではダメだ」というだけだし，1.3 節で述べたことでも，「古典的考え方を捨てない限りダメだ」というだけなので，どちらも量子論が唯一の可能性だとは決定できない．

量子論に限らず一般に，ひとつの実験事実を説明したり予言したりする理論体系を作るとき，その実験事実（だけ）に合う理論はいくらでも作れてしまう．その中からひとつだけを選び出すためには，その実験事実以外の，何らかの強い制限（たとえば，「この理論かあの理論のどちらかひとつを選びなさい」など）が必要である．そうすると，今度はその制限がどうして必要なのかということになり，どこまでいってもきりがない．我々にできることは，できるだけ多くの種類の実験を行って，正しい理論の候補を絞っていくことだけである．

しかし，幸か不幸か，比較的少数の実験事実しかなかった時代に作られた量子論の基本的枠組みが，その後の数多くの実験事実を説明・予言するのにも，全く無修正ですんでしまった[*5]．そして，今のところ，量子論以外には，これほど広い範囲の実験事実を説明・予言できる理論は知られていない[*6]．つまり，

[*5] ♠ 修正を要したのは，たとえば第7章で場の量子論について述べるように，基本的枠組みではなく，変数や「ラグランジアン」(4.1節参照) の選び方などだけであった．

[*6] ♠ 見かけ上，量子論とは違って見える理論は作れるが，もしもそれがあらゆる実験について量子論と同じ予言を与えるならば，それは量子論と等価な理論である．自然科学

1.4 ♠ 量子論は論理的必然なのか？

量子論は，実験事実や理論的要求からの論理的必然として出てきたものではないのだが，今のところ，なぜか驚異的にうまくいっている理論体系なのである．

このような事情から，本書では，「その驚異的にうまくいっている量子論はこういう理論体系です」と紹介する形式で書き進める．その方が，不要な誤解を生まなくてよいと思うからである．

としては，原理的に実験できないような部分の違いは，あってもなくても同じだからである．等価な理論の中からどれを選ぶかは，趣味の問題にすぎない．

第 2 章
基本的枠組み

　この章では，量子論の基本的な考え方を説明する．これは，次章で具体的に述べる有限自由度系の量子論[*1)]に限らず，**およそ量子論と名の付く理論ならば全てに共通な，最も基本的な考え方**である．

　こういう一般論を考えるときには，まず，どんな理論が欲しいかを考えてみるべきである．そうすると，『**ある物理状態についての測定の結果を，予言または説明する理論体系**』という答えが標準的だろう．しかし，この文章をよく眺めてみると，次々に疑問がわいてくる．

　そもそも，「物理状態」とは何か？古典的考え方（実在論）の範囲内では，ほぼ自明に思える言葉ではあるが，量子論では実在論を捨てねばならないので，自明ではなくなる．また，「測定」とは何か？これも，実在論では，実在しているものの値を確認するだけの自明な行為であったが，量子論ではまったく自明ではなくなる．さらに，「予言または説明」とは，具体的にはどういうことか？測るたびに違う値が出てくるような現象に対して，どのような予言を行うのか？

　このような点をひとつひとつ，古典論と対比させながら説明することにする．

2.1　古典論の基本的枠組み

　古典論では，基本的に（暗に，または陽に）以下のことを仮定していた：

[*1)] 普通，大学 3 年生ぐらいまでに受ける講義で学ぶ量子論は，有限自由度系の量子論である．

2.1 古典論の基本的枠組み

―― 古典論の基本的仮定と枠組み ――

(i) すべての**物理量** (physical quantity) は，どの瞬間にも，各々ひとつずつ定まった値を持っている．例えば，1 次元空間を運動する 1 個の粒子だったら，位置 x も速度 v も，エネルギー $E = (m/2)v^2 + V(x)$ 等の他の物理量も，各時刻で定まった値を持っている．

(ii) **測定** (measurement) とは，その時刻における物理量の値を知る（確認する）ことである．即ち，「物理量の測定値」＝「その時刻における物理量の値」である．

(iii) ある時刻における**物理状態** (physical state) とは，その時刻における全ての物理量の値の一覧表のことである．

(iv) **時間発展** (time evolution) とは，物理量の値が時々刻々変化することである．

つまり，「測定するしないにかかわらず，物理量は，各瞬間瞬間で定まった値を持っていて，物理の理論は，その値を追いかければよい」ということである．そこで哲学用語を援用して，上のような考え方を（素朴）**実在論**とも呼ぶ．(i) から (iv) は，当たり前すぎるほど当たり前に聞こえるかも知れない．しかし，次節で述べるように，量子論ではこれらの大部分が否定され変更されたのである．

以上のような基本的仮定のもとに，古典論では，(iv) の具体的な定式化（ニュートンの運動方程式，マクスウェル方程式，計算機の理論における計算プログラム等）は，次の形に行われた：

初期時刻 t_0 における物理量の値が与えられたときに，
後の時刻 t における物理量の値を求める計算手続きを与える．

実際，これが与えられれば，仮定 (iii) により，任意の $t\ (> t_0)$ における物理状態も定まるし，仮定 (i), (ii) により，任意の $t\ (> t_0)$ における物理量の測定値も定まる．この計算手続きを用いて物理量の値を求めることが，古典論における「予言・説明」の中身であった．

補足：物理量の値の一覧表
(iii) の「物理量の値の一覧表」は，実際には，第 2.3 節や第 9 章で述べる「基

本変数」の値だけで充分である．例えば，基本変数を位置と運動量に選んだ場合，『位置と運動量を座標軸とするいわゆる「相空間」の一点が古典状態に一対一に対応する』というのが古典統計力学や力学系理論の出発点である．

2.2 量子論の基本的枠組み

　前節で説明した古典的な考え方は，人間の素朴な直感に合致しているし，数学的にも美しく定式化できた．しかし，第1章で述べたように，このような考え方では記述が困難な（または決して記述できない）自然現象が存在する．そのような現象までも記述できる理論を作るためには，上述の「古典論の基本的仮定」のいくつかは捨てて，新たな仮定に置き換えなければならなかった．そうして作られたのが量子論であり，ほとんどの仮定が変更されてしまった．それを説明しよう．

　ひとつの物理状態に，ψ という名前を付けよう．1.2節で述べたように，ひとつの物理量 A を，まったく同じ ψ について測定しても，その測定値 a は測定の度にばらつく．しかし，同じ ψ を用意しては A を測定する，ということを繰り返すことにより求めた測定値の確率分布 $\{P(a)\}$ は，いつ実験しても同じになる（定まっている）．もちろん，別の状態について測れば確率分布は変わるし，同じ状態でも測る物理量を変えれば変わる．だから，確率分布は ψ と A に依存する量，つまり ψ と A の関数である．

　実は，A の測定値がばらつかずに何回やっても同じ値になる状態もある．しかし，その場合は，他の何かの物理量の測定値がばらつくのが普通である．つまり，一般には**全ての物理量が確定値をもつような状態は存在しない**．例えば，3.19節で述べるように，位置と運動量は同時に確定値を持ち得ない．

　量子論は，これらが**自然の本性である**という立場をとり，定まっている部分である $\{P(a)\}$ を，ψ と A の関数として計算する理論体系として定式化された．即ち，**量子論で得られる予言の具体的な内容は，確率分布 $\{P(a)\}$ なのである**．

　また，どんな実験をしても**区別できない状態は同じ状態**と考える．つまり，量子論では，「同じ状態」「異なる状態」は次のように定義する（これに不満な読者は 2.6 節を見よ）：

2.2 量子論の基本的枠組み

―― 定義：同じ状態・異なる状態 ――

2つの状態 ψ, ψ' について，どんな物理量の測定値の確率分布も一致すれば，ψ と ψ' は**同じ状態**である．他方，測定値の確率分布が異なるような物理量がひとつでもあれば，ψ と ψ' は**異なる状態**（違う状態）である．

この定義を採用することにより，どんな測定をしても区別が付かないような状態が同じか違うかを論じるような，不毛な論争をしなくて済むのである．

また，次章以降で明らかになるように，以上のことを定式化すると，直接は測定にかからないような量が理論に登場することになる．そのような量との区別をするために，量子論では，実際に測定可能な量，即ち**物理量** (physical quantity) のことを，**可観測量** (observable) とも呼ぶ[*2]．

以上のような考え方から，量子論は，次のような理論体系として組み立てられた：

―― 量子論の基本的仮定と枠組み ――

(i) 全ての物理量が各瞬間瞬間に定まった値を持つことは，一般にはない．従って，各々の物理量は，ひとつの数値をとる変数ではない，何か別のもので（次章で述べる定式化では「演算子」で）表す．

(ii) 物理量 A の**測定** (measurement) とは，観測者が**測定値をひとつ得る行為**である．得られる測定値 a の値は，同じ物理状態について測定しても，一般には測定の度にばらつく．しかし，確率分布 $\{P(a)\}$ は，A と ψ から一意的に定まる．

(iii) 全ての物理量の値の一覧表を作ることは (i) のためにできないので，任意の物理量の（仮にその時刻に測ったとしたら得られるであろう）測定値の確率分布を与えるものを物理状態とする．即ち，**物理状態** (physical state) とは，各 A に対してそれを測定した時の測定値の確率分布 $\{P(a)\}$ を（次章で述べる定式化では「ボルンの確率規則」で）与えるものであり，物理量とは別のもの ψ で（次章の定式化では「状態ベクトル」で）表す．つまり，ψ は A から $\{P(a)\}$ への「写像」（節

[*2] 正確には，どんな状態においても（原理的には）いくらでも小さな誤差で測れる量のこと．（詳しくは，3.20.3 節．）測定できない量まで物理量と呼ぶ書物もあるが，本書ではそのような紛らわしい用語は使わない．

末の補足参照）である：

$$\psi : A \mapsto \{P(a)\}. \tag{2.1}$$

物理状態の違いとは，この写像の違いである．

(iv) 系が**時間発展** (time evolution) するとは，測定を行った時刻によって異なる $\{P(a)\}$ が得られる，ということである．$\{P(a)\}$ は A と ψ から定まるから，これは，A が時々刻々変化すると考えても，ψ が時々刻々変化すると考えても，あるいは両方が時々刻々変化すると考えてもよい．($\{P(a)\}$ の時間変化が同じなら，全て等価である．)

　量子論で得られる予言の具体的な内容は確率分布 $\{P(a)\}$ だから，**見かけ上異なる理論がいくつかあっても，$\{P(a)\}$ さえ同じになれば，それらはみな等価な理論**である．実際，量子論の形式には，**演算子形式** (operator formalism) や「経路積分形式」等の，見かけ上ずいぶん異なって見える形式がいろいろある．これらは全て，同じ $\{P(a)\}$ を与えるので，等価な理論である．

　演算子形式の中でも，時間変化をどのように表すかで，異なる形式がいろいろある．例えば，本書で主に用いる**シュレディンガー描像** (Schrödinger picture) と呼ばれる形式では，A は時間変化しなくて ψ が時間発展すると考えて，「初期時刻 t_0 における ψ が与えられたときに，後の時刻 t における ψ を求める計算手続きを与える」という形で，時間発展が定式化される．一方，6.3 節で紹介する**ハイゼンベルク描像** (Heisenberg picture) と呼ばれる形式では，ψ は時間変化しなくて A が時間発展すると考えて，「初期時刻 t_0 における A が与えられたときに，後の時刻 t における A を求める計算手続きを与える」という形で，時間発展が定式化される．どちらの描像を用いても，時刻 t における確率分布は全く同じものが得られるので，両者は等価な理論である．

　このように，量子論の具体的な定式化には，見かけ上ずいぶんと異なる（しかし等価な）形式がたくさんあるが，大事なことは，まずどれかひとつの**形式をしっかり身に付ける**ことである．本書では，もっとも基本的な形式である演算子形式を，主にシュレディンガー描像で解説する．

　なお，前節の古典論の枠組みで考えるか，それとも本節の量子論の枠組みで考

えるかの区別を強調するときには，頭に「古典」とか「量子」を付けて呼ぶ習慣がある．例えば，物理系を古典論で記述できる（する）とき，**古典系** (classical system) と呼び，量子論で記述できる（する）とき，**量子系** (quantum system) と呼ぶ．状態や測定も，量子論で記述することを強調するときには，**量子状態** (quantum state)，**量子測定** (quantum measurement) などと呼ぶ．

補足：写像

x, y が，それぞれある集合 X, Y の元であるとき，各 $x \in X$ に対して，$y \in Y$ をひとつ対応させる規則 R のことを，一般に「X から Y への**写像** (map)」と言い，

$$R : X \to Y, \quad x \mapsto y \tag{2.2}$$

とか，あるいは略して，

$$R : x \mapsto y \tag{2.3}$$

などと書く．もちろん，X と Y は同じ集合でもよい．例えば，関数 $y = f(x)$ は，実数 x に実数 y を対応させる写像であるので，$f : x \mapsto y$ とも書く．

2.3 自由度

3次元空間を運動する1個の粒子の古典力学では，その位置座標 (x, y, z) と速度 (v_x, v_y, v_z) が基本的な役割をもっている．なぜなら，エネルギーとか角運動量などの他の物理量は，すべてこれらの関数として表せるからである．このような，系の全ての物理量を構成できる基本的な変数の一般的な呼び名は無いようなので，本書では，**基本変数**と呼ぶことにしよう．(詳しく知りたい読者は，9.1 節を参照．)

物理では，基本変数を用いて理論を構成することが多い．また，基本変数が明示されていない場合でも，ほとんどの場合，適当な基本変数を導入して書き直すことができる．(例えば，p.234 例 9.1．)

古典力学とか，第4章で述べる正準形式の量子論では，基本変数は座標と速度とか，座標と運動量というように，組になっている．そこで，必要な基本変数

の組の数を**自由度** (degrees of freedom) と呼ぶ．例えば，上の例では，基本変数 (x, y, z, v_x, v_y, v_z) は，$(x, v_x), (y, v_y), (z, v_z)$ という3組よりなるので，自由度は3である．一般に，有限個の基本変数で記述できる系を**有限自由度系**と呼び，無限個必要な系を**無限自由度系**と呼ぶ[*3)]．

量子論では，有限自由度であるか無限自由度であるかで，理論の一部分が決定的に異なる．前者は，後者を単純な状況に適用した場合の理論として導くこともできる．**本書では，主に有限自由度系の理論を述べ**，無限自由度系については第7章で簡単に触れる．

2.4 閉じた系／開いた系

古典論でも，量子論でも，考察の対象にある系が他の系とはいっさい相互作用しないとみなせるような場合，**閉じた系** (closed system) または**孤立系** (isolated system) と言い，そうでない場合は，**開いた系** (open system) と言う．

前節で説明した「基本変数」を用いて記述されるような系の場合に，これをもっと正確に言うと，次のようになる：選んだ基本変数の間だけで相互作用して，他の基本変数（無視した基本変数とか，考察の対象外である外部系の基本変数など）との相互作用が無視できるような場合に，その系を閉じた系と言い，そうでない場合は開いた系と言う．

閉じた系は，開いた系の理想極限ともみなせる．**本書では，理想極限である閉じた系の理論を述べる**．ただし，開いた系の最も簡単なケースである，外場がかかった系については，6.1節で簡単に触れる．

2.5 純粋状態／混合状態

物理状態には,「純粋状態」というものと,「混合状態」というものとがある．以下で説明するように，**純粋状態** (pure state) とは，原理的に許される最大限のところまで状態を指定し尽くした状態である．そして，純粋状態でない状態を**混合状態** (mixed state) と言う．純粋状態は，混合状態の理想極限とも見な

[*3)] 基本変数を使わない定義は，3.22節で述べる．

2.5 純粋状態／混合状態

せる．本書では，理想極限である，純粋状態の理論を述べる．

2.5.1 純粋状態と混合状態の例

まず，簡単な例で説明する．1個の電子の状態を例にとり，簡単のため空間運動の自由度は無視して，スピン（1.2節）の状態だけを考えよう．電子のスピンは3つの成分 s_x, s_y, s_z を持ち，

$$s_\alpha = \frac{\hbar}{2}\sigma_\alpha \quad (\alpha = x, y, z) \tag{2.4}$$

とおくと，$\sigma_x, \sigma_y, \sigma_z$ はそれぞれ ± 1 の値をとりうる．σ_α $(\alpha = x, y, z)$ が ± 1 に定まった状態は，スピンが $\pm\alpha$ 軸方向を向いた状態である．それをここでは $\psi_{\pm\alpha}$ と書こう．

このうち例えば σ_y が $+1$ に定まった状態 ψ_{+y} では，後に（p.81 例3.18 で）説明するように，σ_x, σ_z は定まった値を持ち得ない．つまり，σ_y を指定した（定めた）ならば，それ以外のスピン成分を指定することは不可能である．故に ψ_{+y} は，原理的に許される最大限のところまで状態を指定し尽くした状態のひとつである．このような状態が純粋状態である．ψ_{+y} に限らず，$\psi_{\pm\alpha}$ はどれもみな純粋状態であることが同様にして示せる[*4]．

実験で電子を純粋状態 ψ_{+y} に用意するには，電子のスピンを慎重に制御して，$\sigma_y = +1$ の状態がいつもできるようにすればよい．このようにして用意した状態 ψ_{+y} について，何度も何度もその状態 ψ_{+y} を用意しては σ_α（α は x, y, z のどれかひとつ）を測定するということを繰り返して求まる σ_α の測定値の確率分布を，$\{P^\alpha_{\psi_{+y}}(\sigma_\alpha)\}$ と書くことにしよう．下付添え字が状態を，上付添え字が測るスピンの成分を表す．同様に，σ_y が -1 に定まった純粋状態 ψ_{-y} における σ_α の測定値の確率分布を，$\{P^\alpha_{\psi_{-y}}(\sigma_\alpha)\}$ と書くことにしよう．これらの具体形は，次章で説明する定式化を用いて計算すれば，次のように求まる（複合同順）：

[*4] さらに，3.14節で述べるように，$\psi_{\pm x}, \psi_{\pm y}, \psi_{\pm z}$ を「重ね合わせた」状態もまた純粋状態である．

$$P^x_{\psi_{\pm y}}(\pm 1) = P^x_{\psi_{\pm y}}(\mp 1) = \frac{1}{2},$$
$$P^y_{\psi_{\pm y}}(\pm 1) = 1, \ P^y_{\psi_{\pm y}}(\mp 1) = 0, \quad (2.5)$$
$$P^z_{\psi_{\pm y}}(\pm 1) = P^z_{\psi_{\pm y}}(\mp 1) = \frac{1}{2}.$$

一方，スピンについて特に制御を行わないで電子を用意すると，スピンがどんな方向に向いた電子が用意できるか判らない．このようにして用意した状態を ψ と書き，何度も何度もこの状態を用意しては σ_α を測定するということを繰り返して求めた σ_α の測定値の確率分布を $\{P^\alpha_\psi(\sigma_\alpha)\}$ と書くことにしよう．上述のように，$\sigma_x, \sigma_y, \sigma_z$ のどれを測っても ±1 のどちらかひとつの値を得るわけだが，この状態 ψ においては，±1 のどちらか一方を得やすいと言うことはないから，±1 が等確率 (確率 1/2 ずつ) で得られる．つまり，

$$P^x_\psi(\pm 1) = P^y_\psi(\pm 1) = P^z_\psi(\pm 1) = \frac{1}{2}. \quad (2.6)$$

これと (2.5) を比べると，$\alpha = x, y, z$ のどのスピン成分の確率分布についても，

$$P^\alpha_\psi(\sigma_\alpha) = \frac{1}{2} P^\alpha_{\psi_{+y}}(\sigma_\alpha) + \frac{1}{2} P^\alpha_{\psi_{-y}}(\sigma_\alpha) \quad (\alpha = x, y, z, \ \sigma_\alpha = \pm 1) \quad (2.7)$$

が成り立つことが判る．これは，状態 ψ_{+y} に対する測定データ（測定値の集合）と，状態 ψ_{-y} に対する測定データとを，1対1の割合で混合したのと同じである．従って，あたかも，状態 ψ を繰り返し用意したときに，あるときは ψ_{+y} が用意され，またあるときは ψ_{-y} が用意されるというように，状態 ψ_{+y} と ψ_{-y} とが混在して用意されるかのようである．このような状態が混合状態である．

2.5.2 ♠ 一般の混合状態と純粋状態

上の例のように，どんな物理量を測っても他の2つ以上の状態に関する測定値を混合したような確率分布が得られる状態が**混合状態** (mixed state) であり，そうではない状態が**純粋状態** (pure state) である．言い換えると，純粋状態を用意することは，決して，状態の指定がどこか不完全で2つ以上の状態を混合して用意してしまっている，とは見なせない．その意味で，『原理的に許される最大限のところまで状態を指定し尽くした状態が，純粋状態である』と述べた．2.2 節で述べたように，そのような純粋状態においてさえ，(2.5) における σ_x

2.5 純粋状態／混合状態   25

や σ_z のように一部の物理量の測定値がばらついて確率分布しか定まらないのが，量子論の大きな特徴である．

　純粋状態のみならず，混合状態についても，2.2 節に述べた枠組みはそのまま成り立つ．即ち，**2.2 節に述べた枠組みは，混合状態や，無限自由度系や，開いた系の量子論も包含する，(今のところ) 最も一般的な枠組みなのである．**

　誤解がないように，数式を用いて定義を繰り返しておこう：一般に，用意された状態 ψ について，どんな物理量 A を測っても，その測定値の確率分布 $\{P_\psi(a)\}$ が，別の 2 つの状態 ψ_1, ψ_2 における測定値の確率分布 $\{P_{\psi_1}(a)\}, \{P_{\psi_2}(a)\}$ の「重みをつけた平均値」に等しい時，即ち

$$P_\psi(a) = \lambda P_{\psi_1}(a) + (1-\lambda) P_{\psi_2}(a) \quad \text{for all } a \quad (0 < \lambda < 1) \quad (2.8)$$

を満たす 2 つの異なる状態[*5)] ψ_1, ψ_2 と定数 λ (ψ_1, ψ_2 と λ は**全ての A に共通**) が存在するとき，**混合状態** (mixed state) と言う．他方，混合状態でない状態を**純粋状態** (pure state) と呼ぶ．即ち，たとえ一部の物理量について上式が満たされるような ψ_1, ψ_2 と λ が見つかったとしても，その ψ_1, ψ_2 と λ では，残りの物理量については上式が満たされなくなってしまうような状態が純粋状態である[*6)]．純粋状態は，混合状態の理想極限 ($\lambda \to 1$) とも見なせる．また，もしも (2.8) の ψ_1 や ψ_2 もまた混合状態であれば，それらにも (2.8) を適用すれば，ψ は

$$P_\psi(a) = \sum_j \lambda_j P_{\psi_j}(a) \quad \text{for all } a \quad (0 < \lambda_j < 1, \sum_j \lambda_j = 1) \quad (2.9)$$

のように，3 つ以上の状態 $\psi_1, \psi_2, \psi_3, \cdots$ の混合状態として表せる．

2.5.3 ♠ 混合状態の分解の非一意性

　ところで，純粋状態 ψ_{+x}, ψ_{-x} における σ_α の測定値の確率分布 $\{P^\alpha_{\psi_{+x}}(\sigma_\alpha)\}$, $\{P^\alpha_{\psi_{-x}}(\sigma_\alpha)\}$ を，次章で説明する定式化を用いて計算すれば，次のように求まる：

[*5)] ψ_1, ψ_2 は，2.2 節で定義した意味で異なった状態でありさえすればよい．例えば状態ベクトルで表せる場合，**互いに直交している必要はない**．

[*6)] 「どんな○○についても□□である」の否定形は「□□でないような○○がある」だったことを思い出そう．

$$P^x_{\psi_{\pm x}}(\pm 1) = 1, \ P^x_{\psi_{\pm x}}(\mp 1) = 0,$$
$$P^y_{\psi_{\pm x}}(\pm 1) = P^y_{\psi_{\pm x}}(\mp 1) = \frac{1}{2}, \qquad (2.10)$$
$$P^z_{\psi_{\pm x}}(\pm 1) = P^z_{\psi_{\pm x}}(\mp 1) = \frac{1}{2}.$$

これと (2.6) を比べると，$\alpha = x, y, z$ のどのスピン成分の確率分布についても，

$$P^\alpha_\psi(\sigma_\alpha) = \frac{1}{2} P^\alpha_{\psi_{+x}}(\sigma_\alpha) + \frac{1}{2} P^\alpha_{\psi_{-x}}(\sigma_\alpha) \quad (\alpha = x, y, z, \ \sigma_\alpha = \pm 1) \ (2.11)$$

が成り立つことが判る．従って混合状態 ψ は，(2.7) のように ψ_{+y} と ψ_{-y} の混合と見なせるだけではなく，(2.11) のように ψ_{+x} と ψ_{-x} の混合とも見なせる[*7]．

このように，**量子論においては，混合状態がどんな状態たちの混合と見なせるかは一意的ではなく，何通りもある**．

2.5.4 ♠♠ 定義の一般性に関する注意

2.5.2 節で述べた混合状態・純粋状態の定義は，最も正確で一般的な定義であり，無限自由度系でも通用するし，(演算子形式を採った場合に) ヒルベルト空間の選び方の任意性 (サイズなど) に依らずに通用する．

一方，多くの本では，単純に『演算子形式で状態ベクトルで書ければ純粋状態で，そうでなければ混合状態』などと定義している．これはとても便利な判定条件なので大いに使って欲しいが，様々な前提条件が満たされていないと上の正確な定義とは異なる結果を与えることも覚えておいて欲しい．

例えば，混合状態はヒルベルト空間を大きくとれば必ず状態ベクトルで表すことができることが知られている．それゆえ，『状態ベクトルで書ければ純粋状態』と言うのは単純すぎる．可観測量の範囲がどこまでで，どんなヒルベルト空間を採っているかを考慮する必要があるのだ．特に，超選択則 (p.68) がある場合とか，自由度が無限大の場合には，7.3 節や 7.4 節でも触れるように，物理量やヒルベルト空間の選び方が自明でなくなるので，いっそうの注意を要するようになる．

2.5.5 ♠♠ 古典論の混合状態

実は，古典論にも混合状態はある．例えば，マクロな物理系で，エネルギー

[*7] 同様にして，ψ_{+z} と ψ_{-z} の混合とも見なせることが示せる．

E, 体積 V, 粒子数 N などのマクロ変数だけを指定して状態を用意したとすると, 様々な異なるミクロ状態が用意できる可能性がある. つまり, 様々なミクロ状態の混合状態が用意できる. だから, 状態という概念は, 古典論でも, 広くは,「全ての物理量の確率分布を与えるもの」であるといえる. そして, 混合状態はやはり (2.8) で定義され, そうでない状態が純粋状態である. では量子論と古典論の「状態」の違いは何かというと, 次の 2 点に集約される:

- 古典論の純粋状態は, 2.1 節で述べたように,「全ての物理量が定まった状態」であり, どんな混合状態も, そのような純粋状態たちの混合と捉えることができる. それに対して量子論では, 2.2 節, 2.5.2 節で述べたように, そもそも「全ての物理量が定まった状態」というのが存在せず, 純粋状態でさえ確率分布しか定まらない.
- 古典論の混合状態は, 一意的に純粋状態へ分解できる. それに対して量子論では, 2.5.3 節で述べたように, 一意的ではなく何通りにも分解できる.

2.6 ♠♠「同じ状態・異なる状態」再考

この項は, 2.2 節の同じ状態・異なる状態の定義に疑問を持った注意深い読者のために, 加筆したものである.

問「ψ の確率分布を測るためには, 同じ状態 ψ を何回も用意して測定しなくてはならない. ところが, 同じ状態の定義がここで初めて現れるのでは, トートロジーではないか?」

実にもっともな疑問である. 答えはこうだ: 自然科学では通常, **まったく同じようにして生成した状態であれば, それは全て同じ状態であることは, 大前提として認める.** (もちろん, 現実の実験では, 様々な技術上の困難から,「まったく同じように」はできないこともあるが, ここでは原理的な事柄を述べているので, そういう実際面の技術上の問題は考えなくて良い.) これを認めないと, 第三者が同じ実験を行って確認する, という自然科学のもっとも重要なプロセスが意味を失ってしまうからだ. つまり, 「状態」とは, **第一義的には, 実験的に生成する仕方で定義されている**のである. その上で, まったく別の生成の仕方で作った 2 つの状態 ψ, ψ' が同じ状態かどうかを定義したのが, 2.2 節の定義の内容なのである.

第 3 章
閉じた有限自由度系の純粋状態の量子論

前章で述べたように，量子論の最も一般の対象は，「無限自由度」の「開いた系」の「混合状態」であり，ほかの場合は，このケースの特殊な場合として扱える．この章では，その中でも一番簡単な「有限自由度」の「閉じた系」の「純粋状態」の理論を述べる．形式としては「演算子形式」を用い，時間発展については「シュレディンガー描像」（2.2 節）を採用する．この理論が，他の様々な形式の量子論の基礎にもなっているので，しっかりと身につけて欲しい．

3.1 基本的な考え方

3.1.1 公理あるいは要請

本章で述べる，閉じた有限自由度系の純粋状態に対する量子論は，5 つの「要請」(p. 36, 43, 75, 95, 102) から組み立てられた理論である．数学でも物理でも，理論を展開するためには，出発点にいくつかの仮定をおく．それを，物理では「要請」とか「仮定」とか「基本法則」と呼び，数学では「公理」と呼ぶ．

違う要請なり公理をおけば，違う理論になる．例えば，中学・高校で，「どの直線にも平行線がひける」という公理を含む幾何学（ユークリッド幾何学）を習ったと思う．それはもちろん正しい数学理論なのだが，実は，「どんな直線にも平行線はひけない」という公理を含む幾何学もあり，それも正しい数学理論である．これと同様に，物理学では，ニュートン力学も矛盾のない理論だし，量子論もそうである．

3.1 基本的な考え方

数学の場合は,異なった理論はどちらも正しいのであり,「どちらが正しいのか?」とか「どうしてその公理を取らねばならないのか?」という問いかけは意味を持たない.しかし,**物理学は実験科学である**から,どちらの理論が自然現象(実験結果)をより正確に記述できるか,という**絶対的な判定基準がある**.これに照らして,どのような「要請」をおいた理論が好ましいかを判定する.したがって,「どうしてその要請を取らねばならないのか?」という問いかけの答は,「**そうすると自然現象をうまく記述できたから**」としか答えようがない.もっともらしい理由を挙げることもある程度はできるのだが,1.4節で述べたように,それは決定的なものではない.もちろん,より深いレベルの理論によって説明することはできるかも知れないが,今度は,その深いレベルの理論に対して,なぜその理論を採用したのかという疑問が生じて,きりがない.やはり,「そうすると自然現象をうまく記述できたから」としか答えようがないのである.

3.1.2 抽象的な量による記述

前章で述べたように,「状態」を実験で確認しようと思っても,実際に測れるのは,物理量,つまり可観測量の値だけである.さらに,その物理量の測定値も実験するたびに値がばらつき,理論と比較する意味があるのはその確率分布 $\{P(a)\}$ だけである.そこで,「同じ状態」とか「違う状態」の定義も,2.2節で述べたように,確率分布だけで区別される.

そうであれば,$\{P(a)\}$ が具体的に求まりさえすれば,「**状態**」や「**物理量**」には,理論の中にしか**存在しない**ような,**抽象的な量を割り当ててもいっこうに構わない**ではないか? つまり,計算の中には,身の回りに存在しない抽象的な量(例えば,$i^2 = -1$ を満たす虚数単位 i を含む量)が出てきても,いっこうに構わない.実験で直接測れないのだから,「**そういう量が実際にこの世のどこかに存在するのか?**」という問いかけは**無意味**である.誰にも確かめようがないのだから,存在してもしなくても何も変わらず,要するに,そういう量に対しては,「存在する」という言葉自体が定義できないのである.

そこで,**演算子形式** (operator formalism) の量子論では,「**複素ヒルベルト空間**」と呼ばれる抽象的な空間(我々の住む 3 次元空間ではなく,抽象的な集合)を考え,「状態」や「物理量」を,その上の「**ベクトル**」(我々の住む 3 次元空間のベクトルではなく,「複素ヒルベルト空間」の元)や「**演算子**」(ベクト

ルを他のベクトルに移す規則（写像）のこと）に対応させる．そして，それらを組み合わせて，確率分布 $\{P(a)\}$ が計算できるように定式化する．

「なぜそんな抽象的な量を持ち出すのか？」と問われれば，「そうすると自然現象をうまく記述できたから」と答えるしかない．あるいは，同じことだが，「ヒルベルト空間論が，自然を記述するのに適した言葉（のひとつ）だった」と言ってもよい．人間の生物学的特性と日常経験に基づいて作られた言語である日常言語（日本語や英語）では日常経験を越えるような広い範囲の自然現象はうまく記述できないのは，考えてみればあたりまえである．**自然を記述するのには，日常言語よりもヒルベルト空間論の方が適していた**．ただそれだけのことである．

3.2 複素ヒルベルト空間

複素数（付録 A.1）を成分とする，2 成分の列ベクトル全体の集合

$$\mathbf{C}^2 \equiv \left\{ \begin{pmatrix} \xi \\ \eta \end{pmatrix} \middle| \xi, \eta \in \mathbf{C} \right\} \quad (\mathbf{C} \text{ は複素数全体の集合}) \tag{3.1}$$

は，**複素ベクトル空間**（付録 A.2）を成す．ようするに，$\mathbf{C}^2$ の元であるベクトルを，足したり，引いたり，複素数をかけたりできる．これに，以下のようにして「内積」という概念を導入し，豊かな内容を持つようにしよう．

個々のベクトルを，$|\psi\rangle, |\psi'\rangle$ などと書くことにする．その成分が

$$|\psi\rangle = \begin{pmatrix} \xi \\ \eta \end{pmatrix}, \ |\psi'\rangle = \begin{pmatrix} \xi' \\ \eta' \end{pmatrix} \tag{3.2}$$

であるとき，これらの**内積** (inner product)$\langle\psi|\psi'\rangle$ を次式で定義する：

$$\langle\psi|\psi'\rangle \equiv \xi^*\xi' + \eta^*\eta' = (\xi^* \ \eta^*) \begin{pmatrix} \xi' \\ \eta' \end{pmatrix}. \tag{3.3}$$

ただし，* は複素共役を表し，最後の式は行列のかけ算（付録 B）として表した．**内積の値は**（ベクトルではなく**普通の**）**複素数**であるが，特に，自分自身との内積は，非負の実数になる：

3.2 複素ヒルベルト空間

$$\langle \psi | \psi \rangle \geq 0 \quad \left(\text{等号は } |\psi\rangle = \begin{pmatrix} 0 \\ 0 \end{pmatrix} \text{ (ゼロベクトル) のときのみ} \right). \tag{3.4}$$

また，実空間のベクトルの内積とは異なり，上記の内積は左右を入れ換えると，値が複素共役に変わる：

$$\langle \psi' | \psi \rangle = \langle \psi | \psi' \rangle^*. \tag{3.5}$$

また，2つのベクトル $|\psi_1\rangle$, $|\psi_2\rangle$ の線形結合 $c_1|\psi_1\rangle + c_2|\psi_2\rangle$ を，$|c_1\psi_1 + c_2\psi_2\rangle$ と書くことにすると[*1]，明らかに，

$$\langle \psi | c_1\psi_1 + c_2\psi_2 \rangle = c_1 \langle \psi | \psi_1 \rangle + c_2 \langle \psi | \psi_2 \rangle \quad (c_1, c_2 \in \mathbf{C}). \tag{3.6}$$

一般に，上の3つの関係 (3.4), (3.5), (3.6) を満たす量（値は複素数）が定義されているベクトル空間のことを，**内積空間** (inner product space) と言う[*2]．この3つの基本的関係を組み合わせれば，様々な内積の規則が導かれる．例えば，(3.6) の複素共役をとって (3.5) を用いれば，

$$\langle c_1\psi_1 + c_2\psi_2 | \psi \rangle = c_1^* \langle \psi_1 | \psi \rangle + c_2^* \langle \psi_2 | \psi \rangle \tag{3.7}$$

が言える．また，$|\psi\rangle$ の**ノルム** (norm) $\||\psi\rangle\|$ を，

$$\||\psi\rangle\| \equiv \sqrt{\langle \psi | \psi \rangle} \tag{3.8}$$

で定義すれば，(3.4) によりこれは非負実数である．従って，これをベクトルの「長さ」と解釈することができる．

このように，(3.3) により，$\mathbf{C}^2$ は内積空間になった．しかも，**完備**[*3]である

[*1] 念のために注意しておく：この書き方は便利なのだが，紛らわしい場合もある．例えば，それぞれのベクトルを $|1\rangle$, $|2\rangle$ と書いた場合は，$|1\rangle + |2\rangle$ を $|1+2\rangle$ と書くことになるが，この $|\ \rangle$ の中をうっかり足し算して $|3\rangle$ にしてしまってはいけない．

[*2] 書物によって，**ユニタリー線形空間** (unitary vector space) とか，**計量線形空間**とか，あるいは他の名前で呼んだりする．

[*3] 直感的に言えば，「すき間なくびっしり詰まった集合」が完備な集合である．例えば，実数全体の集合 $\mathbf{R}$ は完備である．他方，$\mathbf{R}$ からゼロを抜いた（すき間を作った）集合を $\mathbf{R}_0$ と書くと，数列 $a_n = 1/n$ ($n > 0$) は，$\mathbf{R}_0$ の中にあるのに，その収束先 $\lim_{n \to \infty} a_n = 0$ は $\mathbf{R}_0$ の中にはない．これをもって，「$\mathbf{R}_0$ は完備でない」と言う．詳しく知りたい読者は，節末の補足を見よ．

ことも，複素数の完備性から証明できる．従ってこれは，次のように定義される「複素ヒルベルト空間」の一例になっている：

数学的定義： $\mathbf{C}$ 上の完備な内積空間 $\mathcal{H}$ を，**複素ヒルベルト空間** (complex Hilbert space) と呼ぶ[*4)].

内積を定義する前の単なる複素ベクトル空間に比べて，内積が定義されただけで，格段に豊かな内容を記述できるようになっていることが，おいおい判ってくるであろう．

例 3.1 N 個の複素数を成分とする列ベクトル（付録 A.2）全体の集合

$$\mathbf{C}^N \equiv \left\{ \begin{pmatrix} z_1 \\ z_2 \\ \vdots \\ z_N \end{pmatrix} \middle| z_k \in \mathbf{C} \right\} \tag{3.9}$$

を考える．これの任意の 2 つのベクトル

$$|\psi\rangle = \begin{pmatrix} z_1 \\ z_2 \\ \vdots \\ z_N \end{pmatrix}, \quad |\psi'\rangle = \begin{pmatrix} z_1' \\ z_2' \\ \vdots \\ z_N' \end{pmatrix} \tag{3.10}$$

に対して，内積を

$$\langle \psi | \psi' \rangle = \sum_k z_k^* z_k' = (z_1^* \ z_2^* \ \cdots \ z_N^*) \begin{pmatrix} z_1' \\ z_2' \\ \vdots \\ z_N' \end{pmatrix} \tag{3.11}$$

で定義すれば，$\mathbf{C}^N$ は複素ヒルベルト空間を成す．■

[*4)] 無限次元のものだけを複素ヒルベルト空間と呼ぶ書物もある．

3.2 複素ヒルベルト空間

ヒルベルト空間の**次元** (dimension)（付録 A.2 参照）を，$\dim \mathcal{H}$ と書く．以上の例では $\dim \mathbf{C}^2 = 2$, $\dim \mathbf{C}^N = N$ である．量子論では，$\dim \mathcal{H} = \infty$ である**無限次元ヒルベルト空間**を扱うことも多い．

例 3.2 2 つのただの記号，$\heartsuit, \clubsuit$ を用いて，2 次元の複素ヒルベルト空間を作ってみる．まず，2 つの記号 $|\heartsuit\rangle, |\clubsuit\rangle$ を勝手に作る．そして，$\xi, \eta \in \mathbf{C}$ を用いて，$\xi|\heartsuit\rangle + \eta|\clubsuit\rangle$ という記号を作り，この記号全体の集合

$$\mathcal{H} \equiv \{\xi|\heartsuit\rangle + \eta|\clubsuit\rangle \mid \xi, \eta \in \mathbf{C}\} \quad (\mathbf{C} \text{ は複素数全体の集合}) \tag{3.12}$$

を考える．そして，記号 $\xi|\heartsuit\rangle + \eta|\clubsuit\rangle$ に意味を持たせるために，足し算や複素数倍などを，複素ベクトル空間の公理（付録 A.2）を満たすように定義する．例えば，

$$|\psi_1\rangle = \xi_1|\heartsuit\rangle + \eta_1|\clubsuit\rangle, \quad |\psi_2\rangle = \xi_2|\heartsuit\rangle + \eta_2|\clubsuit\rangle \tag{3.13}$$

のとき，$c_1|\psi_1\rangle + c_2|\psi_2\rangle$ $(c_1, c_2 \in \mathbf{C})$ を，

$$c_1|\psi_1\rangle + c_2|\psi_2\rangle \equiv (c_1\xi_1 + c_2\xi_2)|\heartsuit\rangle + (c_1\eta_1 + c_2\eta_2)|\clubsuit\rangle \tag{3.14}$$

と定義する．(( ) の中は，普通の複素数の足し算．) これにより，$\mathcal{H}$ は $\mathbf{C}$ 上のベクトル空間を成す．さらに，内積を，

$$\langle \heartsuit|\heartsuit\rangle = \langle \clubsuit|\clubsuit\rangle = 1, \tag{3.15}$$

$$\langle \heartsuit|\clubsuit\rangle = \langle \clubsuit|\heartsuit\rangle = 0, \tag{3.16}$$

及び，(3.4), (3.5), (3.6) により定義すると，任意の $\mathcal{H}$ の元の間の内積が計算できる．例えば，上の $|\psi_1\rangle$ と $|\psi_2\rangle$ の内積は，

$$\begin{aligned}\langle \psi_1|\psi_2\rangle &= \langle \xi_1\heartsuit + \eta_1\clubsuit|\xi_2\heartsuit + \eta_2\clubsuit\rangle \\ &= \xi_1^*\xi_2\langle \heartsuit|\heartsuit\rangle + \xi_1^*\eta_2\langle \heartsuit|\clubsuit\rangle + \eta_1^*\xi_2\langle \clubsuit|\heartsuit\rangle + \eta_1^*\eta_2\langle \clubsuit|\clubsuit\rangle \\ &= \xi_1^*\xi_2 + \eta_1^*\eta_2.\end{aligned} \tag{3.17}$$

こうして，$\mathcal{H}$ は 2 次元の複素ヒルベルト空間になった（完備性の証明は略）．■

この例で判るように，複素ヒルベルト空間は，縦ベクトルの集合に限るわけではなく，なにか頭の中で適当に作りあげた抽象的なものでもよい.

実は，この例で取り上げたヒルベルト空間は，内積の値に関する限り，$\mathbf{C}^2$ と等価である．実際，この空間のベクトルと $\mathbf{C}^2$ のベクトルとを，

$$\xi|\heartsuit\rangle + \eta|\clubsuit\rangle \longleftrightarrow \begin{pmatrix} \xi \\ \eta \end{pmatrix} \tag{3.18}$$

と，もれなく1対1に対応させれば，どんな2つのベクトルの内積の値も両者で一致することが判る．つまり，この2つの例は，内積の値に関する限りは実質的には同じもので，それを，異なった仕方で記述しているに過ぎなかったのである．(これについては，4.6節で再論する．) このように，ヒルベルト空間は「その具体的な作り方は異なっていても内積の値は同じ」というものが多数ある．量子論の計算を行う際には，逆にこのことを利用して，(同じ内積を与える範囲内で) 好きなヒルベルト空間を作って計算すればよい．なぜなら，これから説明していくように，量子論の計算の最終結果は，内積の値で与えられるからである．

♠ 補足：内積空間の完備性

内積空間 $\mathcal{H}$ が**完備**であるとは，$\mathcal{H}$ 内のどんなベクトル列 $|\psi_1\rangle, |\psi_2\rangle, \cdots$ でも，もしもそれが，

$$\lim_{n,m\to\infty} \||\psi_n\rangle - |\psi_m\rangle\| = 0 \tag{3.19}$$

を満たすベクトル列であれば，必ずその収束先 $|\psi\rangle$，つまり，

$$\lim_{n\to\infty} \||\psi_n\rangle - |\psi\rangle\| = 0 \tag{3.20}$$

を満たすベクトル $|\psi\rangle$ が $\mathcal{H}$ 内に存在することである．

3.3 量子状態

複素ヒルベルト空間には内積が定義されているので，普通の3次元実空間のように「直交」という概念が導入でき，「平行」の意味も明瞭になる．

3.3 量子状態

数学的定義： ベクトル $|\psi\rangle$ と $|\psi'\rangle$ が $\langle\psi|\psi'\rangle = 0$ を満たすとき，互いに**直交する** (orthogonal) と言う．

例えば，$\begin{pmatrix} \xi \\ \eta^* \end{pmatrix}$ と $\begin{pmatrix} \eta \\ -\xi^* \end{pmatrix}$ は，内積が $\xi^*\eta - \eta\xi^* = 0$ となるので直交している．

問題 3.1 一般に，ゼロベクトルでないベクトル $|\psi_1\rangle, |\psi_2\rangle, \cdots$ が，どれも互いに直交するならば，それらは線形独立（付録 A.2 参照）であることを示せ．

他方，ベクトル $|\psi\rangle$ を定数倍したベクトル $c|\psi\rangle$ $(c \in \mathbf{C})$ を $|c\psi\rangle$ と書くと，これは，$|\psi\rangle$ とは長さが違うだけの**平行な**ベクトルと見なすことができる．実際，どんなベクトル $|\psi'\rangle$ と $|c\psi\rangle$ の内積も一律に c 倍になる：

$$\langle\psi'|c\psi\rangle = c\langle\psi'|\psi\rangle. \tag{3.21}$$

あるいは，$|c\psi\rangle$ が左にある場合は，

$$\langle c\psi|\psi'\rangle = c^*\langle\psi|\psi'\rangle \tag{3.22}$$

のように，どんなベクトル $|\psi'\rangle$ との内積も一律に c^* 倍になる．これらは，$|c\psi\rangle$ が $|\psi\rangle$ と「平行」であるという解釈とつじつまがあっている[*5]．

特に，θ を実数としたとき，**位相因子** (phase factor)（付録 A.1 参照）$e^{i\theta}$ を $|\psi\rangle$ にかけた $e^{i\theta}|\psi\rangle$ は，θ の値にかかわらず，$|\psi\rangle$ と「平行」で同じ「長さ」（ノルム）を持つベクトルになる．つまり，$|\psi\rangle$ の複製のようなものである．そこで，複製全てを集めた集合

$$\{e^{i\theta}|\psi\rangle \mid \theta \in \mathbf{R}\} \quad (\mathbf{R} \text{ は実数全体の集合}) \tag{3.23}$$

を一括して，**射線(ray)** と呼ぶ[*6]．

一般に，$\||\psi\rangle\| = 1$ のとき，$|\psi\rangle$ は**規格化されている** (normalized) と言う．

[*5] 実空間のベクトル $\vec{a}$ の場合も，$\vec{a}$ と平行なベクトル $k\vec{a}$ $(k \in \mathbf{R})$ は，どんなベクトル $\vec{a}'$ との内積も一律に k 倍になったことを思い出せ．

[*6] ノルムが同じでなくても射線に含める流儀もあるが，量子論ではこのような定義の方が便利である．

ゼロベクトルでない任意のベクトル $|\psi\rangle$ が与えられたとき，それは必ず**規格化** (normalize) できる．なぜなら，$|\psi\rangle$ を

$$\frac{1}{\sqrt{\langle\psi|\psi\rangle}}|\psi\rangle \tag{3.24}$$

で置き換えれば，これは規格化されていて $|\psi\rangle$ と「平行」なベクトルになるからである．これに位相因子 $e^{i\theta}$ をかけて，全ての θ の値について集めれば，規格化された射線を得る．

例 3.3 任意の（ゼロベクトルでない）ベクトル $\begin{pmatrix} \xi \\ \eta \end{pmatrix}$ を規格化した $\begin{pmatrix} \xi/\sqrt{|\xi|^2+|\eta|^2} \\ \eta/\sqrt{|\xi|^2+|\eta|^2} \end{pmatrix}$ の射線は，$\left\{ \begin{pmatrix} e^{i\theta}\xi/\sqrt{|\xi|^2+|\eta|^2} \\ e^{i\theta}\eta/\sqrt{|\xi|^2+|\eta|^2} \end{pmatrix} \middle| \theta \in \mathbf{R} \right\}$ となる．■

演算子形式の量子論では，このような抽象的な空間の射線に，量子系の状態を対応させる：

要請 (1)

量子系の純粋状態は，ある複素ヒルベルト空間 $\mathcal{H}$ の，規格化された射線で表される．

実際の計算では，射線の中からひとつの規格化されたベクトル $|\psi\rangle$ を代表として選び，それで量子状態を表して，「この量子系は $|\psi\rangle$ という状態にある」などと言うことが多い[*7)]．この $|\psi\rangle$ を，**状態ベクトル** (state vector) と呼ぶ．**以後，本書でもこの流儀に従う**が，$|\psi\rangle$ と $e^{i\theta}|\psi\rangle$ は同じ状態を表すことを忘れてはいけない．

この要請の $\mathcal{H}$ としてどのようなヒルベルト空間を採用するのかは 3.22 節で述べるが，ひとつだけ注意しておく：異なる量子系は，一般には，異なる複素ヒルベルト空間で表す必要があるが，たまたま同じ複素ヒルベルト空間で記述できることもある．

[*7)] このようにする理由は，2 つの状態を「重ね合わせる」(3.14) ときなどに，射線で考えるよりも記述が簡便だからである．

例 3.4 ♠ 電子のスピンの状態は，$\mathcal{H} = \mathbf{C}^2$ の状態ベクトルで表される．一方，計算機のデータ記録部分を量子系に置き換えた**量子計算機**の各ビットの状態も，$\mathcal{H} = \mathbf{C}^2$ の状態ベクトルで表される．■

3.4 演算子とその固有値・固有ベクトル

次に，ベクトルを別のベクトルに移す写像[*8)] を考える．その写像を $\hat{A}$ と記し，$|\psi\rangle$ が $\hat{A}$ で移った先のベクトルを $\hat{A}|\psi\rangle$ と記すことにする．特に，

数学的定義： ($\mathcal{H}$ から $\mathcal{H}$ への) 写像 $\hat{A}$ が線形写像であるとき，即ち，任意の[*9)] $|\psi_1\rangle, |\psi_2\rangle$ ($\in \mathcal{H}$) と c_1, c_2 ($\in \mathbf{C}$) について，

$$\hat{A}(c_1|\psi_1\rangle + c_2|\psi_2\rangle) = c_1\hat{A}|\psi_1\rangle + c_2\hat{A}|\psi_2\rangle \tag{3.25}$$

を満たすとき，$\hat{A}$ を「$\mathcal{H}$ 上の**線形作用素 (linear operator)**」と呼ぶ．量子論では，線形作用素を単に**演算子** (operator) と呼び[*10)]，このように頭に ∧ (ハット) をつけて演算子であることを強調することが多い．

- 任意の $|\psi\rangle \in \mathcal{H}$ について，$\hat{1}|\psi\rangle = |\psi\rangle$ となる (ベクトルを変えない) 演算子 $\hat{1}$ を**恒等演算子**と言う．
- しばしば，$\hat{1}$ の定数倍 $c\hat{1}$ を，単に c と略記する．なぜなら，$c\hat{1}|\psi\rangle = c|\psi\rangle$ となるからである．

行列 (付録 B) は，通常の行列のかけ算規則により，列ベクトルに対する演算子になる．例えば：

[*8)] p.21 で説明したように，ある集合の各々の元に，別の (あるいは同じ) 集合の元を対応させる規則を，**写像** (map) という．

[*9)] ♠ 数学的には，$\hat{A}$ は $\mathcal{H}$ の全ての元について定義できているとは限らない．しかし物理では，それは適宜処理されていると仮定して特に必要が生じたとき以外は気にしないのが普通なので，本書でもそうする．詳しくは 3.16.3 節を参照．

[*10)] 演算子のことを q-**数** (q-number) と呼び，複素数のことを c-**数** (c-number) と呼ぶ書物もある．

例 3.5 $\mathcal{H} = \mathbf{C}^2$ において，

$$\hat{\sigma}_x \equiv \begin{pmatrix} 0 & 1 \\ 1 & 0 \end{pmatrix}, \ \hat{\sigma}_y \equiv \begin{pmatrix} 0 & -i \\ i & 0 \end{pmatrix}, \ \hat{\sigma}_z \equiv \begin{pmatrix} 1 & 0 \\ 0 & -1 \end{pmatrix} \quad (3.26)$$

を，それぞれ**パウリ行列** (Pauli matrix) の x 成分，y 成分，z 成分と呼ぶ．これらは，任意のベクトル $|\psi\rangle = \begin{pmatrix} \xi \\ \eta \end{pmatrix}$ を，それぞれ，

$$\hat{\sigma}_x|\psi\rangle = \begin{pmatrix} \eta \\ \xi \end{pmatrix}, \ \hat{\sigma}_y|\psi\rangle = \begin{pmatrix} -i\eta \\ i\xi \end{pmatrix}, \ \hat{\sigma}_z|\psi\rangle = \begin{pmatrix} \xi \\ -\eta \end{pmatrix} \quad (3.27)$$

に写像する演算子になっている．■

　この例でもわかるように，$\hat{A}|\psi\rangle$ は，一般には，$|\psi\rangle$ と平行でない．しかし，$\mathcal{H}$ 全体を探せば，$\hat{A}$ をかけても向きが変わらないベクトルもあるかもしれない．それに名前を付けよう：

数学的定義： ゼロベクトルでないベクトル $|a\rangle$ が，演算子 $\hat{A}$ をかけても向きが変わらない場合，即ち，

$$\hat{A}|a\rangle = a|a\rangle \quad (a \in \mathbf{C}, \ \langle a|a\rangle > 0) \quad (3.28)$$

である場合，a を $\hat{A}$ の**固有値** (eigenvalue) と呼び，$|a\rangle$ を「固有値 a に属する $\hat{A}$ の**固有ベクトル** (eigenvector) または**固有状態** (eigenstate)」と呼ぶ．また，固有値と固有ベクトルの満たすべき関係式である上式を，**固有値方程式**と呼ぶ．

　(3.28) の両辺に定数 $c \ (\in \mathbf{C})$ をかけると，

$$c\hat{A}|a\rangle = ca|a\rangle \ \text{つまり}, \ \hat{A}(c|a\rangle) = a(c|a\rangle) \quad (3.29)$$

となるから，$|a\rangle$ が固有値 a に属する $\hat{A}$ の固有ベクトルであれば，その（ゼロでない）定数倍 $c|a\rangle \ (c \in \mathbf{C})$ も，同じ固有値に属する固有ベクトルである．これを利用して，本書では，**固有ベクトルはいつも規格化**しておくことにする．

3.4 演算子とその固有値・固有ベクトル

例 3.6 $\hat{A}$ が (3.26) の $\hat{\sigma}_y$ のとき,その固有値と固有ベクトルを求めるには,まず,(3.28) が,

$$(\hat{A} - a\hat{1})|a\rangle = 0 \quad (\hat{1} \text{ は単位行列で, } \mathbf{C}^2 \text{ の恒等演算子である}) \tag{3.30}$$

と変形できることに注目する.これが,ゼロベクトルでない $|a\rangle$ について成り立つためには,$(\hat{A} - a\hat{1})$ が逆行列を持ってはいけない.なぜなら,$(\hat{A} - a\hat{1})$ の逆行列があるとしたら,それを (3.30) の両辺にかけると $|a\rangle = 0$ となり,$|a\rangle$ がゼロベクトルでないことと矛盾するからである.逆行列を持たない条件は,行列式が零になることだから(付録 B),

$$\det(\hat{A} - a\hat{1}) = 0. \tag{3.31}$$

これを,$\hat{A}$ の**特性方程式**と呼ぶ.これは,$\hat{A} = \hat{\sigma}_y$ を代入すると a についての2次方程式 $a^2 - 1 = 0$ になるので簡単に解けて,

$$a = \pm 1. \tag{3.32}$$

これが固有値である.固有ベクトルを求めるには,

$$|a\rangle = \begin{pmatrix} \xi \\ \eta \end{pmatrix} \quad (\xi, \eta \text{ は,未知複素数}) \tag{3.33}$$

とでも置くと,求めた固有値 $a = \pm 1$ を代入した固有値方程式 (3.28) は,

$$\begin{pmatrix} 0 & -i \\ i & 0 \end{pmatrix} \begin{pmatrix} \xi \\ \eta \end{pmatrix} = \pm \begin{pmatrix} \xi \\ \eta \end{pmatrix} \tag{3.34}$$

となる.左辺のかけ算を実行すれば,この等式は,かけ算して得られた左辺の1行目 = 右辺1行目,かけ算して得られた左辺の2行目 = 右辺2行目という(単なる線形の)連立方程式に帰着する.それは簡単に解けて,ゼロベクトルでない解は,c を任意の複素定数 $(\neq 0)$ として[11],

$$c \begin{pmatrix} 1 \\ \pm i \end{pmatrix} \quad \text{for } a = \pm 1. \tag{3.35}$$

---

[11] (3.34) は,ξ, η に対する 2 本の式を与えているが,(3.31) のために,それらは独立ではないので,任意定数を含む解になる.これは,上で述べた,「$|a\rangle$ が固有ベクトルならその定数倍も固有ベクトルである」ということにも対応している.

これは，$c = 1/\sqrt{2}$ と選べば規格化される．そのように選んだものを $|\pm\rangle$ と書くことにすると，それが $\hat{A} = \hat{\sigma}_y$ の**規格化された固有ベクトル** (normalized eigenvector) である：

$$|\pm\rangle = \begin{pmatrix} 1/\sqrt{2} \\ \pm i/\sqrt{2} \end{pmatrix} \quad \text{for } a = \pm 1. \tag{3.36}$$

もちろん，これに任意の位相因子 $e^{i\theta}$ をかけてもよい．■

他の演算子とか，$N = 2$ に限らない一般の $\mathbf{C}^N$ の場合にも，この例と同様の手続きで固有値と固有ベクトルを計算できる．また，一般に，**特性方程式の解は必ず固有値になる**ことも知られている．

3.5 自己共役演算子と可観測量

物理では，$|\psi\rangle$ と $\hat{A}|\psi'\rangle$ との内積を，単に，

$$\langle \psi | \hat{A} | \psi' \rangle \tag{3.37}$$

と書く習慣がある．他方，数学では，$\langle \psi | \psi' \rangle$ を (ψ, ψ') と書き，$\langle \psi | \hat{A} | \psi' \rangle$ を $(\psi, \hat{A}\psi')$ と書くのが普通であるが，この方が便利な場合もある．例えば，$\hat{A}|\psi\rangle$ と $|\psi'\rangle$ の内積（$\hat{A}|\psi\rangle$ が左側）は，物理流の書き方だと表しにくいが，数学流の書き方だと，$(\hat{A}\psi, \psi')$ と簡単に表せる．そこで本書では，物理流の書き方でもこれと同様のことができるように，

$$\hat{A}|\psi\rangle \text{ を } |\hat{A}\psi\rangle \text{ とも書く} \tag{3.38}$$

と約束する．そうすれば，$(\hat{A}\psi, \psi') = \langle \hat{A}\psi | \psi' \rangle$ と表せる．もちろん，$(\psi, \hat{A}\psi') = \langle \psi | \hat{A}\psi' \rangle = \langle \psi | \hat{A} | \psi' \rangle$ である．

ところで，p.32 の $\mathbf{C}^N$ において，$\hat{A} = (A_{jk})$ $(j, k = 1, 2, \cdots, N)$ なる行列を $|\psi'\rangle$ にかけて，$|\psi\rangle$ との内積をとると，

$$\langle \psi | \hat{A}\psi' \rangle = \sum_j z_j^* \left(\sum_k A_{jk} z_k' \right) = \sum_j \sum_k z_j^* A_{jk} z_k'. \tag{3.39}$$

これは $\sum_j$ を先に実行しても値は同じであるから，

3.5 自己共役演算子と可観測量

$$= \sum_k \left(\sum_j z_j^* A_{jk} \right) z_k' = \sum_k \left(\sum_j A_{jk}^* z_j \right)^* z_k'. \tag{3.40}$$

この最後の表式は，$\hat{A}$ の複素共役をとって転置した行列である．$\hat{A}$ の**エルミート共役** (hermitian conjugate)（付録 B），

$$\hat{A}^\dagger \equiv (\hat{A}^*)^t \quad (\text{つまり，} \hat{A}^\dagger \text{ の } kj \text{ 成分} = A_{jk}^*) \tag{3.41}$$

を用いて，$\langle \hat{A}^\dagger \psi | \psi' \rangle$ と書ける．従って，

$$\langle \psi | \hat{A} \psi' \rangle = \langle \hat{A}^\dagger \psi | \psi' \rangle \tag{3.42}$$

が，任意のベクトル $|\psi\rangle, |\psi'\rangle$ について成立する．

問題 3.2 次の行列について，(3.42) が満たされていることを確認せよ．

$$\hat{A} = \begin{pmatrix} 0 & 2 \\ i & 0 \end{pmatrix}. \tag{3.43}$$

上の $\mathbf{C}^N$ の例で見たことを，一般のヒルベルト空間 $\mathcal{H}$ にも拡張し，任意の*[12]ベクトル $|\psi\rangle, |\psi'\rangle \in \mathcal{H}$ について (3.42) が成立する演算子 $\hat{A}^\dagger$ を，$\hat{A}$ の**共役演算子** (adjoint operator) と呼ぶ．これについて以下の公式が成り立つ：

- 演算子の線形性と内積の性質から明らかに，

$$(\hat{A} + \hat{B})^\dagger = \hat{A}^\dagger + \hat{B}^\dagger. \tag{3.44}$$

- (3.42) の複素共役をとればわかるように，

$$\langle \psi | \hat{A} | \psi' \rangle^* = \langle \psi' | \hat{A}^\dagger | \psi \rangle. \tag{3.45}$$

- 上式の $\hat{A}$ を $c\hat{A}$ に置き換えると，左辺は $c^* \langle \psi | \hat{A} | \psi' \rangle^* = c^* \langle \psi' | \hat{A}^\dagger | \psi \rangle = \langle \psi' | c^* \hat{A}^\dagger | \psi \rangle$ となり，右辺は $\langle \psi' | (c\hat{A})^\dagger | \psi \rangle$ となるので，

$$(c\hat{A})^\dagger = c^* \hat{A}^\dagger. \tag{3.46}$$

[*12)] ♠ 前節の脚注 9 でも述べたように，定義域にまつわる数学的な問題は適宜処理されていると仮定して，特に必要が生じたとき以外は気にしないことにする．詳しくは 3.16.3 節参照．

- (3.45) の複素共役をとった式 $\langle\psi|\hat{A}|\psi'\rangle = \langle\psi'|\hat{A}^\dagger|\psi\rangle^*$ の右辺に，再び (3.45) を用いると，$\langle\psi|\hat{A}|\psi'\rangle = \langle\psi'|\hat{A}^\dagger|\psi\rangle^* = \langle\psi|(\hat{A}^\dagger)^\dagger|\psi'\rangle$. ゆえに，

$$(\hat{A}^\dagger)^\dagger = \hat{A}. \tag{3.47}$$

- (3.42) の $\hat{A}$ を $\hat{A}^\dagger$ に置き換えて，上式を用いると，

  任意の $|\psi\rangle, |\psi'\rangle$ に対して，$\langle\psi|\hat{A}^\dagger\psi'\rangle = \langle\hat{A}\psi|\psi'\rangle$. \quad (3.48)

- $\langle\psi|\hat{A}\hat{B}|\psi'\rangle = \langle\hat{A}^\dagger\psi|\hat{B}|\psi'\rangle = \langle\hat{B}^\dagger\hat{A}^\dagger\psi|\psi'\rangle$ より，

$$(\hat{A}\hat{B})^\dagger = \hat{B}^\dagger\hat{A}^\dagger. \tag{3.49}$$

上で見たように，$\mathbf{C}^N$ に対しては，$\hat{A}^\dagger$ を表す行列は $\hat{A}$ を表す行列のエルミート共役になる．物理の文献では，このことを他のヒルベルト空間の場合にも援用して，$\hat{A}^\dagger$ を，$\hat{A}$ の「エルミート共役」と呼んでしまうことが多い．

問題 3.3 パウリ行列 (3.26) のエルミート共役は，自分自身に等しいこと，即ち，

$$\hat{\sigma}_\alpha^\dagger = \hat{\sigma}_\alpha \quad (\alpha = x, y, z) \tag{3.50}$$

を示せ．

この問題で調べたパウリ行列に限らず，$\mathbf{C}^N$ において，成分 A_{jk} が

$$A_{jk}^* = A_{kj} \quad (j, k = 1, 2, \cdots, N) \tag{3.51}$$

を満たすような行列 $\hat{A}$ は，(3.41) より $\hat{A}^\dagger = \hat{A}$ となる．そのような行列を**エルミート行列** (hermitian matrix) と呼ぶ．これを一般のヒルベルト空間 $\mathcal{H}$ にも拡張して，$\hat{A}^\dagger = \hat{A}$ である演算子 $\hat{A}$ を，**自己共役演算子** (self-adjoint operator) と呼ぶ．物理の文献では，これを**エルミート演算子** (hermitian operator) と呼んでしまうことも多いが，本書では自己共役演算子と呼ぶことにする．

なお，$\hat{A}$ が自己共役であれば，その実数倍 $k\hat{A}$（k は実数）も自己共役である．なぜなら，(3.46) より $(k\hat{A})^\dagger = k\hat{A}^\dagger = k\hat{A}$ となるからである．

演算子形式の量子論では，自己共役演算子に，量子系の物理量，即ち，**可観**

3.5 自己共役演算子と可観測量

測量 (observable)[*13] を対応させる：

――― 要請 (2) ―――
可観測量は，$\mathcal{H}$ 上の自己共役演算子によって表される．

この逆，つまり，「任意の自己共役演算子が物理量である」ということは，一般には要請しないし保証もしない．しかし，最初に $\mathcal{H}$ を設定し，その上の自己共役演算子の全てを可観測量として許すような議論をすることも多い（7.4 節参照）．

例 3.7　1.2 節で触れた電子の**スピン** (spin) は，普通の 3 次元空間のベクトルのように，x, y, z の 3 成分に分けて書くことができる．それをそれぞれ $\hat{s}_x, \hat{s}_y, \hat{s}_z$ と書くと，

$$\hat{s}_\alpha = \frac{\hbar}{2}\hat{\sigma}_\alpha \quad (\alpha = x, y, z) \tag{3.52}$$

とパウリ行列 (3.26) で表せる．ただし，$\hbar$ は 1.2 節にも出てきた，プランク定数を 2π で割った定数である．$\hat{\sigma}_k$ が自己共役なので，その実数倍である $\hat{s}_k$ も自己共役である．なお，パウリ行列は，これに限らず，様々な物理量を表すのに用いられる．■

さて，「状態は状態ベクトルで表される」（要請 (1)）「物理量は自己共役演算子で表される」（要請 (2)）と言われても，抽象的な空間で定義されたベクトルや演算子が，現実の物理現象（実験）とどのように結びついているかピンと来ないと思う．ここで，2.2 節で述べた枠組みを思い出して欲しい．この 2 つを組み合わせて，実験で得られる測定値の確率分布を与えようということなのである．その具体的内容が，後に述べる要請 (3) (p. 75) である．この核心的な要請を説明するために，次節から 3.10 節までのしばらくの間，必要な数学（これが量子論を語るための言語である！）を説明する．

[*13] 2.2 節で述べたように，どんな状態においても（原理的には）いくらでも小さな誤差で測れる量のことを，量子論では可観測量と呼ぶ．より詳しくは，3.20.3 節．

3.6 自己共役演算子の固有値

自己共役演算子の固有値の性質を調べよう．$|a\rangle$ と (3.28) の内積をとり，左右入れ替えると，$a\langle a|a\rangle = \langle a|\hat{A}|a\rangle$ を得るが，これの複素共役をとると，(3.45) より $a^*\langle a|a\rangle = \langle a|\hat{A}|a\rangle^* = \langle a|\hat{A}^\dagger|a\rangle$．従って，もしも $\hat{A}$ が自己共役であれば，$a^*\langle a|a\rangle = a\langle a|a\rangle$ を得る．$\langle a|a\rangle \neq 0$ だから，これは $a^* = a$ を意味する．故に，

定理 3.1 自己共役演算子の固有値は，全て実数である．

この定理から，自己共役演算子 $\hat{A}$ の固有値の全体は，いろいろな値の実数の集合をなすが，これを，$\hat{A}$ の**固有値スペクトル**と呼ぶ．例えば，p.39 の例 3.6 では，$\hat{\sigma}_y$ が自己共役だから固有値が実数だったのであり，$\hat{\sigma}_y$ の固有値スペクトルは，$\{-1, +1\}$ である．

- 固有値スペクトルの中に，$\{-1, 0, +1\}$ とか $\{1/2, 1/3, 1/4\}$ のように値が飛び飛びの（離散的な）部分があるとき，その部分は**離散スペクトル** (discrete spectrum) をなすと言う．
- 一方，-1 から $+1$ までの全ての実数 $[-1, +1]$ のように，連続した実数よりなる部分があれば，その部分は**連続スペクトル** (continuous spectrum) をなすと言う．
- 離散スペクトルに属する固有値を**離散固有値** (discrete eigenvalue)，連続スペクトルに属する固有値を**連続固有値** (continuous eigenvalue) と言う．例えば $\hat{\sigma}_y$ の固有値 ± 1 は離散固有値である．

例 3.8 水素原子のエネルギー演算子の固有値は，$E = -R/n^2$ (n は自然数，R は正の定数) という離散固有値と，$0 \leq E < +\infty$ なる連続固有値とからなる．つまり，$E = 0$ を境に，離散スペクトル $\{E \mid E = -R/n^2, \, n = 1, 2, \cdots\}$ と連続スペクトル $\{E \mid 0 \leq E < +\infty\}$ とに分かれている．■

$\hat{A}$ を 2 つの固有ベクトル $|a\rangle$, $|a'\rangle$ で挟めば，$\langle a|\hat{A}|a'\rangle = a'\langle a|a'\rangle$ を得るが，もしも $\hat{A}$ が自己共役であれば，$\langle a|\hat{A}|a'\rangle = \langle \hat{A}a|a'\rangle = a\langle a|a'\rangle$ とも変形できる．ゆえに，$(a - a')\langle a|a'\rangle = 0$．従って，$a \neq a'$ なら $\langle a|a'\rangle = 0$ である．故に，

定理 3.2 自己共役演算子の相異なる固有値に属する固有ベクトルは，直交する．ゆえに，p. 35 の問題 3.1 より線形独立である．従って，相異なる固有値の数は，$\dim \mathcal{H}$ 以下である．従って，$\dim \mathcal{H}$ が有限であれば，離散スペクトルしか現れない．

例えば，$\hat{\sigma}_y$ は有限次元（2 次元）のヒルベルト空間の上の演算子だから，固有値スペクトルは離散スペクトルになったのである．一方，後で出てくる，運動量演算子 $\hat{p}$ の固有値スペクトルは，$\{p \mid -\infty < p < +\infty\}$ という連続スペクトルになり，それが作用するヒルベルト空間は無限次元になる．

3.7 正規直交完全系と波動関数 – 離散固有値の場合

自己共役演算子 $\hat{A}$ のひとつの固有値 a に属する固有ベクトルとして，互いに線形独立な 2 つ以上のベクトル $|a, 1\rangle, |a, 2\rangle, \cdots, |a, m_a\rangle$ が存在するとき「固有値 a には m_a 重の**縮退** (degeneracy) がある」と言い，m_a を**縮退度**（または**縮重度**）と言う．

ひとつの自己共役演算子の固有ベクトルを，縮退しているものも含めてもれなく集めてくれば，**完全系** (complete set)[*14] を成すことが知られている[*15]：

定理 3.3 自己共役演算子の固有ベクトルの全体は，完全系を成す．

従って，自己共役演算子 $\hat{A}$ の固有ベクトルを $|a, l\rangle$ とすると，どんなベクトル $|\psi\rangle \in \mathcal{H}$ も，a も l も離散的な場合には，

$$|\psi\rangle = \sum_a \sum_{l=1}^{m_a} \psi(a, l) |a, l\rangle \tag{3.53}$$

のように，適当な係数 $\psi(a, l) \in \mathbf{C}$ を用いて展開できる．a や l が連続的な場合の展開式は，3.15 節で述べる．

[*14] どんなベクトル $|\psi\rangle \in \mathcal{H}$ も，同じ $\mathcal{H}$ 上のベクトル達 $|1\rangle, |2\rangle, \cdots$ の線形結合として表せるとき，「$|1\rangle, |2\rangle, \cdots$ は $\mathcal{H}$ の完全系を成す」と言う．

[*15] $\mathcal{H}$ が有限次元の場合には，これは，「エルミート行列はユニタリー行列で対角化できる」という線形代数のよく知られた定理と同じことを言っている．

例 3.9 次のようなエルミート行列の固有値と固有ベクトルを考える.

$$\hat{A} = \begin{pmatrix} 0 & 1 & 0 \\ 1 & 0 & 0 \\ 0 & 0 & 1 \end{pmatrix}. \tag{3.54}$$

特性方程式は $(a^2-1)(a-1)=0$ だから, 固有値は, $a=1$ (2重根) と $a=-1$ であることが判る. 2重根があると言うことは, 2重縮退があることを示している. 実際, $a=1$ に属する固有ベクトル (で互いに独立なもの) は1つでなく, 例えば,

$$|1,1\rangle' = \begin{pmatrix} 1/\sqrt{3} \\ 1/\sqrt{3} \\ 1/\sqrt{3} \end{pmatrix}, \quad |1,2\rangle' = \begin{pmatrix} 1/\sqrt{3} \\ 1/\sqrt{3} \\ -1/\sqrt{3} \end{pmatrix} \tag{3.55}$$

のように, 互いに独立な2つのものがある. この2つの固有ベクトルは, 同じ固有値に属しているので, 直交している保証はなく, 実際, ${}'\langle 1,1|1,2\rangle' = 1/3$ だから, 直交していない. しかし, これらの任意の線形結合がまた $a=1$ に属する固有ベクトルになる. これを利用して, 互いに直交する (しかも長さが1の) 2つのベクトルに選び直すことができる. 例えば,

$$|1,1\rangle \equiv \frac{\sqrt{3}}{2\sqrt{2}}|1,1\rangle' + \frac{\sqrt{3}}{2\sqrt{2}}|1,2\rangle' = \begin{pmatrix} 1/\sqrt{2} \\ 1/\sqrt{2} \\ 0 \end{pmatrix}, \tag{3.56}$$

$$|1,2\rangle \equiv \frac{\sqrt{3}}{2}|1,1\rangle' - \frac{\sqrt{3}}{2}|1,2\rangle' = \begin{pmatrix} 0 \\ 0 \\ 1 \end{pmatrix} \tag{3.57}$$

と選び直せる. これらと, $a=-1$ に属する固有ベクトル

$$|-1,1\rangle = \begin{pmatrix} 1/\sqrt{2} \\ -1/\sqrt{2} \\ 0 \end{pmatrix} \tag{3.58}$$

を合わせたものを $\hat{A}$ の固有ベクトルに選んでおけば, どれも互いに直交する. 上の定理により, 任意の $|\psi\rangle \in \mathcal{H}$ は, $|1,1\rangle', |1,2\rangle', |-1,1\rangle$ の線形結合とし

3.7 正規直交完全系と波動関数 – 離散固有値の場合

ても,あるいは,$|1,1\rangle, |1,2\rangle, |-1,1\rangle$ の線形結合としても表せるのだが,後者の方が何かと便利である.■

この例のように,縮退がある場合,ひとつの固有値 a に属する m_a 個の固有ベクトル $|a,l\rangle$ ($l = 1, 2, \cdots, m_a$) は,互いに直交している保証はない.一方,これらの線形結合も固有ベクトルである.そこで,**本書では,いつも適当な線形結合をとり,互いに直交するように選び直してあるものとする**.これは,シュミットの直交化法(線形代数の本を参照)などにより,いつでも可能である.適当に定数倍して規格化しておくことも前に約束したから,結局,

$$\langle a,l|a',l'\rangle = \delta_{a,a'}\delta_{l,l'} \quad (\text{離散固有値の場合}) \tag{3.59}$$

となるように $|a,l\rangle$ を選ぶ約束をしたことになる.ただし,右辺にあるのは,任意の離散変数 n, n' に対して次式で定義される,**クロネッカーのデルタ**である:

$$\delta_{n,n'} = \begin{cases} 1 & \text{for } n = n', \\ 0 & \text{for } n \neq n'. \end{cases} \tag{3.60}$$

(3.59) のように選んだ $|a,l\rangle$ の全体(a, l の,可能な全ての値について,$|a,l\rangle$ を集めたもの)を $\{|a,l\rangle\}$ と書くことすると,先の定理から,$\{|a,l\rangle\}$ は**正規直交完全系** (complete orthonormal set)(付録 A.2)を成すことになり,この後の計算が著しく簡単になる.なぜなら,計算の中に $\delta_{n,n'}$ ($= \delta_{n',n}$) が現れたら,(3.60) より次のように簡単になってしまうからである:

$$f_{n'}\delta_{n,n'} = f_n\delta_{n,n'}, \tag{3.61}$$

$$\sum_{n'} f_{n'}\delta_{n,n'} = f_n. \tag{3.62}$$

ここで,$f_{n'}$ は,離散変数 n' の任意の関数である.例えば,(3.53) と $|\psi'\rangle = \sum_a \sum_l \psi'(a,l)|a,l\rangle$ の内積をとると,(3.59) と (3.62) より,

$$\langle\psi|\psi'\rangle = \sum_a \sum_{l=1}^{m_a} \sum_{a'} \sum_{l'=1}^{m_{a'}} \psi^*(a,l)\psi'(a',l')\langle a,l|a',l'\rangle$$

$$= \sum_a \sum_{l=1}^{m_a} \sum_{a'} \sum_{l'=1}^{m_{a'}} \psi^*(a,l)\psi'(a',l')\delta_{a,a'}\delta_{l,l'}$$

$$= \sum_a \sum_{l=1}^{m_a} \psi^*(a,l)\psi'(a,l) \tag{3.63}$$

と簡単な表式になる．これが，内積を展開係数から計算する公式である．

以後，式の見かけを簡単にするために，a,l を，ひとまとめに **a** と書くことにする．（縮退がなければ，$\mathbf{a}=a$ である．）$\delta_{a,a'}\delta_{l,l'}$ も，

$$\delta_{a,a'}\delta_{l,l'} \equiv \delta_{\mathbf{a},\mathbf{a'}} \tag{3.64}$$

と略記することにする．この記法を使うと，(3.53), (3.59), (3.63) は，それぞれ，

$$|\psi\rangle = \sum_{\mathbf{a}} \psi(\mathbf{a})|\mathbf{a}\rangle, \tag{3.65}$$

$$\langle \mathbf{a}|\mathbf{a'}\rangle = \delta_{\mathbf{a},\mathbf{a'}}, \tag{3.66}$$

$$\langle \psi|\psi'\rangle = \sum_{\mathbf{a}} \psi^*(\mathbf{a})\psi'(\mathbf{a}) \tag{3.67}$$

と簡明に書ける．特に，最後の式から，

$$\langle \psi|\psi\rangle = \sum_{\mathbf{a}} |\psi(\mathbf{a})|^2. \tag{3.68}$$

また，$|\mathbf{a}\rangle$ と (3.65) の内積をとると，(3.66), (3.62) より，

$$\psi(\mathbf{a}) = \langle \mathbf{a}|\psi\rangle. \tag{3.69}$$

この $\psi(\mathbf{a})$ は，**a** の値ごとに値が異なるのだから，**a** を引数として値が複素数になる関数である．(3.65), (3.69) より，基底 $\{|\mathbf{a}\rangle\}$ が与えられたとき，関数 $\psi(\mathbf{a})$ とベクトル $|\psi\rangle$ は一対一に対応することが判る．この事実を，「$|\psi\rangle$ を基底 $\{|\mathbf{a}\rangle\}$ で**表示** (representation) したのが $\psi(\mathbf{a})$ である」と言う．

特に量子論では，$|\psi\rangle$ が状態ベクトルであるとき，$\psi(\mathbf{a})$ を，「基底 $\{|\mathbf{a}\rangle\}$ で表示した**波動関数** (wave function)」と呼ぶ[*16]．要請 (1) (p. 36) より状態ベクトルは規格化されているので，(3.68) より，

$$\sum_{\mathbf{a}} |\psi(\mathbf{a})|^2 = 1. \tag{3.70}$$

[*16] 「$\hat{A}$ 表示の波動関数」とも言う．ただし，これは少し曖昧な言い方ではある．というのは，$\hat{A}$ を定めただけでは基底 $\{|\mathbf{a}\rangle\}$ が一意的には定まらない（特に縮退がある場合）ので，波動関数も一意的には定まらないからである．

3.7 正規直交完全系と波動関数 – 離散固有値の場合

これを，波動関数の規格化条件と言う．

状態ベクトルと波動関数は，(基底をひとつ固定したとき) 完全に一対一に対応し，(3.65), (3.69) により，一方から他方が求められる．ただし，(3.69) から判るように，同じ状態 $|\psi\rangle$ の波動関数でも，基底を変えれば異なる関数形になる．例えば，$\hat{A}$ とは異なる物理量 $\hat{B}$ の固有ベクトル $|\mathbf{b}\rangle = |b, k\rangle$ $(k = 1, 2, \cdots, m_b)$ を用いて，

$$|\psi\rangle = \sum_{\mathbf{b}} \bar{\psi}(\mathbf{b})|\mathbf{b}\rangle = \sum_{b} \sum_{k=1}^{m_b} \bar{\psi}(b,k)|b,k\rangle \tag{3.71}$$

と展開すると，この ($\psi(\mathbf{a})$ と区別するために $\bar{\psi}(\mathbf{b})$ と書いた) 波動関数

$$\bar{\psi}(\mathbf{b}) = \langle \mathbf{b}|\psi\rangle \tag{3.72}$$

は，(3.65) の $\psi(\mathbf{a})$ とは異なる関数形になる．ただし，どちらも $|\psi\rangle$ と一対一に対応しているのだから，両者の間にもまた，一対一の対応がある．それは，(3.65) と $|\mathbf{b}\rangle$ の内積をとれば求まる：

$$\bar{\psi}(\mathbf{b}) = \sum_{\mathbf{a}} \psi(\mathbf{a})\langle \mathbf{b}|\mathbf{a}\rangle. \tag{3.73}$$

あるいは，この逆は，(3.71) と $|\mathbf{a}\rangle$ の内積をとれば求まる：

$$\psi(\mathbf{a}) = \sum_{\mathbf{b}} \bar{\psi}(\mathbf{b})\langle \mathbf{a}|\mathbf{b}\rangle. \tag{3.74}$$

これらを用いて，ひとつの基底で表示した波動関数から，別の基底で表示した波動関数を求めることもできる．

例 3.10 p.39 の例 3.6 で，$\hat{\sigma}_y$ の規格直交化された固有ベクトル $|\pm\rangle$ を，(3.36) のように求めてある．これらは，$\mathcal{H} = \mathbf{C}^2$ の正規直交完全系をなし，任意の状態ベクトル $|\psi\rangle$ は，これらの線形結合で表せる：

$$|\psi\rangle = \sum_{a=\pm 1} \psi(a)|a\rangle. \tag{3.75}$$

この係数 $\psi(a)$ が，基底 (3.36) で表示した波動関数であり，その値は，

$$|\psi\rangle = \begin{pmatrix} \xi \\ \eta \end{pmatrix} \tag{3.76}$$

に対しては,

$$\psi(\pm 1) = \langle \pm | \psi \rangle = \frac{1}{\sqrt{2}} \xi \mp \frac{i}{\sqrt{2}} \eta \tag{3.77}$$

と計算できる．一方，$\hat{B}$ が (3.26) の $\hat{\sigma}_z$ とすると，その固有値は，$\hat{A}$ の固有値と同じ

$$b = \pm 1 \tag{3.78}$$

と計算されるが，規格化された固有ベクトル（$|\pm\rangle$ と区別するため $|\bar{\pm}\rangle$ と書く）は，

$$|\bar{+}\rangle = \begin{pmatrix} 1 \\ 0 \end{pmatrix}, \ |\bar{-}\rangle = \begin{pmatrix} 0 \\ 1 \end{pmatrix} \tag{3.79}$$

であり，$\hat{A}$ の固有ベクトル $|\pm\rangle$ とは異なる．これも，$\mathcal{H} = \mathbf{C}^2$ の正規直交完全系をなし，$|\psi\rangle$ は，これらの線形結合としても表せる：

$$|\psi\rangle = \sum_{b=\pm 1} \bar{\psi}(b) |\bar{b}\rangle. \tag{3.80}$$

この表示における波動関数（$\psi(a)$ と区別するため $\bar{\psi}(b)$ と書いた）の値は，

$$\bar{\psi}(+1) = \xi, \ \bar{\psi}(-1) = \eta \tag{3.81}$$

と計算できる．こうして，全く同じ状態を表す，2 種類の波動関数 $\psi(a)$ と $\bar{\psi}(b)$ が得られたが，両者は，(3.74) により，

$$\begin{aligned}\psi(\pm 1) &= \sum_{b=\pm 1} \langle \pm | \bar{b} \rangle \bar{\psi}(b) \\ &= \frac{1}{\sqrt{2}} \bar{\psi}(+1) \mp \frac{i}{\sqrt{2}} \bar{\psi}(-1)\end{aligned} \tag{3.82}$$

という関係式で結びついているはずである．実際，この式の右辺に (3.81) を代入すると，(3.77) が得られる．■

なお，任意のベクトルが $\{|\mathbf{a}\rangle\}$ で展開できるのだから，例えば，$\hat{B}$ の固有ベクトル $|\mathbf{b}\rangle$ も，

$$|\mathbf{b}\rangle = \sum_{\mathbf{a}} \varphi_{\mathbf{b}}(\mathbf{a})|\mathbf{a}\rangle, \quad \varphi_{\mathbf{b}}(\mathbf{a}) = \langle \mathbf{a}|\mathbf{b}\rangle \tag{3.83}$$

のように展開できる．このときの展開係数 $\varphi_{\mathbf{b}}(\mathbf{a})$ は，$\mathbf{a}$ を引数として値が複素数になる関数であり，固有ベクトル $|\mathbf{b}\rangle$ と一対一に対応する．これを，「基底 $\{|\mathbf{a}\rangle\}$ で表示した，$\hat{B}$ の**固有関数** (eigenfunction)」と呼ぶ．固有関数についても，(3.70)-(3.74) と同様の関係式が成立する．

3.8 ブラとケット

$\mathcal{H} = \mathbf{C}^2$ のとき，縦ベクトル $|\psi\rangle = \begin{pmatrix} \xi \\ \eta \end{pmatrix}$ から，そのエルミート共役である横ベクトル $(\xi^* \; \eta^*)$ を作り，それを $\langle \psi|$ と書くことにする．つまり，両者の対応は，

$$|\psi\rangle = \begin{pmatrix} \xi \\ \eta \end{pmatrix} \xleftrightarrow{\text{共役}} \langle \psi| = (\xi^* \; \eta^*). \tag{3.84}$$

すると，内積 (3.3) は，$\langle \psi|$ を $|\psi'\rangle$ に「作用させて」(行列のかけ算をして) 得られる，と読みかえることができる．逆に言うと，『$\langle \psi|$ とは，任意の $|\psi'\rangle \in \mathcal{H}$ に作用したときに，複素数値 $\langle \psi|\psi'\rangle$ を与えるものである』と見なすこともできる．この『…』の部分を定義に用いれば，任意のヒルベルト空間で $\langle \psi|$ を定義することができる．(詳しく知りたい読者は，節末の補足を参照されたい．) もちろん，p. 32 の $\mathbf{C}^N$ については，上記の $\mathbf{C}^2$ と同様に，縦ベクトル $|\psi\rangle$ のエルミート共役である横ベクトル $(|\psi\rangle)^{\dagger}$ が $\langle \psi|$ になる．

このようにして定義された $\langle \psi|$ を，「$|\psi\rangle$ に**共役** (conjugate) な**ブラベクトル** (bra vector)」と呼ぶ．また，$|\psi\rangle$ は，ブラベクトルとの区別を強調するときには，**ケットベクトル** (ket vector) と呼ぶ．あるいは，それぞれ単に，「ブラ」「ケット」と呼ぶ．これは，英語で「括弧」を意味する bracket から P. A. M. Dirac が造語したものである．

定義から，ケットの定数倍や線形結合に共役なブラは，以下のようになる (これらは，$\mathbf{C}^2$ の例では自明だろう)：

$$c|\psi\rangle \xleftrightarrow{\text{共役}} c^*\langle \psi|, \tag{3.85}$$

$$c_1|\psi_1\rangle + c_2|\psi_2\rangle \xleftrightarrow{共役} c_1^*\langle\psi_1| + c_2^*\langle\psi_2|. \tag{3.86}$$

また，$\hat{A}|\psi\rangle = |\hat{A}\psi\rangle$ に共役なブラ $\langle\hat{A}\psi|$ を，$\langle\psi|$ と $\hat{A}$ で表すには，共役演算子の性質から，任意の $|\psi'\rangle \in \mathcal{H}$ に対して，

$$\langle\hat{A}\psi|\psi'\rangle = \langle\psi|\hat{A}^\dagger|\psi'\rangle \tag{3.87}$$

であることから，

$$\langle\hat{A}\psi| = \langle\psi|\hat{A}^\dagger \tag{3.88}$$

と判る．即ち，

$$\hat{A}|\psi\rangle \xleftrightarrow{共役} \langle\psi|\hat{A}^\dagger. \tag{3.89}$$

これも，$\mathbf{C}^2$ や $\mathbf{C}^N$ では，『行列と縦ベクトルの積 $\hat{A}|\psi\rangle$ のエルミート共役 $(\hat{A}|\psi\rangle)^\dagger$ は $\langle\psi|\hat{A}^\dagger$ に等しい』という自明な式にすぎないが，(3.89) は，一般のヒルベルト空間でも成り立つのである．

　ところで，(3.88) の右辺の $\langle\psi|\hat{A}^\dagger$ の意味は，(3.87) の右辺から判るように，『任意の $|\psi'\rangle \in \mathcal{H}$ に作用させたときに，まず $\hat{A}^\dagger$ を作用させ，できたベクトルに $\langle\psi|$ を作用させる』という意味であるが，もっと便利な解釈をすることもできる．それは，(3.88) を右辺から左辺の方向に読んで，『演算子は，(ケットに左から作用するだけでなく) ブラに右から作用することができて，(3.88) は，$\hat{A}^\dagger$ をブラ $\langle\psi|$ の右側から作用させると，ブラ $\langle\hat{A}\psi|$ になることを示している』と解釈するのである．そのように解釈しても (3.87) はやはり成り立つので，2つの解釈は全く等価である[*17]．あるいは，同じことだが，(3.88) の $\hat{A}$ を $\hat{A}^\dagger$ に置き換えた式

$$\langle\hat{A}^\dagger\psi| = \langle\psi|\hat{A} \tag{3.90}$$

を，『$\hat{A}$ をブラ $\langle\psi|$ の右側から作用させると，ブラ $\langle\hat{A}^\dagger\psi|$（つまり，$|\hat{A}^\dagger\psi\rangle = \hat{A}^\dagger|\psi\rangle$ に共役なブラ）になる』と解釈できる．こうして，**演算子がブラにもケットにも作用できることになった．**

[*17]　量子論では，最終結果に効くのは内積の値だけなので，内積が同じ値になれば等価である．

3.8 ブラとケット

- 例えば，$\langle\psi|\hat{A}|\psi'\rangle$ は，右から順に読んで，『$|\psi'\rangle$ に $\hat{A}$ を作用させてから $\langle\psi|$ を作用させる』とも解釈できるし，左から順に読んで，『$\langle\psi|$ に $\hat{A}$ を作用させてから $|\psi'\rangle$ に作用させる』とも解釈でき，どちらの解釈をとっても等価である．
- $\hat{A}$ をその固有ベクトル $|a\rangle$ に作用させると，$\hat{A}|a\rangle = a|a\rangle$ であったが，両辺の共役をとると，

$$\langle a|\hat{A}^{\dagger} = a^*\langle a|. \tag{3.91}$$

つまり，$\hat{A}$ の固有ケット $|a\rangle$ に共役なブラ $\langle a|$ は，$\hat{A}^{\dagger}$ の固有ブラになる．
- 特に $\hat{A}$ が自己共役なら，

$$\langle a|\hat{A} = a\langle a| \tag{3.92}$$

となるので，$\hat{A}$ の固有ケット $|a\rangle$ に共役なブラ $\langle a|$ は，$\hat{A}$ 自身の固有ブラになる．

特に (3.91), (3.92) は，計算にとても便利である．

なお，ここで示したのは，結局は次のようなことである：『一般の演算子 $\hat{A}$，ケット $|\psi\rangle$，ブラ $\langle\psi|$ を扱うときにも，$\hat{A}$ が行列で，$|\psi\rangle$ が縦ベクトルで，$\langle\psi|$ がそのエルミート共役の横ベクトル $(|\psi\rangle)^{\dagger}$ だと思って，行列の計算と同じ規則で計算すれば，大抵の場合[*18]，正しい結果が得られる．』そう思ってしまえば，計算はスラスラできるだろう．

♠♠ 補足：双対空間

$\langle\psi|$ の定義をもう少し正確に（数学的に）言えば，$\langle\psi|$ とは，任意の $|\psi'\rangle \in \mathcal{H}$ に対して，複素数値 $\langle\psi|\psi'\rangle$ を与える線形写像である．そのような写像 $\langle\psi|$ の全体も線形空間をなし，$\mathcal{H}$ の**双対空間** (dual space) と呼ばれる．$\mathbf{C}^2$ の場合，任意の縦ベクトル $|\psi\rangle$ に対して，横ベクトル $(\xi^* \ \eta^*)$ が，行列のかけ算により $|\psi\rangle$ との内積 $\langle\psi|\psi'\rangle$ を与えるので，そのような写像と $(\xi^* \ \eta^*)$ が一対一に対応し，同一視できる．だから，『$(\xi^* \ \eta^*)$ が $\langle\psi|$ である』と述べた．横ベクトルの全体も線形空間をなすのは明らかであろう．なお，ブラベクトルの空間を $\mathcal{H}$ の双対空間とは別のものにとるなどの，他の試みもある（3.16.1 節参照）．

[*18] ♠ 例外は 4.7 節で注意する．

3.9 射影演算子

適当な 2 つのベクトル $|\mathbf{a}\rangle$, $|\mathbf{b}\rangle$ があったとする．これを用いて，任意のベクトル $|\psi\rangle$ から，$\langle\mathbf{a}|\psi\rangle|\mathbf{b}\rangle$ という別のベクトルを作る操作を考えてみる．これは，ベクトル $|\psi\rangle$ から別のベクトル $\langle\mathbf{a}|\psi\rangle|\mathbf{b}\rangle$ への線形写像を定めるので，この操作は演算子の作用として表せる．ところで，$\langle\mathbf{a}|\psi\rangle|\mathbf{b}\rangle$ において，内積 $\langle\mathbf{a}|\psi\rangle$ は単なる複素数だから，後ろに書いてもよいとすると，$|\mathbf{b}\rangle\langle\mathbf{a}|\psi\rangle$ と書ける．こう書いてみると，『$|\psi\rangle$ にブラ $\langle\mathbf{a}|$ を作用させてから，得られた内積の値を $|\mathbf{b}\rangle$ にかけなさい』という操作をしていることがよくわかる．そこで，この『…』内の操作を表す演算子を，$|\mathbf{b}\rangle\langle\mathbf{a}|$ と書くことにする．つまりこれは，任意のベクトル $|\psi\rangle$ を，

$$|\mathbf{b}\rangle\langle\mathbf{a}|\psi\rangle = \langle\mathbf{a}|\psi\rangle|\mathbf{b}\rangle \tag{3.93}$$

という，$|\mathbf{b}\rangle$ に平行なベクトルに変える演算子である．ブラ-ケットの順に並ぶとただの複素数である内積を与えたのに対して，このように，ケット-ブラの順に背中合わせに並べると演算子を与えると約束するのである[*19]．

特に，互いに共役な，長さ 1 のケットとブラを背中合わせに並べた，

$$\hat{\mathcal{P}}(\mathbf{a}) \equiv |\mathbf{a}\rangle\langle\mathbf{a}| \quad \left(\text{明らかに，} = \hat{\mathcal{P}}^\dagger(\mathbf{a})\right) \tag{3.94}$$

は，任意のベクトル $|\psi\rangle$ から，

$$\hat{\mathcal{P}}(\mathbf{a})|\psi\rangle = |\mathbf{a}\rangle\langle\mathbf{a}|\psi\rangle = \langle\mathbf{a}|\psi\rangle|\mathbf{a}\rangle \tag{3.95}$$

という，$|\mathbf{a}\rangle$ に平行な成分だけ抜き出す演算子になる．これは，普通のベクトルで言えば，$|\psi\rangle$ の $|\mathbf{a}\rangle$ 方向への**射影** (projection) を取り出すことに相当するので，$\hat{\mathcal{P}}(\mathbf{a})$ を「$|\mathbf{a}\rangle$ への**射影演算子** (projection operator)」と呼ぶ．

もしも，$|\mathbf{a}\rangle$ が自己共役演算子 $\hat{A}$ の固有ベクトル $|a, l\rangle$ $(l = 1, 2, \cdots, m_a)$ であれば，(3.95) から明らかなように，$\hat{\mathcal{P}}(\mathbf{a})|\psi\rangle$ は，固有値 a に属する $\hat{A}$ の固有ベクトルになる：

[*19] 縦ベクトルと横ベクトルのかけ算だと思うと，かけた結果は行列になるので，納得できるだろう．

3.9 射影演算子

$$\hat{A}\hat{\mathcal{P}}(\mathbf{a})|\psi\rangle = a\hat{\mathcal{P}}(\mathbf{a})|\psi\rangle. \tag{3.96}$$

この両辺を $|\mathbf{a}\rangle = |a,l\rangle$ の l について足し合わせると，$\hat{\mathcal{P}}(\mathbf{a})$ を l に付いて足し合わせた演算子

$$\hat{\mathcal{P}}(a) \equiv \sum_{l=1}^{m_a} \hat{\mathcal{P}}(\mathbf{a}) = \sum_{l=1}^{m_a} |a,l\rangle\langle a,l| \quad \left(\text{明らかに，} = \hat{\mathcal{P}}^\dagger(a)\right) \tag{3.97}$$

を用いて，

$$\hat{A}\hat{\mathcal{P}}(a)|\psi\rangle = a\hat{\mathcal{P}}(a)|\psi\rangle \tag{3.98}$$

を得る．従って，$\hat{\mathcal{P}}(a)|\psi\rangle$ も固有値 a に属する $\hat{A}$ の固有ベクトルになる．

この $\hat{\mathcal{P}}(a)$ の働きをもっと詳しくみるために，任意のベクトル $|\psi\rangle$ を $\hat{A}$ の固有ベクトル $|a,l\rangle$ で展開した表式

$$|\psi\rangle = \sum_a \sum_{l=1}^{m_a} \psi(a,l)|a,l\rangle \tag{3.99}$$

に $\hat{\mathcal{P}}(a)$ をかけてみれば

$$\begin{aligned}
\hat{\mathcal{P}}(a)|\psi\rangle &= \sum_{l=1}^{m_a} |a,l\rangle\langle a,l| \sum_{a'} \sum_{l'=1}^{m_{a'}} \psi(a',l')|a',l'\rangle \\
&= \sum_{l=1}^{m_a} |a,l\rangle \sum_{a'} \sum_{l'=1}^{m_{a'}} \psi(a',l')\delta_{a,a'}\delta_{l,l'} \\
&= \sum_{l=1}^{m_a} \psi(a,l)|a,l\rangle
\end{aligned} \tag{3.100}$$

を得る．これは，(3.99) から $\sum_a$ を外したものになっている．従って，$\hat{\mathcal{P}}(a)$ をかけることは，ひとつの固有値 a に属する固有ベクトル達に平行な成分だけを，係数 $\psi(a,l)$ を全く変えずにそのまま抜き出すことになる．一般に，固有値 a に属する $\hat{A}$ の固有ベクトル全体（とそれらの線形結合）は，$\mathcal{H}$ の**部分空間** (subspace)（$\mathcal{H}$ の部分集合で，それ自体がベクトル空間）を成し，「固有値 a に属する**固有空間** (eigenspace)」と呼ばれる．$\hat{\mathcal{P}}(a)$ は，一般のベクトルから固有値 a に属する固有空間の成分だけを抜き出す演算子なので，「固有値 a に属する $\hat{A}$ の**固有空間への射影演算子**」と呼ばれる．

縮退があるとき，$\hat{\mathcal{P}}(a)$ は明らかに固有ベクトル $|a,l\rangle$ の選び方に依存するが，$\hat{\mathcal{P}}(a)$ の方はそうではない．つまり，$\hat{\mathcal{P}}(a)$ は $(\mathcal{H}, \hat{A}, a$ が与えられれば) 一意的に定まる．これは，固有値 a に属する $\mathcal{H}$ の固有空間が一意的に定まることから明らかではあるが，直接的な証明を問題として示しておく：

問題 3.4 固有値 a に属する $\hat{A}$ の固有空間への射影演算子 $\hat{\mathcal{P}}(a)$ は，$(\mathcal{H}, \hat{A}, a$ が与えられれば) 一意的に定まることを示せ．即ち，固有値 a に属する $\hat{A}$ の規格直交化された固有ベクトルとして，$|a,l\rangle$ $(l=1,\cdots,m_a)$ とは別の組 $|a,j\rangle'$ $(j=1,\cdots,m_a)$ を用いて $\hat{\mathcal{P}}(a) \equiv \sum_{j=1}^{m_a} |a,j\rangle' {}'\langle a,j|$ と定義しても，(3.97) と同じものが得られることを示せ．

ところで，(3.65) に (3.69) を代入すると，

$$|\psi\rangle = \sum_{\mathbf{a}} \langle \mathbf{a}|\psi\rangle |\mathbf{a}\rangle = \sum_{\mathbf{a}} |\mathbf{a}\rangle\langle \mathbf{a}|\psi\rangle = \left(\sum_{\mathbf{a}} |\mathbf{a}\rangle\langle \mathbf{a}|\right)|\psi\rangle. \tag{3.101}$$

これが任意の $|\psi\rangle$ について成立するのだから，( ) 内は恒等演算子と同一視できる．つまり，$\{|\mathbf{a}\rangle\}$ を任意の正規直交完全系とするとき，

$$\sum_{\mathbf{a}} |\mathbf{a}\rangle\langle \mathbf{a}| = \hat{1}. \tag{3.102}$$

逆に，何かあるベクトル達の集合 $\{|\mathbf{a}\rangle\}$ があったとき，(3.102) が成り立てば，任意の $|\psi\rangle$ が，$|\psi\rangle = \hat{1}|\psi\rangle = \sum_{\mathbf{a}} |\mathbf{a}\rangle\langle \mathbf{a}|\psi\rangle = \sum_{\mathbf{a}} \langle \mathbf{a}|\psi\rangle |\mathbf{a}\rangle$ と，必ず $\{|\mathbf{a}\rangle\}$ で展開できることが判る．つまり，$\{|\mathbf{a}\rangle\}$ は完全系であることが判る．このことから，(3.102) を**完全性関係** (completeness relation または closure) とも呼ぶ．

以上のことから，$\{|\mathbf{a}\rangle\}$ が正規直交完全系であれば，

$$\sum_{\mathbf{a}} \hat{\mathcal{P}}(\mathbf{a}) = \sum_a \hat{\mathcal{P}}(a) = \hat{1} \tag{3.103}$$

が言えるが，これは，「全ての異なる向きへの射影を寄せ集めれば，元のベクトルに戻る」という当然のことを言っている．また，$|\mathbf{a}\rangle\langle \mathbf{a}|\mathbf{a}'\rangle\langle \mathbf{a}'| = \delta_{\mathbf{a},\mathbf{a}'}|\mathbf{a}\rangle\langle \mathbf{a}'|$ などより，

$$\hat{\mathcal{P}}(\mathbf{a})\hat{\mathcal{P}}(\mathbf{a}') = \delta_{\mathbf{a},\mathbf{a}'}\hat{\mathcal{P}}(\mathbf{a}), \quad \hat{\mathcal{P}}(a)\hat{\mathcal{P}}(a') = \delta_{a,a'}\hat{\mathcal{P}}(a) \tag{3.104}$$

3.10 スペクトル分解と演算子の関数　　　　　　　　　　　　　　　　　　　　　**57**

も成り立つ．これも，「射影したベクトルを，もう一度同じ向きに射影しても変わらないし，違う向きに射影したらゼロになる」という当然のことを言っているだけである．

以上のように，ブラとケットを用いた記法は大変便利で，例えば，(3.65) や (3.68) が，(3.69) を代入して (3.102) を用いると，自明な関係式に見えてくるので各自試してみよ．さらに，次の問題も解いてみよ．

問題 3.5 『2つの正規直交完全系はユニタリー行列（付録 B）で結ばれる』という，線形代数の定理がある．即ち，2つの正規直交完全系 $\{|a\rangle\}$, $\{|b\rangle\}$ があるとき，一方を他方の線形結合として

$$|a\rangle = \sum_b u_{ab}|b\rangle \tag{3.105}$$

と表すと，係数 u_{ab} は次式を満たす：

$$\sum_a u_{ab}^* u_{ab'} = \delta_{b,b'}, \quad \sum_b u_{ab} u_{a'b}^* = \delta_{a,a'}. \tag{3.106}$$

これを，係数 u_{ab} をブラとケットで表すことにより証明せよ．

3.10　スペクトル分解と演算子の関数

任意の演算子 $\hat{B}$ は，前後に恒等演算子 $\hat{1}$ をかけても同じだから，$\hat{B} = \hat{1}\hat{B}\hat{1}$ である．ここで前後の $\hat{1}$ に (3.102) を代入すると，

$$\hat{B} = \sum_{\mathbf{a}}\sum_{\mathbf{a}'} |\mathbf{a}\rangle\langle\mathbf{a}|\hat{B}|\mathbf{a}'\rangle\langle\mathbf{a}'| = \sum_{\mathbf{a}}\sum_{\mathbf{a}'} \langle\mathbf{a}|\hat{B}|\mathbf{a}'\rangle|\mathbf{a}\rangle\langle\mathbf{a}'|. \tag{3.107}$$

このように，**任意の演算子は，正規直交完全系のケットと，それに共役なブラを背中合わせにした $|\mathbf{a}\rangle\langle\mathbf{a}'|$ の線形結合で表せる**．そのときの係数は，その演算子を $\langle\mathbf{a}|$ と $|\mathbf{a}'\rangle$ で挟んだものになる．

特に，演算子 $\hat{A}$ が自己共役であれば，その固有ベクトルは完全系を成すので，**自分自身の固有ケットとブラで表すことができる**．その場合，係数が，$\langle\mathbf{a}|\hat{A}|\mathbf{a}'\rangle = a'\langle\mathbf{a}|\mathbf{a}'\rangle = a'\delta_{\mathbf{a},\mathbf{a}'} = a\delta_{\mathbf{a},\mathbf{a}'}$ となるから，

$$\hat{A} = \sum_{\mathbf{a}} a|\mathbf{a}\rangle\langle\mathbf{a}| = \sum_{\mathbf{a}} a\hat{\mathcal{P}}(\mathbf{a}) = \sum_a a\hat{\mathcal{P}}(a) \tag{3.108}$$

と簡単な形になる．自己共役演算子をこのような形に表すことを，**スペクトル分解** (spectral resolution) と言う．その意味は単純である：任意のベクトルに演算すると，まず $|\mathbf{a}\rangle\langle\mathbf{a}|$ により $|\mathbf{a}\rangle$ に平行な成分だけ抜き出されるが，そうすると，各成分は，もはや $\hat{A}$ の固有ベクトルだから，それに固有値 a をかけることは $\hat{A}$ を演算することと等価である．

例 3.11 p. 39 の例 3.6 について言うと，(3.102), (3.108) はそれぞれ次のようになる：

$$\hat{1} = |+\rangle\langle+| + |-\rangle\langle-|, \tag{3.109}$$

$$\hat{\sigma}_y = |+\rangle\langle+| - |-\rangle\langle-|. \tag{3.110}$$

∎

問題 3.6 これらの式の右辺において，$|\pm\rangle$ を縦ベクトルで，$\langle\pm|$ を横ベクトルで表して，行列のかけ算を行い，それぞれ，単位行列と $\hat{\sigma}_y$ の行列が得られることを確認せよ．

ところで，演算子 $\hat{A}$ の積 $\hat{A}\hat{A}$ とは，任意のベクトル $|\psi\rangle$ に，演算子 $\hat{A}$ を 2 度続けてかける操作であるが，これも明らかに演算子である．これを，$\hat{A}^2$ と書く．同様に，$\hat{A}$ を n 回続けてかけて得られる演算子は，

$$\hat{A}^n \equiv \hat{A}\hat{A}\cdots\hat{A} \quad (n \text{ 個の積}). \tag{3.111}$$

ただし，

$$\hat{A}^0 = \hat{1} \tag{3.112}$$

と約束する．また，演算子 $\hat{A}, \hat{B}$ の線形結合 $c_1\hat{A} + c_2\hat{B}$ （c_1, c_2 は任意の複素数）を，

$$(c_1\hat{A} + c_2\hat{B})|\psi\rangle = c_1\hat{A}|\psi\rangle + c_2\hat{B}|\psi\rangle \tag{3.113}$$

により定義する．以上の定義式から，演算子の任意の多項式

$$\sum_{n=0}^{m} c_n \hat{A}^n \quad (\hat{A} \text{ は任意の演算子}) \tag{3.114}$$

が定義できたことになる．

しかし，自己共役演算子の場合は，その「関数」として考えたいのは，多項式に限らない．そこで，$f(a)$ が数 a の，普通の意味での関数であるとき，自己共役演算子 $\hat{A}$ の関数 $f(\hat{A})$ を，$\hat{A}$ のスペクトル分解 (3.108) を用いて次のように定義する：

$$f(\hat{A}) \equiv \sum_a f(a)\hat{\mathcal{P}}(a) \tag{3.115}$$

（$\hat{A}$ は任意の自己共役演算子）．

これにより，$\hat{A}$ の多項式以外の関数も定義できている．例えば，$\hat{A}$ の固有値が全て非負であれば $\hat{A}$ の「平方根」が，全て正であれば「自然対数」が，

$$\sqrt{\hat{A}} \equiv \sum_a \sqrt{a}\,\hat{\mathcal{P}}(a), \tag{3.116}$$

$$\ln \hat{A} \equiv \sum_a \ln a\,\hat{\mathcal{P}}(a) \tag{3.117}$$

（$\ln a$ は a の自然対数）

と定義できる．さらに，$f(a)$ が多項式の場合には，(3.115) は (3.114) と同じ結果を与える（以下の問題参照）ので，もっともらしい定義になっている．

なお，$\hat{A}$ が自己共役でなくても，スペクトル分解さえできれば，その関数はやはり (3.115) で定義できることを注意しておく．

問題 3.7 $f(a)$ が多項式の場合には，(3.114) と (3.115) が同じ結果を与えることを示せ．

3.11 ボルンの確率規則 – 離散固有値の場合

数学的準備が終わったので，いよいよ，要請 (1) (p. 36), 要請 (2) (p. 43) を，自然現象（実験）と対応させるための要請をおく．これがあってはじめて，単なる数式ではない，物理の理論になる．ただし，この節では測定される物理量を表す演算子が離散固有値を持つ場合について書き，連続固有値を含む一般の場合は p. 75 で述べる．

―――――― 要請 (3) の離散固有値の場合 ――――――

状態 $|\psi\rangle$ について，物理量 A の，誤差がない（無視できるほど小さい）測定を行ったとき，測定値 a_ψ は，$\hat{A}$ の固有値のどれかに限られる．どの固有値になるかは，一般には測定ごとにランダムにばらつき，a_ψ が $\hat{A}$ の離散固有値のひとつ a になる確率 $P(a)$ は，a に属する固有空間への状態ベクトルの射影の長さの自乗

$$P(a) = \left\| \hat{\mathcal{P}}(a)|\psi\rangle \right\|^2 \tag{3.118}$$

で与えられる．(ボルン (Born) の確率規則)

上式は，(3.104) や (3.97) を用いれば，

$$P(a) = \langle\psi|\hat{\mathcal{P}}(a)|\psi\rangle \tag{3.119}$$

$$= \sum_{l=1}^{m_a} |\langle a,l|\psi\rangle|^2 = \sum_{l=1}^{m_a} |\psi(a,l)|^2 \tag{3.120}$$

のように様々な形に変形できる．実用上は (3.120) で計算するのが簡単であり，特に a に属する固有ベクトル $|a\rangle$ に縮退がない場合には，

$$P(a) = |\langle a|\psi\rangle|^2 = |\psi(a)|^2 \tag{3.121}$$

と，すこぶる簡明になる．

この要請で，「測定値は固有値のどれかに限られる」と言っているが，これは，次のことも意味している：

- 要請 (2) (p. 43) で A は自己共役だと要請したので，固有値は実数である．従って，測定値はどれも実数になる．(これに疑問を感じる読者は，3.12.2 節を参照．)
- ひとつの測定における測定値 a_ψ は，どれかひとつの値に定まっていて，「$a_\psi = -1$ かつ $a_\psi = +1$」などという結果には決してならない．これを確率論では，「$a_\psi = -1$ となる事象と $a_\psi = +1$ となる事象とは，互いに**排他的である**」と言う．

この要請で言う**確率** (probability) とは，図 3.1 のように，『全く同じ状態 $|\psi\rangle$

3.11 ボルンの確率規則 – 離散固有値の場合

を用意しては，物理量 A の測定を行う』という実験を，独立に（つまり，ひとつの実験が別の実験の結果に影響しないように）N 回行った時に，

$$P(a) \equiv \lim_{N \to \infty} \frac{N \text{ 回のうちで，測定値 } a_\psi \text{ が } a \text{ であった回数}}{N} \qquad (3.122)$$

で定義される．従って，上の要請は，**いくら個々の測定値がばらついても，この式の右辺は定まる（一定値に収束する）**ということも主張していることになる．その上で，実験から得られるデータ a_ψ によって (3.122) のように定義された確率を，理論的に予言するための計算規則を (3.118) で与えているのである．

ところで，定義 (3.122) から，$P(a)$ は以下の性質を持つことが判る：

- $P(a)$ は，非負 (non-negative)：

$$P(a) \geq 0. \qquad (3.123)$$

- $P(a)$ を，あらゆる（互いに排他的な）可能性について総和すると 1 になる：

$$\sum_a P(a) = 1. \qquad (3.124)$$

これらの性質は，**確率である限りは必ず満たさねばならない性質**である．従って，量子論が正当な理論であるためには，(3.118) で計算される $P(a)$ が必ずこ

1 回目	系を状態 $|\psi\rangle$ に用意	$\xrightarrow{A \text{ の測定}}$	測定値 $a_\psi^{(1)}$
2 回目	系を状態 $|\psi\rangle$ に用意	$\xrightarrow{A \text{ の測定}}$	測定値 $a_\psi^{(2)}$
⋮	⋮	⋮	⋮
N 回目	系を状態 $|\psi\rangle$ に用意	$\xrightarrow{A \text{ の測定}}$	測定値 $a_\psi^{(N)}$

図 3.1 ボルンの確率規則で想定している実験．状態 $|\psi\rangle$ を用意しては物理量 A の測定を行う，という事を独立に N 回実行する．j 回目の測定における測定値 a_ψ を $a_\psi^{(j)}$ と書いた．N が充分大きいときに，$a_\psi^{(1)}, a_\psi^{(2)}, \cdots, a_\psi^{(N)}$ の中に特定の値 a が含まれる割合が，ボルンの確率規則で予言される $P(a)$ である．

れらを満たす保証が必要である．このことをチェックしよう．まず (3.123) は，ヒルベルト空間のどんなベクトルも自分自身との内積は正またはゼロであることから保証される．次に (3.124) は，(3.119) を $\sum_a$ した式に (3.103) を代入すれば，$\sum_a P(a) = \langle \psi | \hat{1} | \psi \rangle = \langle \psi | \psi \rangle = 1$ となるので，やはり成立する．もしも $\hat{A}$ が自己共役でなければ，その固有ベクトルが完全系を成す保証はなくなるので，この証明に使った (3.103) は必ずしも成立しない．だから，$\hat{A}$ が自己共役であることが，(3.124) が成立するための十分条件になっている．**これが，可観測量を自己共役演算子に対応させる最大の理由である**．このように，量子論は，ヒルベルト空間の性質を利用して，全体のつじつまがきちんと合うように構成されているのである．

例 3.12 $\hat{A}$ が (3.26) の $\hat{\sigma}_y$ のとき，その誤差がない測定を行うと，p. 39 の例 3.6 で計算したように固有値は $a = \pm 1$ であるから，測定値は 1 または -1 のどちらかに限られる．状態ベクトルが $|\psi\rangle = \begin{pmatrix} \xi \\ \eta \end{pmatrix}$（ただし，$|\xi|^2 + |\eta|^2 = 1$）であれば，(3.121) により確率分布 $\{P(a)\}$ を計算すると，固有ベクトル $|\pm\rangle$ の表式 (3.36) を用いて，

$$\begin{aligned} P(\pm 1) &= |\langle \pm | \psi \rangle|^2 = \frac{1}{2} |\xi \mp i\eta|^2 = \frac{1}{2}(\xi^* \pm i\eta^*)(\xi \mp i\eta) \\ &= \frac{1}{2}\left(|\xi|^2 + |\eta|^2 \mp i\xi^*\eta \pm i\xi\eta^*\right) \\ &= \frac{1}{2}\left(1 \mp i\xi^*\eta \pm i\xi\eta^*\right). \end{aligned} \quad (3.125)$$

これが (3.124) を満たすことを確かめてみよ．■

3.12 ♠ ボルンの確率規則についての注意

3.12.1 ♠ アンサンブル

前節では，量子論で予言される確率の定義 (3.122) を，同じ実験を多数回繰り返したときの測定値の出現割合とした．これは，『同じ実験を多数回独立に実行できる』という**反復可能性**を仮定していることになる．

一方，次のような考え方もある：頭の中で仮想的に，考察の対象となる系と同等な N 個の**独立な**（相互作用しない）物理系の集合を考え，それらはみな，

3.12 ♠ ボルンの確率規則についての注意

考察の対象となる系と同じ状態 $|\psi\rangle$ にあるとする．(この集合は，**アンサンブル** (ensemble) あるいは**集団**と呼ばれる．) そして，各々の系に対して A の測定を**独立**に行ったと想像し，確率の定義 (3.122) に用いる「測定値」は，このようにして得た N 個の測定値とする．

これなら反復可能性は必要ないので，一見すると優れているように感じるかもしれない．しかし，このように仮想的な（実現できない）ことで確率を定義してしまうと，量子論の記述が「○○のような実験を実行したら□□のようになる」という検証可能な形にならないので，実験科学である物理学の理論としては不満である．そこで，検証可能な理論としては，次のように修正する必要がある[20]：考察の対象となる系と同じ状態 $|\psi\rangle$ にある同等な N 個の独立な物理系を**実際**に用意し，各々の系に対して A の測定を独立に行う．確率の定義 (3.122) に用いる「測定値」は，このようにして得た N 個の測定値とする．

この修正版のアンサンブルの流儀では，反復可能性は必要ない代わりに，次の仮定が必要になる：『考察の対象となる系と同じ状態にある同等な多数の独立な物理系が実際に用意でき，それらを独立に測定できる』．この仮定も，反復可能性の仮定も，実際の物理系でいつも満たされるかどうかは微妙な点もある．従って，この流儀と，前節のように時間的に反復する流儀とは，一長一短である．実際の実験は，実現しやすい方を選んで実行されている．

ただし，アンサンブルの流儀には，次のような紛らわしい点もあることを注意しておきたい．まず，一口に「アンサンブル」と言っても，仮想的な方と修正版の方のどちらを指すのか紛らわしい．また，修正版の場合，N 個の系を用意すると言うことは，例えば，1 自由度系の実験をするのにも N 自由度系を相手にすることになる．このため，「独立な物理系」とか「測定を独立に行う」という仮定が破れると，N 自由度系特有の性質が見えてくる．しかしこれは，あくまで N 自由度系の性質であって，もともとの考察の対象である 1 自由度系の性質ではない．この点もしばしば混乱の原因になっている．本書では，これらの紛れを避けるために，時間的に反復する流儀を採用しておいた．

---

[20]　アンサンブルの流儀を採用する教科書では，仮想的なアンサンブルを採用するものが多いようである．これは，その方が数学的にはすっきりしているからだと思われるが，上述のように実験科学の理論としては不満がある．このように，現在の物理と数学は，一方の顔を立てれば他方が不満になる，ということが少なくない．

なお，なんとかして状態ベクトルをもっと分かり易い形で解釈しようと，『状態ベクトルはアンサンブルの物理系たちの統計的性質を表すものである』などの，様々なものが提案されている．しかし，異なる解釈の間で実験結果に差異が出ないのであれば，どの解釈をとるかは，ほとんど言い方とか趣味の問題なので，本書ではこの種の議論は取り上げないことにした．

3.12.2 ♠ 物理量の値は実数か？

3.11 節で述べたように，要請 (2) (p. 43) と要請 (3) から物理量の測定値が必ず実数になることが導かれた．逆に言えば，これらの要請では，**物理量は，その測定値が実数値になるように定義しておくことが前提条件として仮定されているのである．**

古典的には，実数値をとる二つの物理量 A_1, A_2 から，$\Xi \equiv A_1 + iA_2$ という量を作ると，複素数値をとる物理量を作れる．しかし，Ξ の実部と虚部を取り出せば A_1, A_2 の値が各々解るから，これは単に，2 つの物理量を並べて書いたにすぎない．つまり，Ξ を測る（知る）ことは，A_1, A_2 の各々を測る（知る）ことと等価である[*21]．だから，古典論の範囲でも，あらかじめ「物理量は値が実数になるように定義しておく」と約束した方がすっきりする．さらに，量子論では，勝手に $\hat{\Xi} \equiv \hat{A}_1 + i\hat{A}_2$ を定義しても，それを誤差なく測定することは原理的に不可能かもしれない（3.20.3 節参照）．

このような理由から，「物理量はその測定値が実数値になるように定義しておく」と約束するのが一番すっきりするのである．

3.12.3 ♠ 不定計量のヒルベルト空間

3.11 節で，ボルンの確率規則で計算される確率が負にならないことを，ヒルベルト空間のノルムが非負であることが保証していることを見た．実は，自分自身との内積が負になるような，「負計量の」ベクトルを含む，「不定計量のヒルベルト空間」を用いて量子論を構成することもできる．特に，ゲージ理論などではそれが普通である．その場合は，物理的に許される状態と物理量について一定の制限を設けることによって確率が非負になり，量子論として整合した理

[*21] 他方，$X \equiv A_1 + A_2$ のように実数だけで和を作ると，X の値から，A_1, A_2 の値の各々は解らないので，X を測ることと，A_1, A_2 の各々を測ることとは，等価でない！

3.13 期待値

p. 61 の図 3.1 のように A の測定を繰り返し行ったときに，j 回目の実験で得た測定値を $a_\psi^{(j)}$ と書く．それらの**平均値** (mean value) は

$$\langle A \rangle \equiv \lim_{N \to \infty} \frac{1}{N} \sum_{j=1}^{N} a_\psi^{(j)} \tag{3.126}$$

で定義される．これと (3.122) を比べると，

$$\langle A \rangle = \sum_a a P(a) \tag{3.127}$$

という，よく知られた式を得る．これは「確率分布から期待される平均値」とも読めるので，$\langle A \rangle$ を**期待値** (expectation value) とも言う．これに (3.119) を代入して，スペクトル分解 (3.108) を用いると，

$$\langle A \rangle = \langle \psi | \hat{A} | \psi \rangle. \tag{3.128}$$

これは大変便利な公式なので，頻繁に使われる．

例 3.13 p. 62 の例 3.12 の場合に，上の公式で $\hat{A}$ の期待値を計算すると，

$$\langle A \rangle = \langle \psi | \hat{A} | \psi \rangle = (\xi^* \ \eta^*) \begin{pmatrix} 0 & -i \\ i & 0 \end{pmatrix} \begin{pmatrix} \xi \\ \eta \end{pmatrix} = -i\xi^*\eta + i\xi\eta^*. \tag{3.129}$$

見やすくするために，$\xi^*\eta$ をその絶対値と偏角で，$\xi^*\eta \equiv |\xi||\eta|e^{i\theta}$ と表すと，

$$\langle A \rangle = -i|\xi||\eta|(e^{i\theta} - e^{-i\theta}) = 2|\xi||\eta|\sin\theta. \tag{3.130}$$

これは，ξ, η の値によって様々な値を取りうる．例えば，$\theta = 0$ なら $\langle A \rangle = 0$ となるが，これは要するに，測定結果が確率 $1/2$ ずつで -1 だったり $+1$ だったりするために，平均値が 0 になることを示している．■

補足：物理量に関する記法
本書では，「スピン」とか「位置座標」などの物理量そのものを表すときは，頭

に何も付けずに A などと記す．その A を表す演算子を $\hat{A}$ と書き，しばしば「$\hat{A}$ で表される物理量 A」というのを略して「物理量 $\hat{A}$」とも書く．一方，A の固有値や測定値は a と書く．j 回目の測定値は $a^{(j)}$ と書き，その平均値は $\langle A \rangle$ と書く．測定が直ちに行われるのではなく，しばらく経った時刻 t に行われる場合の平均値は，$\langle A \rangle_t$ と書く（例えば，(3.236), (4.18)）．なお，小文字で表すのが習慣になっている物理量については，大文字小文字の使い分けはしない．例えば，運動量は p と記す．その固有値や測定値も p と記すので紛らわしいが，その区別は文脈から読みとれるはずである．

3.14 状態の重ね合わせと干渉効果

2 つの状態 $|\psi_1\rangle, |\psi_2\rangle$ の「中間の状態」を考えてみる．と言っても，いろいろとありうるわけだが，量子論の著しい特徴は，$\mathcal{H}$ がベクトル空間であるため，**2 つの状態ベクトルの線形結合をとって「中間の状態」を作れる**ことにある．これを，**重ね合わせの原理** (principle of superposition) と言う．

具体的には，$|\psi_1\rangle$ と $|\psi_2\rangle$ の「中間の状態」として，次のような状態が作れる：

$$|\psi\rangle = c_1|\psi_1\rangle + c_2|\psi_2\rangle \quad (c_1, c_2 \in \mathbf{C}). \tag{3.131}$$

この操作を，状態を**重ね合わせる** (superpose) と言い，「$|\psi\rangle$ は，$|\psi_1\rangle$ と $|\psi_2\rangle$ の**重ね合わせ** (superposition) である」と言う．

ただし，重ね合わせて作った $|\psi\rangle$ が規格化されていなかったら，3.3 節で述べたように，$|\psi\rangle$ を

$$\frac{1}{\sqrt{\langle \psi | \psi \rangle}} |\psi\rangle \tag{3.132}$$

に置き換えて規格化しておく必要がある．実際に $\langle \psi | \psi \rangle$ を計算してみると，$|\psi_1\rangle, |\psi_2\rangle$ が規格化されていることから，

$$\begin{aligned}
\langle \psi | \psi \rangle &= \langle c_1\psi_1 + c_2\psi_2 | c_1\psi_1 + c_2\psi_2 \rangle \\
&= |c_1|^2 \langle \psi_1 | \psi_1 \rangle + |c_2|^2 \langle \psi_2 | \psi_2 \rangle + c_1^* c_2 \langle \psi_1 | \psi_2 \rangle + c_2^* c_1 \langle \psi_2 | \psi_1 \rangle \\
&= |c_1|^2 + |c_2|^2 + (c_1^* c_2 \langle \psi_1 | \psi_2 \rangle + \text{c.c.})
\end{aligned} \tag{3.133}$$

3.14 状態の重ね合わせと干渉効果

となる．ただし，c.c. は，その直前の項の複素共役を表す．

特に，$|\psi_1\rangle$ と $|\psi_2\rangle$ が**直交している場合**には，$\langle\psi|\psi\rangle = |c_1|^2 + |c_2|^2$ と簡単になるので，c_1, c_2 を，例えば $c_1 = \cos\theta, c_2 = \sin\theta$ のように，あらかじめ

$$|c_1|^2 + |c_2|^2 = 1 \tag{3.134}$$

を満たすように選んでおけば，わざわざ規格化の操作をするまでもなく (3.131) は規格化される．これは便利なので覚えておいて欲しい．

例 3.14 $|\psi_1\rangle = \begin{pmatrix} 1 \\ 0 \end{pmatrix}, |\psi_2\rangle = \begin{pmatrix} 0 \\ 1 \end{pmatrix}$ のとき，これらは直交しているので，例えば $c_1 = 1/\sqrt{2}, c_2 = i/\sqrt{2}$ と選べば，

$$|\psi\rangle = c_1|\psi_1\rangle + c_2|\psi_2\rangle = \begin{pmatrix} 1/\sqrt{2} \\ i/\sqrt{2} \end{pmatrix} \tag{3.135}$$

は規格化されている．$|\psi_1\rangle, |\psi_2\rangle, |\psi\rangle$ について (3.26) の $\hat{\sigma}_y$ を測ったときの測定値 a の確率分布を，それぞれ $\{P_{\psi_1}(a)\}, \{P_{\psi_2}(a)\}, \{P_\psi(a)\}$ とすると，これらは (3.125) に代入すれば直ちに求まり，$P_{\psi_1}(+1) = P_{\psi_1}(-1) = 1/2$, $P_{\psi_2}(+1) = P_{\psi_2}(-1) = 1/2$, $P_\psi(+1) = 1$, $P_\psi(-1) = 0$ となる．■

この例の場合，ちょうど $|c_1|^2 = |c_2|^2 = 1/2$ であるから，次のような期待をしたくなるかもしれない：$|\psi\rangle$ は，$|\psi_1\rangle$ と $|\psi_2\rangle$ のちょうど中間の状態だから，

$$P_\psi(a) = \frac{1}{2}P_{\psi_1}(a) + \frac{1}{2}P_{\psi_2}(a) \quad (誤) \tag{3.136}$$

となるのではないか？しかし，上で求めた結果を代入してみると，**この等式は成り立っていない**．例えば，$a = 1$ のとき，左辺は 1 なのに右辺は 1/2 になる．$|\psi_1\rangle$ と $|\psi_2\rangle$ の 1 対 1 の混合状態 (2.5 節) であればこれが成り立つのだが，普通は，(3.131) のような**純粋状態を重ね合わせた状態は純粋状態**であり，このような素朴な関係式は成り立たないのである．

このように，$|\psi\rangle$ が (3.131) のように 2 つの異なる状態 $|\psi_1\rangle$ と $|\psi_2\rangle$ の重ね合わせとして表せるときに，

$$P_\psi(a) \neq |c_1|^2 P_{\psi_1}(a) + |c_2|^2 P_{\psi_2}(a) \tag{3.137}$$

となることを，一般に**干渉効果** (interference effect) と言う．これが生ずる原因を見るために，(3.131) について $P_\psi(a) = \left\|\hat{\mathcal{P}}(a)|\psi\rangle\right\|^2$ を計算してみると，

$$P_\psi(a) = |c_1|^2 P_{\psi_1}(a) + |c_2|^2 P_{\psi_2}(a)$$
$$+ c_1^* c_2 \langle\psi_1|\hat{\mathcal{P}}(a)|\psi_2\rangle + c_2^* c_1 \langle\psi_2|\hat{\mathcal{P}}(a)|\psi_1\rangle. \tag{3.138}$$

後ろの 2 項が干渉効果の原因であるので，これらを**干渉項** (interference term) と呼ぶ．あるいは，上式に a をかけてから a について和をとると，

$$\langle\psi|\hat{A}|\psi\rangle = |c_1|^2 \langle\psi_1|\hat{A}|\psi_1\rangle + |c_2|^2 \langle\psi_2|\hat{A}|\psi_2\rangle$$
$$+ c_1^* c_2 \langle\psi_1|\hat{A}|\psi_2\rangle + c_2^* c_1 \langle\psi_2|\hat{A}|\psi_1\rangle. \tag{3.139}$$

のように期待値に関する関係式を得るが，後ろの 2 項が干渉項であり，これらのために，

$$\langle\psi|\hat{A}|\psi\rangle \neq |c_1|^2 \langle\psi_1|\hat{A}|\psi_1\rangle + |c_2|^2 \langle\psi_2|\hat{A}|\psi_2\rangle \tag{3.140}$$

となることが干渉効果である．

干渉効果は，量子系の示す典型的な現象として，広く観測されている．

♠♠ 補足：超選択則

ある場合には，純粋状態の重ね合わせが，混合状態になることがある．これを，**超選択則** (superselection rule) がある，と言う．例えば，$|\psi_1\rangle$ を「電子が 1 個ある」という状態，$|\psi_2\rangle$ を「電子が 2 個ある」という状態とすると，「ゲージ不変性」という性質を持つ演算子 $\hat{A}$ については，必ず $\langle\psi_1|\hat{A}|\psi_2\rangle = 0$ となる．そのため，ゲージ不変なものだけが可観測量となる[*22]ような状況では，$|\psi_1\rangle$ と $|\psi_2\rangle$ を重ね合わせた状態は，全ての可観測量に対して (3.138) の干渉項が消えてしまい，(3.136) が成り立つ混合状態になる．なお，「超選択則」という名前から，「そのような重ね合わせが禁止される」と早とちりされがちであるが，そうではなくて，「重ね合わせてもよいのだけれど，$\langle\psi_1|\hat{A}|\psi_2\rangle \neq 0$ であるような可観測量がなければ，混合状態になりますよ」ということである．

[*22)] ♠♠ これは，測定結果がゲージ不変であるべし，という物理的要求を満たすための**十分条件**である．

3.15　正規直交完全系と波動関数 – 連続固有値の場合

自己共役演算子 $\hat{A}$ が連続固有値を持つ場合は，$\sum_a$ などとは書けなくなるから，今まで述べたことは若干の修正を要する．この節で，そのような連続固有値の扱い方の基本を述べて，次節で，連続・離散の両方の場合を含む，一般的なボルンの確率規則を与える．

まず，離散固有値の場合のクロネッカーのデルタの役割を担うものとして，次のような特異的な「関数」を導入する：

数学的定義： 任意の連続関数 $f(x)$ について，

$$\int_{-\infty}^{\infty} f(x')\delta(x'-x)dx' = f(x) \tag{3.141}$$

となるような $\delta(x)$ を（Diracの）**デルタ関数** (delta function) と呼ぶ．

これは，クロネッカーのデルタが満たす (3.62) を真似たものである．例えば $f(x) \equiv 1$（全ての x に対して 1）と選ぶと，

$$\int_{-\infty}^{\infty} \delta(x'-x)dx' = 1 \tag{3.142}$$

という，$\sum_{n'} \delta_{n',n} = 1$ に相当する式を得る．一方，(3.141) は，$f(x')$ が x 以外の点でどのような値をとろうと積分値が変わらないと言っているので，$\delta(x'-x)$ は，$x' \neq x$ の点では，積分に一切寄与してはいけない．この両方の条件を満たすためには，粗っぽく言うと，

$$\delta(x'-x) = \begin{cases} 0 & \text{for } x' \neq x, \\ \infty & \text{for } x' = x, \end{cases} \tag{3.143}$$

のようになっている必要がある．このような特異的なものは，普通の関数の範疇には入らないが，数学的には，**超関数**として正当化できる．その正当化は，簡単に（物理的に）言えば，こういうことである：計算の途中では，デルタ関数が積分されない形で出てくることがあっても，実験と比較できる意味のある量を求めるまでには，必ず (3.141) のような積分を行うことになる．だから，デルタ関数を含む積分さえ (3.141) のように定義しておけば，何の問題も

発生しない. つまり, **デルタ関数が出てきたら, 必ず将来積分されると考えておけばよい.**

このような了解のもとで, 次の有用な公式が (3.141) から得られる：

$$\delta(x) = \delta(-x), \tag{3.144}$$

$$\delta(Kx) = \frac{1}{|K|}\delta(x) \quad (K \text{ は実定数}). \tag{3.145}$$

さらに, $X(x)$ が x の微分可能な 1 価関数で, $X(x)$ の逆関数も 1 価関数のとき,

$$\delta(X(x) - X(x')) = \frac{1}{|X'(x)|}\delta(x - x'). \tag{3.146}$$

ただし, $X'(x)$ は $X(x)$ の微係数である. なお, もっと一般には, $F(x)$ が x の微分可能な 1 価関数のとき, $F(x) = 0$ の根を x_j $(j = 1, 2, \cdots)$ とすると,

$$\delta(F(x)) = \sum_j \frac{1}{|F'(x_j)|}\delta(x - x_j). \tag{3.147}$$

問題 3.8 (3.141) から, (3.144), (3.145) を示せ. (ヒント：積分を変数変換.)

次に, デルタ関数を用いて, 連続固有値に属する固有ベクトルを, (3.66) に似せて, 次のように規格化する：

$$\langle \mathbf{a}|\mathbf{a}'\rangle = \delta(\mathbf{a} - \mathbf{a}') \tag{3.148}$$

$$\equiv \begin{cases} \delta(a - a')\delta_{l,l'} & (a \text{ が連続}, l \text{ が離散の場合}), \\ \delta(a - a')\delta(l - l') & (a \text{ も } l \text{ も連続の場合}). \end{cases} \tag{3.149}$$

つまり, もしも固有ベクトルがこれを満たしていなかったら, 下の補足に書いたような操作をして, 満たすようにする. そうすれば, 全ての式が離散変数の時とそっくりになるので, **離散固有値の時の結果に対して, 次のような置き換えをするだけで, 連続固有値の場合の結果が得られる**：

$$\sum_{\mathbf{a}} \to \int d\mathbf{a}, \tag{3.150}$$

$$\delta_{\mathbf{a},\mathbf{a}'} \to \delta(\mathbf{a} - \mathbf{a}'). \tag{3.151}$$

ただし,

3.15 正規直交完全系と波動関数 – 連続固有値の場合

$$\int d\mathbf{a} \equiv \begin{cases} \int da \sum_{l=1}^{m_a} & (\text{a が連続, l が離散の場合}), \\ \int da \int dl & (\text{a も l も連続の場合}). \end{cases} \quad (3.152)$$

例えば,

$$|\psi\rangle = \int d\mathbf{a}\, \psi(\mathbf{a})|\mathbf{a}\rangle, \quad (3.153)$$

$$\langle \psi | \psi' \rangle = \int d\mathbf{a}\, \psi^*(\mathbf{a}) \psi'(\mathbf{a}), \quad (3.154)$$

$|\psi\rangle$ が状態ベクトルなら $\int d\mathbf{a}\, |\psi(\mathbf{a})|^2 = 1,$ (3.155)

$\psi(\mathbf{a}) = \langle \mathbf{a} | \psi \rangle$ （離散固有値の時と同じ式）, (3.156)

$$\int d\mathbf{a}\, |\mathbf{a}\rangle\langle\mathbf{a}| = \hat{1}, \quad (3.157)$$

$$\hat{\mathcal{P}}(\mathbf{a}) = |\mathbf{a}\rangle\langle\mathbf{a}|, \quad (3.158)$$

$$\hat{\mathcal{P}}(a) = \int dl\, |\mathbf{a}\rangle\langle\mathbf{a}| \quad \text{or} \quad \sum_{l=1}^{m_a} |\mathbf{a}\rangle\langle\mathbf{a}|, \quad (3.159)$$

$$\hat{A} = \int a\hat{\mathcal{P}}(\mathbf{a}) d\mathbf{a} = \int a\hat{\mathcal{P}}(a) da \quad (\text{ただし, } \hat{A}|\mathbf{a}\rangle = a|\mathbf{a}\rangle). \quad (3.160)$$

♠ 補足：規格直交条件を満たさせる仕方

もしも固有ベクトルが (3.148) を満たしていなかったら, 次のような操作をすれば満たすようになる：まず, $\mathbf{a} \neq \mathbf{a}'$ のとき, $\langle a, l | a', l' \rangle = 0$ for $a \neq a'$ は p. 45 の定理 3.2 により保証されているが, 例えば p. 46 の例 3.9 で見たように, $\langle a, l | a, l' \rangle \neq 0$ for $l \neq l'$ はあり得る. そこで, $|a, l\rangle$ と $|a, l'\rangle$ が直交していなかったら, 適当な線形結合をとって直交化する. これにより, $\langle \mathbf{a} | \mathbf{a}' \rangle \propto \delta(\mathbf{a} - \mathbf{a}')$ となるが, この式の比例係数は, $\mathbf{a}$ と $\mathbf{a}'$ の関数だとしても, $\delta(\mathbf{a} - \mathbf{a}')$ が掛かっているために $\mathbf{a} = \mathbf{a}'$ のところしか効かないから, $\mathbf{a}$ だけの関数だとしてよい. それを $G(\mathbf{a})$ と書くと,

$$\langle \mathbf{a} | \mathbf{a}' \rangle = G(\mathbf{a}) \delta(\mathbf{a} - \mathbf{a}'). \quad (3.161)$$

$G(\mathbf{a})$ の値を求めるために, 上式の両辺を積分してみると,

$$G(\mathbf{a}) \equiv \int d\mathbf{a}' \,\langle \mathbf{a}|\mathbf{a}'\rangle = \int d\mathbf{a}' \,\langle a,l|a',l'\rangle. \tag{3.162}$$

この値を用いて，全ての a, l について，

$$|\mathbf{a}\rangle \to \frac{1}{\sqrt{G(\mathbf{a})}}|\mathbf{a}\rangle \tag{3.163}$$

と置き換える．

3.16 ♠♠ 連続固有値に関する数学的注意

　連続固有値が現れるような場合には，本書のような物理流の書き方は，数学的にはよろしくない部分がある．それについて本節で説明する．

　ただし，この種の問題を数学的にきちんと扱おうとすると，量子論の計算が著しく面倒になる上に，数学的な正当化の仕方も，古くからのヒルベルト空間論に基づくやり方に限るわけではなく，3.16.1 節で述べるように別の空間を使うやり方もあり，ひとつに決まっているわけではない．しかも，一部のモデルではこれらの方法で正当化できたとしても，現実の物理系についてうまくいくかどうかも自明ではない．おそらく，この問題の根本的解決には数学の整備だけでは足りなくて，量子論のさらなる発展（物理的状態や可観測量に対する制限を明らかにするなど）を待たねばならないと思う．このような理由から，**物理では，これらの問題は適宜処理されていると仮定して，特に必要が生じたとき以外は気にしないのが普通**であり，本書でもそのようにしている．

3.16.1 ♠♠ 連続固有値の固有ベクトルはヒルベルト空間の元ではない

　連続固有値に属する固有ベクトル $|\mathbf{a}\rangle$ は，(3.148) のように内積をとるとデルタ関数になった．ということは，$|\mathbf{a}\rangle$ の自分自身との内積が，$\langle \mathbf{a}|\mathbf{a}\rangle \propto \delta(0) = \infty$ のように発散していることを意味する．従って，連続固有値に属する固有ベクトルは，実は $\mathcal{H}$ の元ではない．

　この問題の解決法は色々ある．ひとつは，狭い範囲の $\mathbf{a}$ について $|\mathbf{a}\rangle$ を重ね合わせた状態を，$|\mathbf{a}\rangle$ の代わりに用いる方法である．例えば $\mathbf{a}$ が波数であれば，そのような重ね合わせで波束状態（5.13 節参照）ができるが，それはきちんと有限の内積を持ち，$\mathcal{H}$ の元になる．別の方法としては，$|\mathbf{a}\rangle$ を含むような $\mathcal{H}$ よ

3.17 ボルンの確率規則 – 連続固有値の場合   **73**

りも大きな空間 Ω' と，それと双対な $\mathcal{H}$ よりも小さな空間 Ω を使って定式化する方法である．この3つの空間 $\Omega, \mathcal{H}, \Omega'$ を，**ゲルファントの3つ組**，あるいは **rigged Hilbert space** と呼ぶ．

3.16.2 ♠♠ 連続固有値の場合の射影演算子や積分の表し方

連続固有値が現れるような場合には，上で述べたように，$|a\rangle$ は $\mathcal{H}$ の元ではないので，数学的には，$|a\rangle$ を含む表式は別の形に書くなどすべきである．例えば，射影演算子 (3.159) は，微小量 da をかけた $\hat{\mathcal{P}}(a)da$ を考えて，それを，a 以下の固有値の固有空間への射影演算子 $\hat{\mathcal{E}}(a)$ の微分 $d\hat{\mathcal{E}}(a)$ に置き換えるべきである．これに対応して，(3.160) の中の $\hat{\mathcal{P}}(a)da$ も $d\hat{\mathcal{E}}(a)$ に置き換えるべきである．

3.16.3 ♠♠ 演算子の定義域の問題

連続固有値が現れるような場合には，どの演算子も $\mathcal{H}$ の全ての元について定義できているとは限らないので，数学的には，各演算子ごとに，定義域を指定してやらなければならない．たとえば2つの演算子 $\hat{A}_1, \hat{A}_2$ が異なる定義域 $\mathcal{D}_1, \mathcal{D}_2$ を持っているとしたら，その共通部分 $\mathcal{D}_1 \cap \mathcal{D}_2$ での作用が一致していたとしても，定義域が異なるのであるから，$\hat{A}_1 \neq \hat{A}_2$ である．

このため，例えば，ある演算子 $\hat{A}$ が自己共役 ($\hat{A}^\dagger = \hat{A}$) であることを示すためには，数学的には，$\hat{A}$ と $\hat{A}^\dagger$ が同じ定義域を持っていることと，その中での作用が同じになることの，両方を示す必要がある．

3.17　ボルンの確率規則 – 連続固有値の場合

連続固有値の場合には，よほどのことがない限り，「測定値がぴったり a に等しい確率」はゼロになってしまう[*23]．これは，量子論に限らず，一般に連続変数の確率について言えることである．そこで，「ぴったり等しい確率」ではなく，「測定値が区間 $(a-\Delta, a+\Delta]$ の範囲内にある確率」[*24] を考える：

[*23]　(3.172) で $da \to 0$ の極限をとれば納得できるだろう．
[*24]　つまり，$a-\Delta <$ 測定値 $\leq a+\Delta$ である確率．左側の不等号に等号を入れてないのは，$a < b < c$ のときに，いつでも $P(a,b] + P(b,c] = P(a,c]$ が成り立つようにするためであ

$$P(a-\Delta, a+\Delta]$$
$$\equiv \lim_{N\to\infty} \frac{N \text{ 回のうちで，測定値が } (a-\Delta, a+\Delta] \text{ の範囲内であった回数}}{N}. \tag{3.164}$$

この定義自体は離散固有値でも問題ないので，まず離散固有値の場合にこれを計算してみる．(3.122) と (3.164) を比較すれば，直ちに，

$$P(a-\Delta, a+\Delta] = \sum_{a-\Delta < a' \leq a+\Delta} P(a') \quad \text{（離散固有値の場合）} \tag{3.165}$$

が判る．これは離散変数の確率であれば常に成り立つが，右辺に (3.119) を代入すれば，離散固有値の場合に左辺を量子論で計算する公式になる：

$$\begin{aligned} P(a-\Delta, a+\Delta] \\ = \langle \psi | \hat{\mathcal{P}}(a-\Delta, a+\Delta] | \psi \rangle = \left\| \hat{\mathcal{P}}(a-\Delta, a+\Delta] | \psi \rangle \right\|^2. \end{aligned} \tag{3.166}$$

ここで，$\hat{\mathcal{P}}(a-\Delta, a+\Delta]$ は，$(a-\Delta, a+\Delta]$ の範囲の固有値に属する固有空間への射影演算子である：

$$\hat{\mathcal{P}}(a-\Delta, a+\Delta] \equiv \sum_{a-\Delta < a' \leq a+\Delta} \hat{\mathcal{P}}(a'). \tag{3.167}$$

物理では，連続変数に対する結果は，離散変数の結果の極限形と考えるのが自然なので[*25)]，連続固有値の場合の公式は，(3.167) に (3.150) の対応規則を適用した

$$\hat{\mathcal{P}}(a-\Delta, a+\Delta] \equiv \int_{a-\Delta}^{a+\Delta} da' \, \hat{\mathcal{P}}(a') \tag{3.168}$$

を (3.166) に代入したものにすべきである．従って，(3.166) の形に書いておけば，離散・連続どちらの場合にも通用する一般形になる：

る．左側に等号を入れた場合は，離散固有値の場合に，$P[a,b] + P[b,c] = P[a,c] - P[b,b]$ となり，ちょっと見にくい．

[*25)] ♠ なにしろ，自然界に本当の連続変数があるかどうかわからないのだから．

3.17 ボルンの確率規則 – 連続固有値の場合

要請 (3)

状態 $|\psi\rangle$ について，物理量 A の，誤差がない（無視できるほど小さい）測定を行ったとき，測定値 a_ψ は，$\hat{A}$ の固有値のどれかに限られる．どの固有値になるかは，一般には測定ごとにランダムにばらつき，a_ψ が区間 $(a-\Delta, a+\Delta]$ に入る確率 $P(a-\Delta, a+\Delta]$ は，この範囲の固有値に属する固有空間への状態ベクトルの射影の長さの自乗

$$P(a-\Delta, a+\Delta] = \left\|\hat{\mathcal{P}}(a-\Delta, a+\Delta]|\psi\rangle\right\|^2 \tag{3.169}$$

で与えられる．(**ボルン (Born) の確率規則**)

連続固有値の場合に，(3.159), (3.168) などを用いて，これを様々な形に表すと，

$$P(a-\Delta, a+\Delta] = \langle\psi|\hat{\mathcal{P}}(a-\Delta, a+\Delta]|\psi\rangle = \int_{a-\Delta}^{a+\Delta} da' \, \langle\psi|\hat{\mathcal{P}}(a')|\psi\rangle$$

$$= \int_{a-\Delta}^{a+\Delta} da' \int dl' \, |\langle a', l'|\psi\rangle|^2 \text{ or } \int_{a-\Delta}^{a+\Delta} da' \sum_{l'=1}^{m_{a'}} |\langle a', l'|\psi\rangle|^2$$

$$\equiv \int_{a-\Delta < a' \le a+\Delta} d\mathbf{a}' \; |\langle a', l'|\psi\rangle|^2 = \int_{a-\Delta < a' \le a+\Delta} d\mathbf{a}' \; |\psi(\mathbf{a}')|^2 \tag{3.170}$$

などとなる．実用上は，2 行目・3 行目で計算するのが簡単である．

ところで，一般に，a が連続変数である場合に $P(a-\Delta, a+\Delta]$ を次のような積分で与える量 $p(a)$ を，**確率密度** (probability density) と呼ぶ：

$$P(a-\Delta, a+\Delta] = \int_{a-\Delta}^{a+\Delta} da' \, p(a'). \tag{3.171}$$

これは，Δ を微小な値 $da/2$ に採れば da の 1 次までの精度で，

$$P(a-da/2, a+da/2] = p(a)da \tag{3.172}$$

となるから，測定値が微小区間 $(a-da/2, a+da/2]$ の中に入る確率が区間幅 da に比例し，その比例係数が $p(a)$ ということである．あるいは，これを da でわり算して $da \to 0$ の極限をとれば，

$$p(a) = \lim_{da \to +0} \frac{P(a - da/2, a + da/2]}{da}$$
$$= \lim_{da \to +0} \frac{P(-\infty, a + da/2] - P(-\infty, a - da/2]}{da} \tag{3.173}$$

とも変形できるから，区間 $(-\infty, a]$ に測定値が入る確率 $P(-\infty, a]$ の微係数が $p(a)$ であるとも言える．

量子論の場合に，確率密度 $p(a)$ をボルンの確率規則で計算すると，(3.170) の1行目と (3.168) より直ちに，

$$p(a) = \langle \psi | \hat{\mathcal{P}}(a) | \psi \rangle \tag{3.174}$$
$$= \begin{cases} \displaystyle\int dl \, |\langle a, l | \psi \rangle|^2 = \int dl \, |\psi(a, l)|^2 & (l \text{ が連続変数の場合}), \\ \displaystyle\sum_{l=1}^{m_a} |\langle a, l | \psi \rangle|^2 = \sum_{l=1}^{m_a} |\psi(a, l)|^2 & (l \text{ が離散変数の場合}). \end{cases}$$

特に，a に属する固有ベクトル $|a\rangle$ に縮退がなければ，l に関する積分や和がなくなるから，

$$p(a) = |\langle a | \psi \rangle|^2 = |\psi(a)|^2. \tag{3.175}$$

波動関数の絶対値自乗は，離散スペクトルの場合は (3.121) のように確率を与えたが，連続スペクトルの場合は (3.175) のように確率密度を与えるのである．

なお，実際に期待値などを計算する時には，$P(a - \Delta, a + \Delta]$ を求めずに，波動関数や状態ベクトルから直接計算する方が楽である．例えば物理量 A の期待値（平均値）は，(3.174) に a をかけて積分すれば，

$$\langle A \rangle = \int a p(a) da = \int a |\psi(\mathbf{a})|^2 d\mathbf{a} \tag{3.176}$$

となる．あるいはこれに (3.174) の1行目を代入して，スペクトル分解 (3.160) を用いると，

$$\langle A \rangle = \langle \psi | \hat{A} | \psi \rangle. \tag{3.177}$$

という，離散固有値の時の公式 (3.128) と全く同じ公式を得る．期待値は，これらの公式で計算するのが楽である．

3.17 ボルンの確率規則 – 連続固有値の場合

例 3.15 次章で説明するように，粒子の位置を表す**位置演算子** (position operator) $\hat{x}$ の固有値 x は，連続スペクトルになる．$\hat{x}$ の固有ベクトル $|x\rangle$ により $|\psi\rangle$ を表示した波動関数 $\psi(x)$ を，**座標表示の波動関数**あるいは**位置表示の波動関数**と言う．これについては，例えば粒子の位置 x を測定したとき，$(x-\Delta, x+\Delta]$ の範囲に見出す確率は，

$$P(x-\Delta, x+\Delta] = \int_{x-\Delta}^{x+\Delta} dx' \, |\psi(x')|^2. \tag{3.178}$$

ゆえに確率密度は，

$$p(x) = |\psi(x)|^2. \tag{3.179}$$

従って，例えば粒子の位置の期待値は，

$$\langle x \rangle = \int x p(x) dx = \int x |\psi(x)|^2 dx. \tag{3.180}$$

■

例 3.16 上の例で，もしも $|x\rangle$ に縮退があれば，波動関数は，$\psi(x, l)$ のように，x 以外の変数 l にも依存する多変数関数になる．例えば，問題にしている粒子が電子なら，スピンの z 成分 $\hat{s}_z = (\hbar/2)\hat{\sigma}_z$ も変数に加えて，l を $\hat{\sigma}_z$ の固有値 σ_z に選ぶと，

$$p(x) = \sum_{\sigma_z = \pm 1} |\psi(x, \sigma_z)|^2. \tag{3.181}$$

あるいは，スピンのない粒子が 3 次元空間を運動する場合には，x 座標が同じでも y, z 座標がいろいろあり得て縮退しているので，l として y, z をとれば，波動関数は $\psi(x, y, z)$ のような 3 変数関数になる．その場合は，

$$p(x) = \int dy \int dz |\psi(x, y, z)|^2. \tag{3.182}$$

■

補足：波動関数の名の由来と古典波動との違い

空間の各点 $\mathbf{r} = (x, y, z)$ において $\psi(\mathbf{r})$ の値が定義されていることを，変位が $\psi(\mathbf{r})$ の波があると見なし，$\psi(\mathbf{r})$ を「波動関数」と呼ぶようになった．ただしこれは，古典波動とはまるで違う．2.1 節で述べたように古典論では状態＝物

理量であるから，たとえば古典質点系の波であれば，質点たちの変位と速度が，状態と物理量を表す．ところが量子論では，状態 ≠ 物理量であり，波動関数は状態だけを表していて物理量（可観測量）ではない．そのため，たとえば波動関数を測るためには，位置や運動量という可観測量を何度も測って，その確率分布から間接的に知るしかない．

3.18 ゆらぎ

p.61 の図 3.1 のように，**全く同じ状態** $|\psi\rangle$ を用意しては物理量 A の測定を行う，という実験を，**独立**に（つまり，ひとつの実験が別の実験の結果に影響しないように）N 回行う．その場合の，測定値の平均値 $\langle A \rangle$ は 3.13 節で議論した．本節では，測定値がこの**平均値の周り**にどれだけばらつくかを考える．つまり，A の値を平均値分だけシフトした量

$$\Delta A \equiv A - \langle A \rangle \tag{3.183}$$

のばらつきを調べる．この量自体の平均値は，$\langle \Delta A \rangle = \langle A - \langle A \rangle \rangle = \langle A \rangle - \langle A \rangle = 0$ だが，自乗の平均値

$$\langle (\Delta A)^2 \rangle = \langle (A - \langle A \rangle)^2 \rangle = \langle A^2 - 2\langle A \rangle A + \langle A \rangle^2 \rangle = \langle A^2 \rangle - \langle A \rangle^2 \tag{3.184}$$

なら，ばらつきの大きさの最も簡単な尺度になる．これを，A の**分散** (variance) と言う．

具体的に測定値で表せば，j 回目の実験で得た測定値を $a_\psi^{(j)}$ として，

$$\langle (\Delta A)^2 \rangle \equiv \lim_{N \to \infty} \frac{1}{N} \sum_{j=1}^{N} (a_\psi^{(j)} - \langle A \rangle)^2 \tag{3.185}$$

である．例えば，測定値が全くばらつかず毎回同じ値になるような場合には，平均値もその値になるので，全ての j について $a_\psi^{(j)} - \langle A \rangle = 0$ であり，$\langle (\Delta A)^2 \rangle = 0$ となる．一方，$a_\psi^{(j)}$ が平均値の上下に大きくばらつくと，$\langle (\Delta A)^2 \rangle$ は大きくなる．

分散は，自乗してから平均した量なので，実際のばらつきの大きさはその平方根

$$\delta A \equiv \sqrt{\langle (\Delta A)^2 \rangle} \tag{3.186}$$

の程度である．これを**標準偏差** (standard deviation) と言う．特に，A が単位を持つ場合には，分散だと単位が A と違ってしまうが，標準偏差なら A と同じ単位を持つので便利である．

量子論では，物理量の分散や標準偏差を，**ゆらぎ** (fluctuation) とか**不確定さ** (uncertainty) とも呼ぶ．この値を量子論で計算（予言）するには，(3.185) が，確率や確率密度を用いて次のように表せることを用いる：

$$\langle (\Delta A)^2 \rangle = \begin{cases} \displaystyle\sum_a (a - \langle A \rangle)^2 P(a) & （離散固有値）, \\ \displaystyle\int (a - \langle A \rangle)^2 p(a) da & （連続固有値）. \end{cases} \quad (3.187)$$

この表式の $P(a)$ や $p(a)$ にボルンの確率規則を代入し，$\langle A \rangle$ には $\langle \psi | \hat{A} | \psi \rangle$ を代入して，和や積分を実行すればよい．あるいは，代入した式を，演算子のスペクトル分解を用いて少し変形すれば，離散・連続いずれの場合も

$$\langle (\Delta A)^2 \rangle = \langle \psi | (\hat{A} - \langle A \rangle)^2 | \psi \rangle = \langle \psi | (\Delta \hat{A})^2 | \psi \rangle \quad (3.188)$$

という簡単な公式を得る（下の問題参照）．ただし，$\Delta \hat{A}$ は，(3.183) に対応する，$\hat{A}$ の平均からのずれを表す演算子である：

$$\Delta \hat{A} \equiv \hat{A} - \langle A \rangle \quad (= \hat{A} - \langle A \rangle \hat{I} \text{ の意味}). \quad (3.189)$$

実際に計算する時には，(3.187) よりも，(3.188) か，あるいはそれを (3.184) のように変形した

$$\langle (\Delta A)^2 \rangle = \langle \psi | \hat{A}^2 | \psi \rangle - \langle \psi | \hat{A} | \psi \rangle^2 \quad (3.190)$$

を用いる方が，$P(a)$ や $p(a)$ を求める必要がないので，直接的である．

問題 3.9 (3.188) を示せ．

ある状態 $|\psi\rangle$ における A の測定値 a_ψ が，まったくばらつかずに，常に同じ値 $a_\psi = a$ になる場合には，$\langle (\Delta A)^2 \rangle = 0$ となる．このような状態を，「**物理量 A（の値）が（a に）確定している状態**（あるいは，**定まっている状態**）」と言う．そうでない場合は，「**A が揺らいでいる状態**」と言う．

例 3.17 p. 62 の例 3.12, p. 65 の例 3.13 については,

$$
\begin{aligned}
\langle (\Delta \sigma_y)^2 \rangle &= \langle \psi | \hat{\sigma}_y^2 | \psi \rangle - \langle \psi | \hat{\sigma}_y | \psi \rangle^2 \\
&= (\xi^* \ \eta^*) \begin{pmatrix} 0 & -i \\ i & 0 \end{pmatrix}^2 \begin{pmatrix} \xi \\ \eta \end{pmatrix} - (2|\xi||\eta|\sin\theta)^2 \\
&= 1 - 4|\xi|^2|\eta|^2 \sin^2\theta.
\end{aligned}
\tag{3.191}
$$

例えば, $\theta = 0$ なら $\langle (\Delta\sigma_y)^2 \rangle = 1$ となる. 一般に, $1 = |\xi|^2 + |\eta|^2 \geq 2|\xi||\eta|$ であるから, $\langle (\Delta\sigma_y)^2 \rangle = 0$ となるのは, $|\xi| = |\eta| = 1/\sqrt{2}$ かつ $\sin^2\theta = 1$ の場合に限られるが, これは要するに, $|\psi\rangle$ が $\hat{\sigma}_y$ の固有ベクトル $|\pm\rangle$ (の位相因子倍) であるケースである. つまり, σ_y が定まっている状態は, $\hat{\sigma}_y$ の固有状態である. ■

この例で見たことは, 一般に言えることである. 即ち,

定理 3.4 $|\psi\rangle$ が物理量 A を表す演算子 $\hat{A}$ の固有値のひとつに属する固有状態であれば, $|\psi\rangle$ は A がその値に確定している状態である. 逆に, $|\psi\rangle$ が物理量 A が確定している状態であれば, $|\psi\rangle$ は A を表す演算子 $\hat{A}$ の (その確定値を固有値とする) 固有状態である.

問題 3.10 この定理を証明せよ.

この定理の対偶[*26)]をとれば, 次のことも言える:$|\psi\rangle$ が物理量 A が揺らいでいる状態であれば, $|\psi\rangle$ は A を表す演算子 $\hat{A}$ の固有状態ではない. 逆に, $|\psi\rangle$ が物理量 A を表す演算子 $\hat{A}$ の固有状態でなければ, $|\psi\rangle$ は A が揺らいでいる状態である.

[*26)] 「〇〇ならば△△」という命題について,「△△ならば〇〇」という命題を**逆**と言い,「△△でなければ〇〇でない」という命題を**対偶**と言う. 元の命題が真の時は, 対偶も必ず真であるが, 逆の方は必ずしも真ではない. 上記の定理では,「逆に」の後ろに書いてある命題が, 前に書いてある命題の逆になっているが, それも成り立つと主張している.

3.19 交換関係と不確定性原理

ある物理量の値が確定している状態であっても，他の物理量のゆらぎは様々である．例えば，

例 3.18 スピンの y 成分 σ_y が $+1$ に確定している状態である，(3.36) の $|+\rangle$ について，スピンの z 成分 σ_z を測ったときの分散は，$\hat{\sigma}_z^2 = \hat{1}$ などを用いて，

$$\langle (\Delta \sigma_z)^2 \rangle = \langle +|\hat{\sigma}_z^2|+\rangle - \langle +|\hat{\sigma}_z|+\rangle^2 = 1 - 0 = 1 \tag{3.192}$$

のように，最大の大きさ[*27]になることがわかる．$|+\rangle$ という状態は，σ_y が確定しているかわりに，σ_z が最大にゆらいでいる状態なのである．実際，$\hat{\sigma}_z$ の固有値は (3.78) のように ± 1 であるから，測定値は $+1$ か -1 のどちらかであり，この計算の途中に現れた $\langle +|\hat{\sigma}_z|+\rangle = 0$ は，両者が完全にランダムに（1/2 ずつの確率で）得られることを示している．（これは，ボルンの確率規則と (3.79) を用いて直接確かめることもできる．）1.2 節で，『スピンが $+y$ 方向に向いた状態についてスピンの z 成分を測ると，± 1 が半々の確率で得られる』と述べたのは，まさにこのことである．また，この状態については，σ_x も最大にゆらいでいることが，同様の計算で示せる．さらに，$|-\rangle$ についても同じことが示せる．従って，σ_y が確定している $|\pm\rangle$ という状態は，σ_x も σ_z も最大にゆらいでいる状態なのである．■

そこで，2 つ以上の物理量の値が**両方とも**確定している状態があるかどうかを一般的に調べよう．

2 つの演算子 $\hat{A}, \hat{B}$ について，$\hat{A}\hat{B} = \hat{B}\hat{A}$，即ち，全ての $|\psi\rangle \in \mathcal{H}$ について $\hat{A}\hat{B}|\psi\rangle = \hat{B}\hat{A}|\psi\rangle$ であるとき，$\hat{A}$ と $\hat{B}$ は**交換する** (commute) とか**可換** (commutative) であると言う．そうでないときは，**交換しない**とか**非可換** (noncommutative) であると言う．例えば，恒等演算子の定数倍 $c\hat{1}$ は，任意の演算子と交換する．

一般に，2 つの演算子 $\hat{A}, \hat{B}$ から作られる新しい演算子 $\hat{A}\hat{B} - \hat{B}\hat{A}$ を，$\hat{A}, \hat{B}$ の**交換子** (commutator) と言い，

[*27] 任意の状態 $|\psi\rangle$ について，$\langle (\Delta \sigma_z)^2 \rangle = \langle \psi|\hat{\sigma}_z^2|\psi\rangle - \langle \psi|\hat{\sigma}_z|\psi\rangle^2 \leq \langle \psi|\hat{\sigma}_z^2|\psi\rangle = 1$.

と書く．これがゼロ演算子であれば，$\hat{A}$ と $\hat{B}$ は交換する．例えば，パウリ行列の交換子は，

$$[\hat{\sigma}_x, \hat{\sigma}_y] = 2i\hat{\sigma}_z, \; [\hat{\sigma}_y, \hat{\sigma}_z] = 2i\hat{\sigma}_x, \; [\hat{\sigma}_z, \hat{\sigma}_x] = 2i\hat{\sigma}_y \tag{3.194}$$

と計算されるので，パウリ行列の 3 成分は互いに非可換である．

この例でも判るように，交換子は演算子の積の差だから，やはり演算子である．(3.194) のように，交換子がどんな演算子になるかを与える式を，**交換関係** (commutation relation) と言う．

$\hat{A}, \hat{B}$ が自己共役演算子のときは，その交換子は (3.49) より

$$([\hat{A}, \hat{B}])^\dagger = (\hat{A}\hat{B} - \hat{B}\hat{A})^\dagger = \hat{B}\hat{A} - \hat{A}\hat{B} = [\hat{B}, \hat{A}] = -[\hat{A}, \hat{B}] \tag{3.195}$$

を満たす．そこで，$\hat{C} \equiv [\hat{A}, \hat{B}]/i$ とおいて

$$[\hat{A}, \hat{B}] = i\hat{C} \tag{3.196}$$

と表すと，(3.195) は $(i\hat{C})^\dagger = -i\hat{C}$，つまり $\hat{C}^\dagger = \hat{C}$ を与え，$\hat{C}$ は自己共役演算子であることが判る．たとえば，自己共役演算子であるパウリ行列の交換関係 (3.194) は確かにそうなっている．特に，$\hat{C}$ が $\hat{1}$ の定数倍，即ち，

$$[\hat{A}, \hat{B}] = ik \quad (k \text{ は実定数，右辺は } ik\hat{1} \text{ の略記}) \tag{3.197}$$

であるとき[*28]，次の重要な定理が成り立つ（交換子が定数ではない場合については，3.20.1 節を参照）：

定理 3.5 自己共役演算子 $\hat{A}, \hat{B}$ が，$[\hat{A}, \hat{B}] = ik$ (k は実定数) を満たすとき，任意の状態 $|\psi\rangle$ に対して，

$$\delta A \, \delta B \geq \frac{|k|}{2}. \tag{3.198}$$

つまり，$\Delta \hat{A} \equiv \hat{A} - \langle\psi|\hat{A}|\psi\rangle$，$\Delta \hat{B} \equiv \hat{B} - \langle\psi|\hat{B}|\psi\rangle$ とおいたとき，

[*28] $\hat{C}^\dagger = \hat{C}$ より $k = k^*$ となるので k は実数になる．

3.19 交換関係と不確定性原理

$$\langle\psi|(\Delta\hat{A})^2|\psi\rangle\langle\psi|(\Delta\hat{B})^2|\psi\rangle \geq \frac{k^2}{4}. \tag{3.199}$$

証明は，次の2つの問題を解けばよい．

問題 3.11 $[\hat{A},\hat{B}] = ik$ であれば，$[\Delta\hat{A},\Delta\hat{B}] = ik$ であることを示せ．

問題 3.12 任意の実数 λ に対して，ベクトル $(\Delta\hat{A} + i\lambda\Delta\hat{B})|\psi\rangle$ はやはりヒルベルト空間のベクトルである．従って，そのノルムは非負である．このことと前問の結果を利用して，上の定理を証明せよ．

(3.198)は，数学としては練習問題程度の簡単な不等式であるが，量子論に適用すると，要請(3)(p.75)により，強烈な内容を語るようになる．即ち，p.61の図3.1のように，同じ状態 $|\psi\rangle$ を用意しては A を測るという実験を N 回繰り返し，(3.185)のようにして $|\psi\rangle$ の δA を計算する．次に，また同じ状態 $|\psi\rangle$ を用意しては（今度は A でなく）B を測るという実験を N 回繰り返し，(3.185)のようにして $|\psi\rangle$ の δB を計算する．すると，$|\psi\rangle$ がどんな状態であろうが，$\delta A\,\delta B \geq |k|/2$ となっている．つまり，A, B のゆらぎの積には下限が存在し，その下限は交換関係だけで決まるのである．従って，$k \neq 0$ の場合，A と B の両方の値が定まっている状態というのはあり得ない．実際，(3.198)によると，A が δA だけ不確定な状態は，B の不確定 δB が最低でも $|k|/(2\delta A)$ はある．だから，何らかの方法で，A が定まった（$\delta A = 0$ の）状態を作れたとしても，その状態では B が全く不確定（$\delta B \to \infty$）になってしまう．これらの事実を**不確定性原理** (uncertainty principle) と言い，(3.198), (3.199) を**不確定性関係** (uncertainty relation) と言う．

不確定性原理は，2.1節で述べた古典論の基本的仮定(i)と真っ向から対立する．このために，古典論の基本的仮定(i)は捨てねばならず，その結果，古典論の残りの基本的仮定(ii), (iii), (iv) も（仮定(i)に依存しているので）捨てねばならなかったのである．

例 3.19 第4章で述べるように，粒子の位置 x と運動量 p を表す演算子は $[\hat{x},\hat{p}] = i\hbar$ という交換関係を満たす．ただし $\hbar$ は，1.2節にも出てきた，プランク定数を 2π で割った定数である．上の定理から，

$$\delta x \, \delta p \geq \hbar/2. \tag{3.200}$$

従って，
- 位置と運動量が両方確定した状態は存在し得ない．
- 位置が δx だけ不確定な状態は，運動量の不確定 δp が最低でも $\hbar/(2\delta x)$ はある．
- 何らかの方法で，粒子の位置が定まった ($\delta x = 0$) 状態を作れたとすると，その状態は，運動量が全く不確定 ($\delta p \to \infty$) な状態になっている．これは，古典力学とは相容れない結果である．■

3.20 ♠ 不確定性原理にまつわる注意

不確定性原理とそれに関係する事項については，誤解や誤用が非常に目立つので，いくつか注意をしておく[*29]．

3.20.1 ♠ 交換子が定数でない場合の不確定性関係とその意味

$[\hat{A}, \hat{B}] = i\hat{C}$ という一般の場合には，問題 3.12 と同様にして，

$$\langle \psi | (\Delta \hat{A})^2 | \psi \rangle \langle \psi | (\Delta \hat{B})^2 | \psi \rangle \geq |\langle \psi | \hat{C} | \psi \rangle|^2 / 4 \tag{3.201}$$

が示せるが，この場合，右辺の値は $|\psi\rangle$ に依存するので，意味はやや複雑になる．例えば，

- $\langle \psi | \hat{C} | \psi \rangle \neq 0$ である状態は，A と B の両方の値が定まっている状態ではあり得ない．
- しかし，$\langle \psi | \hat{C} | \psi \rangle = 0$ である状態なら，A と B の両方の値が定まっている状態もあり得る．

だから，単純に，「$\hat{A}$ と $\hat{B}$ が交換しないなら，A と B の両方の値が定まっている状態はあり得ない」などとは**言えない**のである．しかし，このような誤解さえ避ければ，(3.201) 自体は有用である．

[*29] 詳しくは，本書の続編の「量子論の発展」（仮題）で解説する予定なので，ここでは簡単な説明にとどめる．

3.20 ♠ 不確定性原理にまつわる注意   **85**

3.20.2 ♠♠ いろいろな不確定性関係

不確定性関係は，以上のものに限られるわけではなく，他にもいろいろある．例えば，ハイゼンベルクがガンマ線顕微鏡の思考実験で示した不確定性関係は，上記のものとは別物である．これについては多くの本が混乱しているので，関連する事項を少し詳しく説明する．いわゆる「時間とエネルギーの不確定性関係」も誤解が少なくないようだが，それについては 6.4 節で述べる．

もともとハイゼンベルクがその思考実験で示したのは，**誤差のある測定器**で A を測った時に，その**測定誤差** (measurement error) δA_err と，$\hat{A}$ と交換しない物理量 $\hat{B}$ に対する**測定の反作用** (backaction of measurement)[*30] の大きさ δB_ba との間の不確定性関係であった．一方，前節で述べたのは，**誤差のない測定器**で A と B とを**別個に**測る，という実験を多数回繰り返したときのばらつきに関する不確定性関係なので，いわば，**量子状態そのものがもっている不確定性**であり，内容が違う．

量子論のすべての要請を使えば，**量子測定理論** (quantum measurement theory) を展開することができ，それを用いて，δA_err と δB_ba の間の不確定性関係も導き出すことができる．前節で述べた，いわば「状態に関する不確定性関係」は，交換関係とボルンの確率規則だけから導けたが，ハイゼンベルクが考察した「測定精度と反作用に関する不確定性関係」は，量子論のすべての要請を使ってはじめて導けるのである．その結果，$\delta A_\mathrm{err} \delta B_\mathrm{ba}$ の満たす不等式は，(3.198) ほど普遍的なものではなく，右辺の値はケースバイケースで変わることが判っている．つまり，測定器が一定の条件を満たせば，$\delta A_\mathrm{err} \delta B_\mathrm{ba}$ も (3.198) と同じ大きさの不等式を満たすが，一般にはそうならずに (3.198) の右辺よりも小さくもなりうることが判っている．(いずれの場合も，量子論の整合性はうまく保たれる．)

このように，一般に，状態のもつ不確定さ δA, δB, 測定器の誤差 δA_err, δB_err, 測定器からの系の状態への反作用 δA_ba, δB_ba は，それぞれ別物であるから，区別しないといけない．さらに，単に「測定値のばらつき」と言っても，どんな実験操作を行った場合に得られる測定値のばらつきなのかを考えないと

[*30] 測定行為の影響で，測定後の状態における B（を測定した時）の確率分布が，測定前の状態のそれとは異なってしまうこと．その大きさ δB_ba の定義はいろいろな流儀があるのだが，例えば，分散の増分の平方根を δB_ba とするのが標準的である．

いけない[*31].

例えば，$\delta A, \delta B$ は，それぞれを測る実験を**別個に**多数回繰り返した場合の測定値のばらつきであった．即ち，p.61 の図 3.1 のような実験をまず A のみについて行い，次に，同様の実験を B のみについて行う．そうした場合の，それぞれの測定値のばらつき（標準偏差）であった．それでは，実験の仕方を少し変えて，図 3.2 のように，A と B とを**同時に**測ったら，測定値のばらつきはどうなるか？この場合のそれぞれの標準偏差を $\delta' A, \delta' B$ とすると，量子測定理論を用いた分析により，

$$\delta' A \, \delta' B \geq |k| \tag{3.202}$$

のように，最小値が (3.198) の **2 倍**になることが判っている[*32]．従って，たとえ $\delta A \, \delta B = |k|/2$ のように (3.198) を最小値で満たすような状態であっても，A と B とを同時に測ったら，そのばらつきの積は 2 倍以上になってしまう．これは，測定に誤差があることを示している．実際，A と B とを同時に測った時の測定誤差の大きさを量子測定理論で計算してみると，

$$\delta A_{\text{err}} \, \delta B_{\text{err}} \geq \frac{|k|}{2} \tag{3.203}$$

となる[*33]．つまり，**交換関係が $[\hat{A}, \hat{B}] = ik \neq 0$ となるような 2 つの物理量 $\hat{A}, \hat{B}$ を同時に誤差無く測定することを，量子論は決して許さないのである！** 同時に測定すること自体はもちろんできるのだが，そうすると必然的に誤差が出てしまうのである．この不可避的に発生する誤差 (3.203) と，状態がもともと持っている不確定 (3.198) との相乗効果で，測定値のばらつきの下限がこれらの 2 倍になる．これが (3.202) の物理的意味である．

このように，一口に「不確定性原理」と言ってもいろいろなものがあるので，常に，どんな測定を行ったときのどんな量を議論しているかを押さえながら考えて欲しい．

[*31] これも古典力学と決定的に違う点である．この，操作をあらわに考えなくてはならないという点では，量子論はむしろ熱力学に近い！

[*32] 測定器には，系統誤差はないとする．つまり，測定値の平均値は，正しく $\langle \psi | \hat{A} | \psi \rangle$ と $\langle \psi | \hat{B} | \psi \rangle$ に一致するとする．

[*33] 実は，量子論では「測定誤差の大きさ」の定義は自明ではない．(3.203) は，もっともらしい定義のうちのひとつを採用した場合に証明された関係式である．また，(3.202) のときと同様に，測定器には系統誤差はないとする．

3.20 ♠ 不確定性原理にまつわる注意

1 回目	系を状態 $\|\psi\rangle$ に用意	A と B の測定 $\longrightarrow$	測定値 $a_\psi^{(1)}, b_\psi^{(1)}$
2 回目	系を状態 $\|\psi\rangle$ に用意	A と B の測定 $\longrightarrow$	測定値 $a_\psi^{(2)}, b_\psi^{(2)}$
$\vdots$	$\vdots$	$\vdots$	$\vdots$
N 回目	系を状態 $\|\psi\rangle$ に用意	A と B の測定 $\longrightarrow$	測定値 $a_\psi^{(N)}, b_\psi^{(N)}$

図 3.2 A と B の同時測定. A の測定直後に B を測ってもよいし, その逆でもよい. あるいは, 本当に A と B を一括して測る機械を組んで測ってもよい. いずれにしても, 測定値のばらつきの下限は (3.202) で与えられる.

3.20.3 ♠♠ 自己共役でない可観測量

もしも 2 つの物理量 $\hat{A}, \hat{B}$ が, 交換して, 同時測定可能であれば[*34)],

$$\hat{\Xi} \equiv \hat{A} + i\hat{B} \tag{3.204}$$

という量は可観測量である. 実際, A, B を同時に測定してその測定値 a, b を得れば, それは即ち Ξ の測定値 $\xi = a + ib$ を得たことになる. 一方, $\hat{A}, \hat{B}$ の自己共役性から, $\hat{\Xi}$ は自己共役ではない:

$$(\hat{\Xi})^\dagger = \hat{A}^\dagger - i\hat{B}^\dagger = \hat{A} - i\hat{B} \neq \hat{\Xi}. \tag{3.205}$$

しかし, これは要請 (2) (p. 43) に反するものではない. 3.12.2 節で述べたように, 要請 (2) は, 「複素数値をとるような量は, 実部と虚部に分けて考える」ということを前提にしているからである.

では, $\hat{A}, \hat{B}$ の交換関係が $[\hat{A}, \hat{B}] = ik \neq 0$ である場合の $\hat{\Xi}$ はどうか? この場合も, 基本通りに実部と虚部に分けて考えればよい. 今度は交換しないので, (3.203) より, $\hat{A}, \hat{B}$ を同時に誤差無く測定することはできない. 従って, $\hat{\Xi}$ を誤差無く測定することはできない. しかし, 誤差を許せば測れる. 実は, **量子**

[*34)] その場合の A と B の測定値の確率分布は, 8.6 節で導く.

論で普通に「可観測量」と言う時には，どんな状態においても（原理的には）いくらでも小さな誤差でその量を測れる，ということを意味している．だから，この意味では $\hat{\Xi}$ は可観測量ではない．しかし，もしも「可観測量」という言葉を文字通りに「測ることのできる量」と解釈してしまうと，$\hat{\Xi}$ も可観測量になってしまい，しばしば混乱の原因になる．だから，量子論を議論するには，まず，「可観測量」をどちらの意味で使うかを決めてから議論しないといけない[*35)]．上述のように，通常は前者の意味で使うが，実際の物理実験では，その意味では可観測量ではない量を（誤差を許して）測ることも珍しくない．その量が誤差よりも大きく変化するのであれば，そのような実験も十二分に意味があるからだ．

以上のように，**自己共役でない演算子で表される物理量がどの程度測れるかは，実部と虚部に分けて考えればよい．**実部と虚部に分けるには，任意の演算子 $\hat{\Xi}$ が，実部を表す自己共役演算子と虚部を表す自己共役演算子の和に，次のように一意的に分解できることを利用する：

$$\hat{\Xi} = \frac{\hat{\Xi} + \hat{\Xi}^\dagger}{2} + i\frac{\hat{\Xi} - \hat{\Xi}^\dagger}{2i}. \tag{3.206}$$

即ち，

$$\text{実部}: \hat{A} = \frac{\hat{\Xi} + \hat{\Xi}^\dagger}{2}, \quad \text{虚部}: \hat{B} = \frac{\hat{\Xi} - \hat{\Xi}^\dagger}{2i} \tag{3.207}$$

である．例えば $(\hat{B})^\dagger = (\hat{\Xi}^\dagger - \hat{\Xi})/(-2i) = \hat{B}$ だから，これらは確かに自己共役である．

3.21 同時固有ベクトル

次に，2つの自己共役演算子 $\hat{A}$ と $\hat{B}$ が交換する場合を考察する．この場合は，$\hat{A}, \hat{B}$ の全ての[*36)] 固有ベクトルを，両者に共通な固有ベクトルになるように選ぶことができる．つまり，$\hat{A}, \hat{B}$ の全ての固有ベクトルを

[*35)] このように，**量子論の論理が整合するためには，測定誤差まで考えて議論する必要がある**！古典論ではこのような注意は特に必要ではなかったが，その理由は，どんな物理量たちも，原理的には誤差なく同時に測れると仮定していたからである．

[*36)] ♠「全ての」というのは，もちろん「互いに線形独立な全ての」という意味である．なお，$\hat{A}$ と $\hat{B}$ が交換しない場合でも，交換子が演算子になる場合には，3.20.1 節に書いた

3.22 交換する物理量の完全集合とヒルベルト空間の選択　　89

$$\hat{A}|a,b,k\rangle = a|a,b,k\rangle, \quad \hat{B}|a,b,k\rangle = b|a,b,k\rangle \tag{3.208}$$

を満たすベクトル $|a,b,k\rangle$ に選ぶことができる（下の問題参照）．ただし，k は固有ベクトルが縮退している場合にそれらを区別するラベルである（b, k の組が 3.7 節の l に相当する）．このベクトルを，$\hat{A}$ と $\hat{B}$ の**同時固有ベクトル** (simultaneous eigenvector) または**同時固有状態** (simultaneous eigenstate) と言う．また，それを何らかの基底で表示したものを，**同時固有関数** (simultaneous eigenfunction) と言う．

問題 3.13 ♠ 2 つの自己共役演算子 $\hat{A}$ と $\hat{B}$ が交換するならば，$\hat{A}, \hat{B}$ の全ての固有ベクトルを同時固有ベクトルに選ぶことができることを示せ．

定理 3.4 より，$\hat{A}$ と $\hat{B}$ の同時固有ベクトルは，A と B の両方の物理量の値が定まっている状態を表す．また，p.45 の定理 3.3 より，$|a,b,k\rangle$ の全体 $\{|a,b,k\rangle\}$ は，正規直交完全系を成す．これらは 3 つ以上の物理量でも同様なので，

定理 3.6 ある量子系の物理量を表す演算子 $\hat{A}, \hat{B}, \hat{C}, \cdots$ が，どの 2 つをとっても交換するならば，これらの演算子の**全て**の固有ベクトルを，同時固有ベクトル（同時固有状態）$|a,b,c,\cdots\rangle$ に選ぶことができる．これは $A, B, C, \cdots$ の値が定まっている状態を表しており，その全体 $\{|a,b,c,\cdots\rangle\}$ は（正規直交化しておくという約束のもとで）正規直交完全系を成す．

例 3.20 3 次元空間を運動する 1 個の粒子の系では，p.116 の例 4.2 で述べるように，運動量の三成分 $\hat{p}_x, \hat{p}_y, \hat{p}_z$ は互いに交換する．従って，これらの演算子の全ての固有ベクトルを，同時固有ベクトル $|p_x, p_y, p_z\rangle$ に選ぶことができ，それは p_x, p_y, p_z の値が全て定まっている状態を表している．■

3.22　交換する物理量の完全集合とヒルベルト空間の選択

互いに交換する物理量を，くまなく集めてくることを考える．そのために，

ように，一部の固有ベクトルを同時固有ベクトルに選べることもある．だから，「全て」か「一部」かが重要な違いである．

まず，次の事実に注目する：

定理 3.7 自己共役演算子 $\hat{A}$ と，$\hat{A}$ の任意の関数 $f(\hat{A})$ は，可換である．

実際，$\hat{A}$ のスペクトル分解 (3.108) と，それを用いた $f(\hat{A})$ の定義 (3.115)，および (3.104), (3.61) を用いれば，

$$\begin{aligned}
\left[f(\hat{A}), \hat{A}\right] &= \sum_{a,a'} f(a) a' \left[\hat{\mathcal{P}}(a), \hat{\mathcal{P}}(a')\right] \\
&= \sum_{a,a'} f(a) a' \left(\delta_{a,a'} \hat{\mathcal{P}}(a) - \delta_{a,a'} \hat{\mathcal{P}}(a')\right) \\
&= 0. \tag{3.209}
\end{aligned}$$

さらに，次の事実に注目する：

定理 3.8 $\hat{A}, \hat{B}$ が自己共役演算子で，そのスペクトル分解を，$\hat{A} = \sum_a a \hat{\mathcal{P}}_A(a)$, $\hat{B} = \sum_b b \hat{\mathcal{P}}_B(b)$ とする．$\hat{A}, \hat{B}$ が可換

$$[\hat{A}, \hat{B}] = 0 \tag{3.210}$$

であれば，それぞれの固有空間への射影演算子はすべて可換

$$\left[\hat{\mathcal{P}}_A(a), \hat{\mathcal{P}}_B(b)\right] = 0 \quad \text{for every } a, b \tag{3.211}$$

である[*37]．逆に，それぞれの固有空間への射影演算子がすべて可換であれば，$\hat{A}$ と $\hat{B}$ も可換である．

問題 3.14 この定理を証明せよ．(ヒルベルト空間は有限次元としてよい.)

この定理から，$\hat{A}$ の任意の関数 $f(\hat{A})$ と，$\hat{B}$ の任意の関数 $g(\hat{B})$ について，それらのスペクトル分解を用いて，

[*37] ♠3.16 節でも述べたように，連続固有値が現れる場合に生ずる数学的問題点は，特に必要が生じたとき以外は気にしない．

3.22 交換する物理量の完全集合とヒルベルト空間の選択

$$\left[f(\hat{A}), g(\hat{B})\right] = \sum_{a,b} f(a)g(b) \left[\hat{\mathcal{P}}_A(a), \hat{\mathcal{P}}_B(b)\right] = 0. \tag{3.212}$$

つまり,

定理 3.9 自己共役演算子 $\hat{A}, \hat{B}$ が可換であれば,$\hat{A}$ の任意の関数と $\hat{B}$ の任意の関数も可換である.

例 3.21 前節の例 3.20 の場合,$\hat{p}_x, \hat{p}_y, \hat{p}_z$ は互いに交換するので,例えば,$\hat{p}_x, \hat{p}_y, \hat{p}_z, \hat{p}_x^2, \hat{p}_y^2, \hat{p}_z^2$ は全て互いに交換する. ■

定理 3.7, 定理 3.9 から, $[\hat{A}, \hat{B}] = 0$ なる物理量の組 $\hat{A}, \hat{B}$ をひとつ見つければ,これらと交換する演算子は,$\hat{A}^2, \hat{A}^3, \hat{B}^2, \hat{B}^3, \cdots$ などといくつでも作れ,これらもまた互いに交換することが判る.しかし,これらは $\hat{A}, \hat{B}$ の関数に過ぎないので,実質的には,交換する物理量の組は $\hat{A}, \hat{B}$ しか見つかっていないのと同じである.そこで,「実質どれだけ見つけたか」という概念を導入しよう:

定義:交換する物理量の完全集合

ある量子系の物理量(を表す演算子)の組 $\hat{A}, \hat{B}, \hat{C}, \cdots$ が,どの2つをとっても交換し,かつ,これらの全てと交換する物理量が $\hat{A}, \hat{B}, \hat{C}, \cdots$ の関数に限られるとする.さらに,$\hat{A}, \hat{B}, \hat{C}, \cdots$ のうちのどの物理量も ($\hat{A}, \hat{B}, \hat{C}, \cdots$ の中の) 残りの物理量だけの関数としては表せないとする.そのような物理量の組を,**交換する物理量の完全集合** (complete set of commuting observables) と呼ぶ.

また,理論が基本変数 (2.3 節および第 9 章) で書かれてなくても,系の自由度が「有限」か「無限」かを区別できるように,次のように定義しよう:交換する物理量の完全集合の演算子の数を有限個にできる系を**有限自由度系**と呼び,そうでない系を**無限自由度系**と呼ぶ[*38].

[*38) ♠♠ これは,特定の表現 (p.119 脚注 6) をする前の段階で数を数えるとする.というのは,詳しく述べる紙数はないが,既約表現をした後では,無限個の自己共役演算子をひとつの自己共役演算子に「束ねる」ような芸当ができるからである.

例 3.22 3次元空間を運動する1個の粒子の系では，p.116の例4.2で述べるように，全ての物理量は，$\hat{x}, \hat{y}, \hat{z}, \hat{p}_x, \hat{p}_y, \hat{p}_z$ の関数である．従って，交換する物理量の完全集合は，これら6つの物理量から選べば充分である．そこで例えば $\hat{x}, \hat{y}, \hat{z}$ を選んでみると，(4.25)のようにこれらは互いに交換する．しかし，これに例えば $\hat{p}_x$ を加えると，$\hat{x}$ と交換しない．従って，$\hat{x}, \hat{y}, \hat{z}$ は交換する物理量の完全集合である．同様に，$\hat{p}_x, \hat{p}_y, \hat{p}_z$ とか，$\hat{x}, \hat{p}_y, \hat{p}_z$ とかも，それぞれ交換する物理量の完全集合であることが言える．いずれにせよ，交換する物理量の完全集合が有限個の演算子よりなるので，この系が有限自由度系であることも（この例では基本変数で書かれているので自明ではあるが）確認できる．■

この例から判るように，一般に，交換する物理量の完全集合の選び方は一意的ではない．また，ここで述べた有限自由度系・無限自由度系の定義は，適当な基本変数を導入して物理量をその関数として表せば，2.3節で述べた定義と一致する．

交換する物理量の完全集合としてどのようなものがあり得るかは，対象とする物理系にも依るし，同じ系でも基本変数の選び方に依る．それらを指定した上で，交換する物理量の完全集合をひとつ見つけたとしよう．有限自由度系ではこれは有限個の演算子からなる．それを $\hat{A}, \hat{B}, \cdots, \hat{Z}$ としよう．ただし，最後が $\hat{Z}$ なのは有限個であることを強調するためで，26個という意味ではない．

定理3.6から，$\hat{A}, \hat{B}, \cdots, \hat{Z}$ の全ての固有ベクトルを同時固有ベクトルに選ぶことができる．一組の固有値 $a, b, \cdots, z$ に属する同時固有ベクトルを（縮退があるかもしれないので，縮退した固有ベクトルを区別するラベル ξ を付けて）$|a, b, \cdots, z, \xi\rangle$ と書こう．

この状態は，$\hat{A}, \hat{B}, \cdots, \hat{Z}$ の値が全て定まった値 $a, b, \cdots, z$ を持つ状態であり，$\hat{A}, \hat{B}, \cdots, \hat{Z}$ の関数で表される物理量の値も全て定まっている．例えば $\hat{A}\hat{B}$ の値は，$\hat{A}\hat{B}|a, b, \cdots, z, \xi\rangle = b\hat{A}|a, b, \cdots, z, \xi\rangle = ab|a, b, \cdots, z, \xi\rangle$ より ab に定まっている．これらの物理量の値が ξ には依らないことに注目しよう．実は，これら以外の物理量についても，その確率分布が ξ に依らないことが示せる[*39]．従って，状態 $|a, b, \cdots, z, \xi\rangle$ では，どんな物理量の確率分布も ξ に依らないわけで，ξ は物理的には何の意味もないラベルだとわかる．

一般に，ヒルベルト空間を無闇に大きくとると，このような無駄なラベルが

3.22 交換する物理量の完全集合とヒルベルト空間の選択

現れてしまう.それで理論の予言が変わってしまうわけではないものの,無駄だし不便なので,$\hat{A}, \hat{B}, \cdots, \hat{Z}$ のどの同時固有ベクトルも縮退を持たないような**無駄のない必要最小限の大きさのヒルベルト空間を採用する**のが習慣である.そうすればラベル ξ は不要になるので,同時固有ベクトルを単に $|a, b, \cdots, z\rangle$ と書こう.定理 3.6 よりその全体は正規直交完全系を成すので,このようにして選ばれたヒルベルト空間は,

$$\mathcal{H} = \left\{ |\psi\rangle \,\middle|\, |\psi\rangle = \sum_{a,b,\cdots,z} \psi(a, b, \cdots, z) |a, b, \cdots, z\rangle, \right.$$

$$\left. \psi(a, b, \cdots, z) \in \mathbf{C}, \sum_{a,b,\cdots,z} |\psi(a, b, \cdots, z)|^2 = \text{有限} \right\} \quad (3.213)$$

である.ただし,どのベクトルもノルムが発散せずにきちんと定義されていなければならないから,$\langle \psi | \psi \rangle = \sum_{a,b,\cdots,z} |\psi(a, b, \cdots, z)|^2 = $ 有限 という制限が付いた.また,連続固有値の場合は,これらの式の和が積分になる.

このように,**有限自由度系**[*40)] のヒルベルト空間は,**交換する物理量の完全集合の同時固有ベクトルの,ノルムが有限になるような線形結合の全体よりなる空間**(にとるのが習慣)である.そうすると,状態ベクトル $|\psi\rangle$ も同時固有ベクトル $|a, b, \cdots, z\rangle$ の重ね合わせとして表せる:

$$|\psi\rangle = \sum_{a,b,\cdots,z} \psi(a, b, \cdots, z) |a, b, \cdots, z\rangle. \quad (3.214)$$

この重ね合わせ係数 $\psi(a, b, \cdots, z)$ は,規格化条件

$$\sum_{a,b,\cdots,z} |\psi(a, b, \cdots, z)|^2 = \langle \psi | \psi \rangle = 1 \quad (3.215)$$

を満たす波動関数である.また,$\mathcal{H}$ の次元は,

[*39)] ♠♠ 仮に,互いに直交する 2 つの状態 $|a, \cdots, z, \xi_1\rangle, |a, \cdots, z, \xi_2\rangle$ で,ある物理量の確率分布が異なったとすると,これらの状態は物理的に(実験で)峻別できることになる.従って,この峻別が簡単にできる演算子 $|a, \cdots, z, \xi_1\rangle\langle a, \cdots, z, \xi_1| - |a, \cdots, z, \xi_2\rangle\langle a, \cdots, z, \xi_2|$ も物理量のはずだが,これは $\hat{A}, \cdots, \hat{Z}$ と可換であり,$(a, \cdots, z$ だけでは値が決まらないから)$\hat{A}, \cdots, \hat{Z}$ だけの関数でもないので,$\hat{A}, \cdots, \hat{Z}$ が交換する物理量の完全系であるという仮定に反する.なお,同様にして次のことも示せる:状態 $|a, \cdots, z, \xi\rangle$ は,量子論で許される範囲内で最大限の数の物理量の値を確定させた状態(2.5 節で説明した**純粋状態 (pure state)**)のひとつである.

[*40)] 無限自由度系の場合は 7.3 節.

$$\dim \mathcal{H} = a, b, \cdots, z \text{ の取りうる組み合わせの数} \tag{3.216}$$

となる．例えば，$a, b, \cdots, z$ のそれぞれがとりうる値が互いに独立な場合には，$\dim \mathcal{H} = (a \text{ のとりうる値の数}) \times (b \text{ のとりうる値の数}) \times \cdots \times (z \text{ のとりうる値の数})$ である．これは，$\hat{A}, \hat{B}, \cdots, \hat{Z}$ の数と，それぞれが固有値をいくつ持つかで決まる．例えば，$\hat{A}, \hat{B}, \cdots, \hat{Z}$ の数が3個で，それぞれが2個の固有値しか持たなければ，$\dim \mathcal{H} = 2^3 = 8$ である．このように，$a, b, \cdots, z$ のどれもが，その取りうる値が有限個しかないような場合には，$\dim \mathcal{H}$ は有限になる．一方，$a, b, \cdots, z$ のどれかひとつでも無限個の値をとりうれば，(有限自由度系であっても) $\dim \mathcal{H}$ は無限になる．

なお，$\hat{A}, \hat{B}, \cdots, \hat{Z}$ の同時固有ベクトルが縮退しているような，上記の $\mathcal{H}$ より大きなヒルベルト空間の次元は，(3.216) に，縮退をラベルする変数 ξ がとりうる値の数をかけたものになる．

♠ **補足：量子論の予言は $\mathcal{H}$ の選び方に依らないか？**

交換する物理量の完全集合の選び方は一意的ではないから，「$\mathcal{H}$ は一意的ではなく，従って量子論の予言も一意的にならないのではないか？」という危惧を抱くかもしれない．しかし，本章で考えているような有限自由度系では，基本的には常に同じ予言が得られ，大丈夫なのである．そのことは，「正準量子化」という手続きをとった場合について，4.4節で説明する．

3.23 閉じた量子系の時間発展 ── シュレディンガー方程式

次に，時間発展，つまり，時間と共に量子系の状態がどのように変化していくかについて述べる．それは通常，次の2つに分けて定式化されている．

(a) 着目する量子系が，他の系からほとんど影響されずに時間発展する場合．
 その理想極限として，閉じた系の時間発展を与える．(下の要請 (4))

(b) 着目する量子系が測定される場合．
 (a) とは逆に，測定装置という巨大な系が，着目する量子系から物理量の情報を取り出すために，大きく作用する．その理想極限として，測定装置の作用が十分に強くかつ有効に作用する，「理想測定」の場合の発展を与える．(要請 (5) (p. 102))

もちろん，これらの理想極限でない一般の場合も扱えなくてはいけないのだが，

3.23 閉じた量子系の時間発展 — シュレディンガー方程式

実はそれは，基本的に，(a) と (b) を組み合わせて分析できることが知られている．従って，基本的要請としては，(a) と (b) で十分なのである．この節では (a) について述べ，(b) については 3.25 節で述べる．

要請 (4)

閉じた量子系の，時刻 t における状態ベクトルを $|\psi(t)\rangle$ と書くと，その時間発展は，次の**シュレディンガー方程式** (Schrödinger equation) で記述される：

$$i\hbar \frac{d}{dt}|\psi(t)\rangle = \hat{H}|\psi(t)\rangle. \tag{3.217}$$

ただし，$\hat{H}$ は系のエネルギーを表す自己共役演算子で，**ハミルトニアン** (Hamiltonian) と呼ばれる．

ここで $\hbar$ は，1.2 節にも出てきた，プランク定数を 2π で割った定数である．また，左辺の時間微分は，通常の微分と同様に，

$$\frac{d}{dt}|\psi(t)\rangle \equiv \lim_{\Delta t \to 0} \frac{1}{\Delta t} \left(|\psi(t+\Delta t)\rangle - |\psi(t)\rangle \right) \tag{3.218}$$

で定義される．

この要請によるシュレディンガー方程式[*41)]は，時間に関して 1 階の微分方程式だから，初期条件を与えれば解が一意的に定まる．つまり，時刻 $t=0$ における状態ベクトル $|\psi(0)\rangle$ を与えれば，$t \neq 0$ における状態ベクトル $|\psi(t)\rangle$ が，($t>0$ でも $t<0$ でも，系が閉じている限り) 一意的に定まる．これはちょうど，古典力学で，時刻 $t=0$ における状態を ($\{q_i(0), p_i(0)\}$ の値を与えることにより) 与えれば，$t \neq 0$ における状態 (つまり $\{q_i(t), p_i(t)\}$ の値) が，一意的に定まることに対応している．つまり，古典論でも量子論でも，**系が閉じている限り**，時刻 $t=0$ における状態を与えれば，$t \neq 0$ における状態が**一意的に定まる**ようになっている[*42)]．このことを，**決定論的** (deterministic) であると言う．

[*41)] 最初にシュレディンガーが提出したのは，この式の特殊な場合であるが，上記の一般形も，シュレディンガー方程式と呼ばれる．
[*42)] 系が測定されると，測定される間は系は閉じていないから，こういうわけにはいかなくなる．これについては 3.26.3 節で述べる．

3.24 エネルギー固有状態

ハミルトニアン $\hat{H}$ の固有値を**エネルギー固有値** (energy eigenvalue) とか**固有エネルギー** (eigenenergy), 固有ベクトルを**エネルギー固有状態** (energy eigenstate) と呼ぶ. 量子系の時間発展において, これらは特別重要な役割を演ずる.

3.24.1 エネルギー固有状態の時間発展

固有エネルギーが E_n で, エネルギー固有状態が $|n\rangle$ で縮退がないとき,

$$\hat{H}|n\rangle = E_n|n\rangle \tag{3.219}$$

であることから, もしも初期状態 $|\psi(0)\rangle$ が,

$$|\psi(0)\rangle = |n\rangle \tag{3.220}$$

というエネルギー固有状態であるならば, 任意の時刻 t における状態は

$$|\psi(t)\rangle = e^{-iE_n t/\hbar}|n\rangle \tag{3.221}$$

となる. 実際, (3.217) に代入してみれば, 両辺とも $E_n e^{-iE_n t/\hbar}|n\rangle$ となるし, $t=0$ では (3.220) に一致するので, 正しい解だと判る.

縮退がある場合でも同様で, 同じ固有値 E_n をもつ固有状態 $|n,l\rangle$ の重ね合わせもエネルギー固有状態であるから, c_l を $\sum_{l=1}^{m_a} |c_l|^2 = 1$ を満たす任意の重ね合わせ係数として, 初期状態が

$$|\psi(0)\rangle = \sum_{l=1}^{m_a} c_l |n,l\rangle \tag{3.222}$$

の場合のシュレディンガー方程式の解は,

$$|\psi(t)\rangle = e^{-iE_n t/\hbar} \sum_{l=1}^{m_a} c_l |n,l\rangle \tag{3.223}$$

である.

(3.221), (3.223) のそれぞれの状態においては, $|\psi(t)\rangle$ と $|\psi(0)\rangle$ とは, 位相因子 $e^{-iE_n t/\hbar}$ しか違わないので, 全く同じ量子状態である. つまり, **系が**

3.24 エネルギー固有状態

ひとつのエネルギー固有状態にあれば,系が閉じている限りは,同じ状態にとどまり続ける.即ち,エネルギー固有状態は,**定常状態**(steady state あるいは stationary state, 変化しない状態と言う意味)である.このときの位相因子 $e^{-iE_n t/\hbar}$ は,(角)周波数(振動数)

$$\omega_n \equiv E_n/\hbar \tag{3.224}$$

で位相が回転する.この ω_n を,**固有(角)振動数** (eigen (angular) frequency) と呼ぶ.

3.24.2 一般の状態の時間発展

次に,初期状態 $|\psi(0)\rangle$ がエネルギー固有状態でない場合の時間発展を考察しよう.そのためには,次の定理を使うのが簡単である:

定理 3.10 任意のベクトル $|\psi_j\rangle$ $(j=1,2,\cdots)$ について,初期条件が $|\psi(0)\rangle = |\psi_j\rangle$ であるときのシュレディンガー方程式 (3.217) の解を $|\psi_j(t)\rangle$ とする.このとき,任意の複素数 c_j について,初期条件が $|\psi(0)\rangle = \sum_j c_j |\psi_j\rangle$ のときの解は,

$$|\psi(t)\rangle = \sum_j c_j |\psi_j(t)\rangle \tag{3.225}$$

である.

問題 3.15 この定理を証明せよ.

この定理の $|\psi_j\rangle$ を $|n,l\rangle$ に選んでみよう.p. 45 の定理 3.3 より $\{|n,l\rangle\}$ は完全系をなすから,任意の初期状態 $|\psi(0)\rangle$ をこれで展開することができる:

$$|\psi(0)\rangle = \sum_{n,l} \psi(n,l)|n,l\rangle. \tag{3.226}$$

そうすれば,上記の定理と (3.221) から,$|\psi(t)\rangle$ は次のように求まる:

$$|\psi(t)\rangle = \sum_{n,l} e^{-i\omega_n t} \psi(n,l)|n,l\rangle. \tag{3.227}$$

このように，**固有エネルギーとエネルギー固有状態が全て求まれば，一般の状態ベクトルの時間発展も求まるのである**．ただし，単純でない量子系については，固有エネルギーとエネルギー固有状態を全て求めることは至難の業である．

例 3.23 ハミルトニアンが，

$$\hat{H} = \begin{pmatrix} 0 & \epsilon \\ \epsilon & 0 \end{pmatrix} \quad (\epsilon > 0) \tag{3.228}$$

であれば，エネルギー固有値は，低い方から E_1, E_2 と書くと，

$$E_1 = -\epsilon, \ E_2 = \epsilon \tag{3.229}$$

で，それぞれの規格化された固有ベクトル（エネルギー固有状態）は

$$|1\rangle = \begin{pmatrix} 1/\sqrt{2} \\ -1/\sqrt{2} \end{pmatrix}, \ |2\rangle = \begin{pmatrix} 1/\sqrt{2} \\ 1/\sqrt{2} \end{pmatrix} \tag{3.230}$$

である．もしも，時刻 $t=0$ において $|\psi(0)\rangle = |n\rangle \ (n=1,2)$ であったならば，

$$|\psi(t)\rangle = e^{-i\omega_n t}|n\rangle, \quad \omega_n \equiv E_n/\hbar \tag{3.231}$$

となるので，$|\psi(t)\rangle$ はずっと $|\psi(0)\rangle$ と平行であり，量子状態は全く変わらない．他方，

$$|\psi(0)\rangle = \psi(1)|1\rangle + \psi(2)|2\rangle \tag{3.232}$$

であれば，

$$\begin{aligned}|\psi(t)\rangle &= \psi(1)e^{-i\omega_1 t}|1\rangle + \psi(2)e^{-i\omega_2 t}|2\rangle \\ &= e^{-i\omega_1 t}\left(\psi(1)|1\rangle + \psi(2)e^{-i(\omega_2-\omega_1)t}|2\rangle\right)\end{aligned} \tag{3.233}$$

となるが，状態ベクトルにかかる位相因子はあってもなくても同じ量子状態を表すのだから，

$$|\psi(t)\rangle = \psi(1)|1\rangle + \psi(2)e^{-i(\omega_2-\omega_1)t}|2\rangle \tag{3.234}$$

と同じである．これは，

3.24 エネルギー固有状態

$$(\omega_2 - \omega_1)t = 2\pi m \quad (m\ \text{は整数}) \tag{3.235}$$

を満たす時刻以外では，$|\psi(0)\rangle$ の定数倍ではない．つまり，$|\psi(t)\rangle$ は，大部分の時間は，$|\psi(0)\rangle$ とは平行ではなくなり，$2\pi/|\omega_2 - \omega_1|$ の周期で[*43]，周期的に（一瞬の間）平行になる．■

この例と (3.227) から判るように，一般に，**系の状態がちょうどエネルギー固有状態のひとつである場合を除くと，状態ベクトルは，時々刻々向きが変化する．**従って一般には，物理量の測定値も，どの時刻に測るかによって確率分布が（従って期待値なども）異なる．即ち，系の状態は時々刻々変化する．

例えば，状態 (3.233) について，$\hat{\sigma}_z$ の測定を時刻 t に行った時の期待値 $\langle \sigma_z \rangle_t$ は，$\psi^*(1)\psi(2) \equiv |\psi(1)||\psi(2)|e^{i\theta}$ と書くと，

$$\langle \sigma_z \rangle_t = \langle \psi(t)|\hat{\sigma}_z|\psi(t)\rangle = 2|\psi(1)||\psi(2)|\cos\left[(\omega_2 - \omega_1)t - \theta\right] \tag{3.236}$$

と計算されるので，どの時刻に測るかによって，期待値は異なる．

念のため注意しておくと，これは，こういう意味である：『(3.232) の状態を用

(a)	$|\psi(0)\rangle$ を用意	$\xrightarrow{t_1\ \text{秒待つ}}$	$|\psi(t_1)\rangle$	$\xrightarrow{\sigma_z\ \text{の測定}}$	t_1 における測定値
(b)	$|\psi(0)\rangle$ を用意	$\xrightarrow{t_2\ \text{秒待つ}}$	$|\psi(t_2)\rangle$	$\xrightarrow{\sigma_z\ \text{の測定}}$	t_2 における測定値
(c)	$|\psi(0)\rangle$ を用意	$\xrightarrow{t_1\ \text{秒待つ}}$	$|\psi(t_1)\rangle$	$\xrightarrow{\sigma_z\ \text{の測定}}$	t_1 における測定値
	（そのまま）	$\xrightarrow{t_2 - t_1\ \text{秒待つ}}$	$|?\rangle$	$\xrightarrow{\sigma_z\ \text{の測定}}$	t_2 における測定値

図 3.3 (3.236) で計算される期待値の意味は，(a) とか (b) の測定値の平均値である．もしも (c) のように測定すると，$\langle \sigma_z \rangle_{t_1}$ は (a) の場合と同じになるが，$\langle \sigma_z \rangle_{t_2}$ は (b) とは異なる．

[*43] ♠ この例では，ヒルベルト空間の次元が 2 しかないので，こういう単純な周期で元の状態に戻ったが，3 次元以上のヒルベルト空間では，そんなに単純ではなくなる．

意してから t_1 秒だけ待った後に σ_z を測る』というのを繰り返す（図3.3の(a)）.
それにより σ_z の期待値を求めたものを $\langle\sigma_z\rangle_{t_1}$ とすると，その値は (3.236) で
$t=t_1$ としたものになる．同様のことを，**別途**，待ち時間を t_2 に変えて行い（図
3.3 の (b)），得られた期待値を $\langle\sigma_z\rangle_{t_2}$ とすると，その値は，(3.236) で $t=t_2$
としたものになる．

これを，次のような意味に取り違えないで欲しい：図3.3の(c)ように，『(3.232)
の状態を用意してから t_1 秒だけ待った後に σ_z を測り，**そのまま**（測定の影響
を受けた状態のまま）t_2 秒になるまで待ってもう一度 σ_z を測る』というのを繰
り返す．こうして得られたデータから $\langle\sigma_z\rangle_{t_1}$, $\langle\sigma_z\rangle_{t_2}$ を求める．そのような実験
の場合には，t_1 における測定の影響で，t_2 における状態は，(3.233) で $t=t_2$
としたものにはならなくなる．このため，後で述べる要請 (5) (p. 102) も用い
て詳しい解析をしないと $\langle\sigma_z\rangle_{t_2}$ は予言できない．

3.24.3　確率の保存

ところで，(3.227) を見ると，

$$\langle\psi(t)|\psi(t)\rangle = \sum_{n,l}\left|e^{-i\omega_n t}\psi(n,l)\right|^2 = \sum_{n,l}|\psi(n,l)|^2 = \langle\psi(0)|\psi(0)\rangle \quad (3.237)$$

のように，時間が経っても，状態ベクトルのノルムが一定に保たれていること
が判る．しかも，シュレディンガー方程式は t に関する線形微分方程式なので，
$|\psi(0)\rangle$ と $|\psi(t)\rangle$ との対応は，線形かつ1対1対応である．このような，ノル
ムを変えない線形かつ1対1対応のベクトル空間全体からベクトル空間全体へ
の写像を，一般に**ユニタリー変換** (unitary transformation) と呼ぶ．また，微
小時間しか経たなければ状態ベクトルの変化も微小であることも，(3.227) か
ら明らかであろう．つまり，状態ベクトルの変化は連続的である．故に，**閉じ
た系の状態ベクトルは，時間と共に，連続的にユニタリー変換されてゆくので
ある**[*44]．これを，**ユニタリー発展** (unitary evolution) と呼ぶ．

3.11節で，確率の総和が1になることが，状態ベクトルの規格化で保証され
ていることを見た．ユニタリー発展ではノルムが保存されるので，時間が経っ

[*44)]　6.2 節で，このユニタリー変換を具体的に表す演算子を導く．

ても確率の総和が1に保たれることになる．これを，**確率の保存**[*45)]と言い，量子論の整合性を保証する，ユニタリー発展の重要な帰結である．また，ユニタリー発展が連続的だということは，**閉じた系の状態が突然不連続的に変わることはない**，という常識的なことを意味している．

3.24.4 ♠ 確率の保存の別証明

時間が経ってもノルムが変わらないことの別証明を書いておこう．微分の定義 (3.218) と共役関係 (3.85) より，次のブラとケットの共役関係が判る：

$$\frac{d}{dt}|\psi(t)\rangle \stackrel{\text{共役}}{\longleftrightarrow} \frac{d}{dt}\langle\psi(t)|. \tag{3.238}$$

従って，状態ベクトル $|\psi(t)\rangle$ に共役なブラベクトルのシュレディンガー方程式は，(3.217) の共役をとって，

$$-i\hbar\frac{d}{dt}\langle\psi(t)| = \langle\psi(t)|\hat{H}^\dagger = \langle\psi(t)|\hat{H} \tag{3.239}$$

となる．また，任意のベクトル $|\psi_1\rangle$, $|\psi_2\rangle$ に対して，通常の関数の微分と同様に，次式が成り立つことも判る（$\mathcal{H} = \mathbf{C}^N$ の場合を考えると納得しやすい）：

$$\frac{d}{dt}\langle\psi_1|\psi_2\rangle = \left(\frac{d}{dt}\langle\psi_1|\right)|\psi_2\rangle + \langle\psi_1|\left(\frac{d}{dt}|\psi_2\rangle\right). \tag{3.240}$$

これと (3.217), (3.239) を用いると，

$$i\hbar\frac{d}{dt}\langle\psi(t)|\psi(t)\rangle = -\langle\psi(t)|\hat{H}|\psi(t)\rangle + \langle\psi(t)|\hat{H}|\psi(t)\rangle = 0. \tag{3.241}$$

従って，$\langle\psi(t)|\psi(t)\rangle$ の値は時間が経っても変わらない．

なお，この節の証明は，例えば 6.1 節のようにハミルトニアンが時間に依存する場合でもそのまま通用するので，前節よりも一般的な証明になっている．

3.25 測定直後の状態 ─ 射影仮説

いよいよ最後の要請を述べる．それは，3.23 節の冒頭であげた，(b) 着目する量子系が測定される場合，の状態変化に関する要請である．

[*45)] 保存とは，時間が経っても変わらないことを言う．

---要請 (5)---

測定**直前**に $|\psi\rangle$ なる状態ベクトルを持っていた系に，物理量 $\hat{A}$ の**理想測定**を行い，測定値が $\hat{A}$ の**離散**固有値の中のひとつ a であったとする．その場合，測定**直後**の状態ベクトル $|\psi_{\text{after}}\rangle$ は，次式で与えられる（**射影仮説**）:

$$|\psi_{\text{after}}\rangle = \frac{1}{\left\|\hat{\mathcal{P}}(a)|\psi\rangle\right\|}\hat{\mathcal{P}}(a)|\psi\rangle. \qquad (3.242)$$

測定には有限の時間がかかるので，「直前」から「直後」の間には時間が経過し，その間に状態は様々に移り変わるのだが，理想測定でありさえすれば，直後の状態は (3.242) になるというのだ．前にかかる係数は，測定値 a を得る確率 $P(a)$ を用いて $1/\sqrt{P(a)}$ と書けるが，(3.242) を見ればすぐわかるように，ちょうど，長さを 1 に保つための規格化定数になっている．つまり，これのおかげで

$$\langle\psi_{\text{after}}|\psi_{\text{after}}\rangle = \langle\psi|\psi\rangle = 1 \qquad (3.243)$$

となり，測定の後も確率が保存される．3.24.3 節で，状態ベクトルがシュレディンガー方程式に従って時間発展する場合にも確率が保存されることを示したので，結局，**時間発展のすべてについて確率が保存される**ことが判る．また，(3.100) で見たように，射影演算子 $\hat{\mathcal{P}}(a)$ をかけることは，a に属する固有ベクトル達に平行な成分を，重ね合わせの係数 $\psi(a,l)$ を全く変えずにそのまま抜きだす（射影する）ことになる．そして，(3.98) で見たように，射影されたベクトルは，固有値 a に属する $\hat{A}$ の固有ベクトルになる．このために，理想測定の**直後**[*46)] に，もういちど A の誤差のない測定を行うと，確率 1 で（100%の確率で），1 回目の測定値と全く同じ値 a を得ることになる．これは，**理想測定であれば，1 回目の測定の直後に行われた 2 回目の測定の結果は，必ず 1 回目と一致する**という，素朴な期待どおりの結果である．

このように，理想測定を行うと，系の状態ベクトルは，a に属する固有ベクトルに変えられるのである．これを俗に，**波束の収縮**とも言う．2.1 節で述べたように，**古典論では，反作用のない測定が原理的には可能である**と，（暗に）仮

[*46)] 直後でないと，2 度目の測定をするまでの間に一般には時間発展してしまうので，2 度目の測定をするときの状態は，$|\psi_{\text{after}}\rangle$ からずれてくる．

定されていた．それに対し量子論では，一般には測定の反作用が不可避的に生じ，状態が変わってしまうのである．ただし，測定前から $\hat{A}$ の固有状態にあったなら，理想測定した後もその状態にとどまる．実際，

$$|\psi\rangle = \sum_l \psi(a,l)|a,l\rangle \tag{3.244}$$

なら，確率 1 で（100%の確率で）測定値 a を得て，測定後の状態は

$$|\psi_{\text{after}}\rangle = \hat{\mathcal{P}}(a) \sum_l \psi(a,l)|a,l\rangle = \sum_l \psi(a,l)|a,l\rangle = |\psi\rangle \tag{3.245}$$

となり，測定前と同じである．

以上のことは，a に属する固有ベクトルに縮退がない場合に要請 (5) を適用してみればよく判る．その場合は，

$$|\psi_{\text{after}}\rangle = \frac{1}{|\langle a|\psi\rangle|}|a\rangle\langle a|\psi\rangle = \frac{\langle a|\psi\rangle}{|\langle a|\psi\rangle|}|a\rangle \tag{3.246}$$

と簡単になるが，前の係数 $\langle a|\psi\rangle/|\langle a|\psi\rangle|$ は単なる位相因子なので，なくても同じであり，結局

$$|\psi_{\text{after}}\rangle = |a\rangle \tag{3.247}$$

ということである．従って，$|\psi\rangle \neq |a\rangle$ であったなら $|\psi_{\text{after}}\rangle \neq |\psi\rangle$，つまり測定の反作用がある．一方，最初から $|\psi\rangle = |a\rangle$ であったなら，$|\psi_{\text{after}}\rangle = |\psi\rangle$ となり測定の反作用はない．

3.26 ♠射影仮説について

射影仮説については，物理的な側面と観念的な側面とが，混同されながら議論される傾向がある．本書では観念的な側面には触れない方針なので，物理的な側面について説明を加えよう．

3.26.1 ♠ 状態の用意

要請 (5) を利用して，系を，望みの状態に**用意** (prepare) することができる．例えば，系の状態を，交換する物理量の完全集合 $\hat{A}, \hat{B}, \cdots, \hat{Z}$ の同時固有ベク

トルのひとつ $|a, b, \cdots, z\rangle$ に用意したいとしよう．そのためには，適当な状態を用意しておいて，それに対して $\hat{A}, \hat{B}, \cdots, \hat{Z}$ の理想測定を行う．これらの測定値がちょうど $a, b, \cdots, z$ になった時は，測定直後の状態は，ちょうど望みの状態 $|a, b, \cdots, z\rangle$ になる．もしも，測定値が望みの値でなかったら，また適当な状態を用意して測定を行い，望みの値の測定値が得られるまで繰り返す．このようにして，系を，望みの状態に用意することができる．

ただし，系を望みの状態に用意する仕方は，この方法に限られるわけではない．例えば，離散的なエネルギースペクトルを持つ系を充分低温に冷やして長い時間放置すれば，実用上充分な精度で，最もエネルギーの低い状態が用意できる．これは，いわば，熱統計力学を利用して状態を用意していることになる．このように，実際の実験では，様々な方法を駆使して，望みの状態を用意する．

ともあれ，以上の 5 つの要請，即ち要請 (1) (p. 36)，要請 (2) (p. 43)，要請 (3) (p. 75)，要請 (4) (p. 95)，要請 (5) (p. 102) により，

1. ある時刻に状態を用意し，
2. その後の時間発展を計算し，
3. 任意の時刻における測定値の確率分布を計算する，

という，実験（自然現象）の解析に必要な全ての要素が揃った．**以上の 5 つの要請が，閉じた有限自由度系の純粋状態の量子論の，基本原理の全てである．**

3.26.2 ♠ 理想測定とは何か？

ところで，要請 (5) で言うところの「理想測定」とは何か？ それは，次のように定義される：

---- 定義：理想測定 ----

誤差のない（無視できるほど小さい）測定で，測定直後の状態が，(3.242) で与えられるような測定を，**理想測定** (ideal measurement) と呼ぶ．

しかし，この定義と要請 (5) を見比べると，堂々巡りをしていて，論理が閉じていない．従って，要請 (5) の核心は，**理想測定の定義を与え，その存在を主張している**，と見るべきである．

なお，一般の測定は，誤差があったり，測定直後の状態が (3.242) にはならなかったり，というように理想測定ではない．例えば，光子の数を「光電子増倍

3.26 ♠ 射影仮説について 105

管」という測定器で測ると，誤差もあるし，測定直後の状態は測定値に無関係に「光子が無い」という状態になってしまう．このような一般の測定も，3.26.4 節の前半で触れる「量子測定理論」で，5 つの要請を用いて分析できる．

3.26.3 ♠ 非ユニタリー発展

3.23 節で，要請 (4) のシュレディンガー方程式による時間発展は決定論的であることを述べ，3.24.3 節では，しかもそれがユニタリー発展であることを述べた．一方，要請 (5) によると，測定前の状態が同じでも，測定直後の状態は，測定値が異なれば異なる．従って，**要請 (5) による時間発展は，決定論的でもないし，ユニタリー発展でもない**．このように，量子論の時間発展は，シュレディンガー方程式による決定論的なユニタリー発展と，射影仮説による非決定論的な**非ユニタリー発展** (non-unitary evolution) の組み合わせになっている[*47)]．

ユニタリー発展の間は，シュレディンガー方程式を時間について逆向きに解けば，現在の状態ベクトルから過去の状態ベクトルを求めることもできる．しかし，途中で非ユニタリー発展をすると，現在の状態ベクトルから過去の状態ベクトルを求めることはできず，そこから過去へはさかのぼれない．量子論では，測定を行うと，系に関する情報の一部が永久に失われてしまうのである．これも，古典論との大きな違いである．

3.26.4 ♠ 連続スペクトルの場合

要請 (5) を見ると，離散スペクトルの場合しか書いてない．連続スペクトルではどうするか？これには様々なやり方がある：

1. 一番単純なのは，離散スペクトルと同じ規則を適用して，

$$|\psi_{\text{after}}\rangle \propto \hat{\mathcal{P}}(a)|\psi\rangle \tag{3.248}$$

としてしまうやり方である．ただし，これはノルムが 1 にできない．例えば，縮退がなければ右辺 $= |a\rangle$ だが，これのノルムは (3.148) より発散する．しかし，規格化してなくても，5.3 節のように，それなりに様々な量が

[*47)] 全ての時間発展が，シュレディンガー方程式による決定論的な発展だけで決まるなら，この先の未来は全て決まっていることになる．しかし，そうではないということなので，少し安心する？

計算できるので良しとする．

2. 実際には，連続スペクトルをもつ物理量の測定における有効桁数は有限なので，測定値がぴったりひとつの値になるかどうかを測っているわけではない．そこで，$\hat{A}$ の連続スペクトルを幅 2Δ ごとに区間に分割して，『どの区間に入るかを判定する測定が，連続スペクトルを持つ物理量に対する理想測定である』とする．すると，(8.6.2節でもやってみせるように) この測定は，何番目の有限区間に入るかの番号を測るという，離散的な量の測定に帰着するので，要請 (5) を適用して，

$$|\psi_{\text{after}}\rangle = \frac{1}{\sqrt{\langle\psi|\hat{\mathcal{P}}(a-\Delta, a+\Delta]|\psi\rangle}} \hat{\mathcal{P}}(a-\Delta, a+\Delta]|\psi\rangle \quad (3.249)$$

が測定後の状態であるとする．これならきちんと規格化できている．

3. 上記の場合は，測定誤差 δa_{err} は Δ よりずっと小さいと考えているわけだが，実際の実験では，$\Delta \simeq \delta a_{\text{err}}$ にして測ることも多い．そのような場合にも，(3.249) で $\Delta = \delta a_{\text{err}}$ とした式を単純に適用することがある．しかし，この $|\psi_{\text{after}}\rangle$ には，誤差範囲の中心付近の状態 $|a\rangle$ も，誤差範囲の端付近の状態 $|a \pm \delta a_{\text{err}}\rangle$ も，同じ重みで入ってしまっている．量子測定理論（下記）で正確に計算すると，たいていはそうはなっておらず，誤差範囲の端にいくほど重みが低くなるのが普通であるので，そのことを承知した上で使う必要がある．

4. もっと工夫したやり方は，量子測定理論（下記）で正確に計算したら出てきそうな結果を，現象論的に手で入れてしまうやり方である．つまり，(3.249) の右辺を（誤差範囲の端にいくほど重みが低くなるとか，あるいは，もっと全然違う形に）適当に歪めたものを与える演算子 $\hat{\mathcal{O}}(a)$ を考え，測定後の状態は，

$$|\psi_{\text{after}}\rangle = \frac{1}{\sqrt{\langle\psi|\hat{\mathcal{O}}^\dagger(a)\hat{\mathcal{O}}(a)|\psi\rangle}} \hat{\mathcal{O}}(a)|\psi\rangle \quad (3.250)$$

であるとする．この現象論は便利なので，連続スペクトルに限らず，離散スペクトルでも誤差のある場合などにしばしば使われている．

5. 原理原則にのっとったやり方は，連続スペクトルの測定結果を離散的に表

示する装置*48)を考え，その装置を含む大きな系全体を量子系として扱う．測定中の全体系の時間発展はシュレディンガー方程式で扱い，最後に測定値を得るところのボルンの確率規則や射影仮説は，離散的に表示する装置の表示に対して適用する．そうすれば，測定誤差も，測定後の状態も，以上の要請から全てが計算できる．実際，最も一般的な**量子測定理論** (quantum measurement theory) は，このように構成されている*49)．だから，量子論の基本的な要請としては，今までに書いた要請で，必要かつ十分だと考えられる．ただし，このような原理原則にのっとったやり方は計算が大変なので，実際には上記の簡略化した計算法のどれかを使うことが多い．

3.26.5 ♠♠ ボルンの確率規則に射影仮説を含める立場

本書では，ボルンの確率規則と射影仮説とは独立な要請とした．しかし，後者は前者に含まれているとする立場もある．それは，大雑把には次のように考える立場である．

ボルンの確率規則において，「測定値を得る」と言うからには，測定器の「メーター」とか「(フィルムや網膜上の) 像」などの，常に値が確定している「マクロな物理量」M が存在することを主張していることになるのではないか？ つまり，M の値が，測定前の値 M_{before} に確定していた状態から，測定結果を反映した値 M_{after} に確定した状態へと変化することが，「測定値を得る」と言うことの内容のはずである．これを認めれば，次のようになる：測定前の段階では，測定後に M がどんな値を持つかは (量子論で予言される) 確率分布しか予言できないわけだが，測定後は，どれかひとつの値 M_{after} に決まり，その値こそが，観測者が得る測定値である．(それを，測定される系の物理量 A の値に読みかえて，「A の値を測った」と言っている．) 言い換えると，測定後の測定器の状態は，M の値 = 得られた測定値，であるような状態になっている．これはちょうど，M の測定に対して射影仮説を適用したのと同じではないか！

このような考察を進めれば，射影仮説はボルンの確率規則に含まれる，とい

---

*48) 例えば，粒子位置を「原点から 3.1415cm」のように，デジタル的に表示する装置．有限桁なので，離散的である．

*49) 量子測定理論の要点は，K. Koshino and A. Shimizu, Physics Reports **412** (2005) 191 の第 4 節に書いた．

う立場も可能になるわけである．そうすれば，要請の数が4つに減り，少し気分が良い．しかし，この立場と，本書のように射影仮説とボルンの確率規則を分けるオーソドックスな立場が完全に等価であるかどうかは微妙な点もある．

まず，上の議論で，常に値が確定しているとした「マクロな物理量」と，そうでない物理量との区分けの基準があいまいだ[*50)]．また，**量子論では，明示的には書いていなくても，どこかに被測定系と測定器との境目を設けて議論している**[*51)]．その境目のことを**ハイゼンベルク・カット** (Heisenberg cut) と呼ぶが，要請 (3) はこのカットの測定器側（にいる観測者）がどういう情報を得るかを記述している．それに対して要請 (5) は，その反対側の，被測定系がどういう反作用を受けるかを記述している．それなのに要請 (3) だけにしてしまっても本当に大丈夫なのか？もちろん2つの要請のつじつまは合っているのだが，**そういうつじつまが合う理想測定が存在することを要請 (5) は主張している**，とも言える．これらの点を考慮して，本書では2つの要請を分けておいた．

[*50)] 仮に 10^{24} 個の原子座標より構成される物理量がマクロな物理量とすると，10^{12} 個では？ 10^6 個では？ 10^3 個では？…

[*51)] その位置は，p.107 脚注 49 の文献で解説したように，一意的に決まるものではなく，かなりの範囲内で任意に動かせる（動かしても結果は変わらない）．その範囲内で，ともかくどこかに境目を設けて議論しているのだ．

第 4 章
有限自由度系の正準量子化

　この章では，量子論を演算子形式で具体的に構成する手続きについて述べる．つまり，ある物理系が与えられたとき，どのような手順で，その物理系の記述に適したヒルベルト空間 $\mathcal{H}$ や物理量を表す演算子を構成してゆくか，である．それには様々なやり方があるが，ここでは，その代表的なやり方である正準量子化を紹介する．これは，古典理論から量子論を**推測する手続き**であり，**量子論を一意的に決定する能力はない**のだが，便利なので最もよく使われる．

4.1 ♠ 古典解析力学

　正準量子化は，古典解析力学から出発するので，まず，古典解析力学について，以下の議論を理解する上で知っておいた方がよい知識をまとめておく[*1)]．ただし，古典解析力学を知らない読者は，いきなり 4.2 節に飛んでもよい．

4.1.1 ♠ ラグランジュ形式

　古典論では，系の状態を指定する基本的な変数（2.3 節や第 9 章に書いたように，本書ではこれを「基本変数」と呼ぶ）は，粒子の位置のデカルト座標とその時間微分（速度）に限られるわけではない．極座標とその時間微分にとってもよいし，あるいは，対象が振り子であれば，振り子の振れ角とその時間微分でもよい．つまり，系の古典的状態を表せるような，広い意味での座標（そ

[*1)] 必要最低限の知識だけを記すので，もっと詳しく知りたい読者は古典力学の本を参照されたい．

れを，**一般化座標**と呼ぶ）とその時間微分（**一般化速度**と呼ぶ）の組でありさえすれば，何を基本変数に選んでもよい．

選んだ一般化座標 q_j $(j = 1, 2, \cdots, f)$ と一般化速度 $\dot{q}_j$ の組 $\{q_j, \dot{q}_j\}$ の数 f を，**自由度** (degrees of freedom) と呼ぶ．この章では，**有限自由度系**（f が有限である系）を考える．閉じた有限自由度系の運動は，**ラグランジアン** (Lagrangian) と呼ばれる，$\{q_j, \dot{q}_j\}$ の関数

$$L = L(q_1, q_2, \cdots, q_f, \dot{q}_1, \dot{q}_2, \cdots, \dot{q}_f) = L(\{q_j, \dot{q}_j\}) \tag{4.1}$$

により決定される．つまり，L の時間積分である**作用** (action)

$$S \equiv \int L(\{q_j(t), \dot{q}_j(t)\}) dt \tag{4.2}$$

の極値を与えるような運動が実現される．これを，**最小作用の原理** (least action principle) と言う．

L の関数形を具体的に定めるためには，系の対称性や，経験，実験結果，別の理論（量子論など）の結果などを利用する．例えば，系のエネルギーが，運動エネルギー T とポテンシャルエネルギー V の和で書けていて，しかも，それぞれの具体的な関数形を知っていれば，

$$L = T - V \tag{4.3}$$

を $\{q_j, \dot{q}_j\}$ で表したものが，その系のラグランジアン $L(\{q_j, \dot{q}_j\})$ である．

最小作用の原理をラグランジアンで表現すると，$\{q_j, \dot{q}_j\}$ に対する微分方程式（ラグランジュの運動方程式）が導かれる．それは，内容的にはニュートンの運動方程式と同じものであるが，系統的に，見通し良く理論が展開できるのがメリットである．この運動方程式によって，任意の時刻 t における $\{q_j, \dot{q}_j\}$ の値 $\{q_j(t), \dot{q}_j(t)\}$ が，その初期値（初期条件）$\{q_j(0), \dot{q}_j(0)\}$ を与えるだけで，一意的に決定される．古典論では，基本変数の値により系の状態が決まるから，このことは，任意の時刻における系の状態が，初期状態を与えるだけで一意的に決まることを意味している．例えば，任意の物理量 A は，

$$A = A(q_1, q_2, \cdots, q_f, \dot{q}_1, \dot{q}_2, \cdots, \dot{q}_f) = A(\{q_j, \dot{q}_j\}) \tag{4.4}$$

のように基本変数の関数であるから，A の任意の時刻 t における値は，

4.1 ♠ 古典解析力学

$\{q_j(t), \dot{q}_j(t)\}$ の値から一意的に定まる．

以上のように，一般化座標と一般化速度を基本変数として古典力学を記述した形式を，**ラグランジュ形式**と呼ぶ．

4.1.2 ♠ ハミルトン形式

以上のことを，別の形式に書き換えることもできる．そのために，まず，

$$p_j \equiv \frac{\partial L(q_1, q_2, \cdots, q_f, \dot{q}_1, \dot{q}_2, \cdots, \dot{q}_f)}{\partial \dot{q}_j} \quad (j = 1, 2, \cdots, f) \tag{4.5}$$

で定義される変数 p_j を導入する．これは，q_j が粒子位置のデカルト座標であるような単純なケースでは，粒子の運動量の q_j 方向成分になるが，q_j はもっと一般的な座標でありうるので，p_j も必ずしも（普通の意味の）運動量にはならず[*2]，それゆえ「q_j に**共役** (conjugate) な**一般化運動量**」と呼ばれる．

普通の系であれば，$j = 1, 2, \cdots, f$ に対する f 本の式 (4.5) を逆に解いて，$\dot{q}_j$ を，$p_1, p_2, \cdots, p_f$ の関数として一意的に表すことができる：

$$\dot{q}_j = \dot{q}_j(q_1, q_2, \cdots, q_f, p_1, p_2, \cdots, p_f). \tag{4.6}$$

従って，系の状態を記述する基本変数を，$\{q_j, \dot{q}_j\}$ という組の代わりに $\{q_j, p_j\}$ という組（これを**正準変数** (canonical variables) と呼ぶ）に選ぶこともできる．例えば，任意の物理量 A は，(4.6) を (4.4) に代入すれば，$\{q_j, p_j\}$ の関数として表せる：

$$A = A(q_1, q_2, \cdots, q_f, p_1, p_2, \cdots, p_f) = A(\{q_j, p_j\}). \tag{4.7}$$

ここで，この式の右辺と (4.4) の右辺とでは，当然関数形が異なるが，同じ文字 A で表しておいた．物理では，このように，『たとえ同じ文字を使っていても，引数が異なれば別の関数形である』という簡易的な記法をよく使う．

系の運動を決定する関数は，L の代わりに，

$$H \equiv \sum_j p_j \dot{q}_j - L \tag{4.8}$$

[*2] この点を誤解している学生が非常に多いので，むしろ次のように言っておこう：単純な系における一部の例外を除くと，**一般化運動量は系や粒子の持つ運動量ではない**．5.8節で「量子論」という言葉について述べるように，物理では，用語の表面的な意味と実際の物理的内容が食い違ってしまった例が少なくないのである．

を，(4.6) を用いて $\{q_j, p_j\}$ の関数として表した，**ハミルトニアン** (Hamiltonian) と呼ばれる関数

$$H = H(q_1, q_2, \cdots, q_f, p_1, p_2, \cdots, p_f) = H(\{q_j, p_j\}) \tag{4.9}$$

で決められる[*3]．即ち，ハミルトニアンから，$\{q_j, p_j\}$ に対する微分方程式（ハミルトンの運動方程式）を導くことができる．これも，内容的にはニュートンの運動方程式と同じものであるが，$\{q_j\}$ と $\{p_j\}$ を対等に扱って理論が展開できるのが，ハミルトン形式のメリットである．この運動方程式によって，任意の時刻 t における $\{q_j, p_j\}$ の値 $\{q_j(t), p_j(t)\}$ が，その初期値（初期条件）$\{q_j(0), p_j(0)\}$ を与えるだけで一意的に決定される．古典論では，基本変数の値により系の状態が決まるから，このことは，任意の時刻における系の状態が，初期状態を与えるだけで一意的に決まることを意味している．例えば，任意の物理量 A の任意の時刻 t における値は，(4.7) により，$\{q_j(t), p_j(t)\}$ の値から一意的に定まる．

解析力学の本で解説されているように，実は，**ハミルトニアン H は系の全エネルギーを表している**．従って，系の全エネルギーが，正準変数の組 $\{q_j, p_j\}$ の関数として与えられれば，系の運動を決定することができるのである．このように一般化座標と一般化運動量を基本変数として古典力学を記述した形式を，**ハミルトン形式**と呼ぶ．

4.2 正準量子化

4.2.1 1 自由度系の正準量子化

着目する物理系が，古典的には，（一般化）座標 q と，それに共役な（一般化）運動量 p の組である，正準変数を基本変数として記述できるとする．すると，任意の物理量 A は，q, p の関数として

$$A = A(q, p) \tag{4.10}$$

[*3] ♠ これは，熱力学における次の事実と同じである：S, V, N の関数としてエネルギーを表した $U = U(S, V, N)$ から系の熱力学的性質は全て求まる．一方，$T = \partial U / \partial S$ を S の代わりの変数として用いると，$F \equiv U - TS$ を，T, V, N の関数として表した自由エネルギー $F = F(T, V, N)$ からも系の熱力学的性質は全て求まる．このような，U から F への変換（力学では L から H への変換）を，**ルジャンドル変換**と言う．

4.2 正準量子化

のように表せる.特に,系の全エネルギー H も,q, p の関数として

$$H = H(q, p) \tag{4.11}$$

のように表せ,それを**ハミルトニアン** (Hamiltonian) と呼ぶ.**対象とする系について,このような古典論の知識が与えられたとき,量子論を以下のように構成すれば,多くの場合にうまく実験事実を説明できる量子論になることが,経験上知られている.**

まず,q, p を,

$$[\hat{q}, \hat{p}] = i\hbar \tag{4.12}$$

なる交換関係を満たす自己共役演算子に置き換える.ただし,$\hbar$ は 1.2 節にも出てきた定数で,プランク定数を 2π で割ったものである.そして,物理量(可観測量)を表す演算子を,(4.10) の右辺の関数の中の q, p をこの演算子 $\hat{q}, \hat{p}$ で置き換えた,

$$\hat{A} \equiv A(\hat{q}, \hat{p}) \tag{4.13}$$

とする.例えばハミルトニアンは,(4.11) の右辺の関数の中の q, p を $\hat{q}, \hat{p}$ で置き換えた,

$$\hat{H} \equiv H(\hat{q}, \hat{p}) \tag{4.14}$$

とする.ただし,これらの式で,q, p を演算子に置き換える時,得られる $\hat{A}$ や $\hat{H}$ が**自己共役になるような順序に書いておいてから置き換える**.例えば,$A = qp$ の場合,そのまま単純に置き換えると $\hat{A} = \hat{q}\hat{p}$ となるが,これだと,$[\hat{q}, \hat{p}] = i\hbar$ より,$\hat{A}^\dagger = (\hat{q}\hat{p})^\dagger = \hat{p}^\dagger \hat{q}^\dagger = \hat{p}\hat{q} = \hat{q}\hat{p} - i\hbar \neq \hat{A}$ と,自己共役でなくなってしまう.そこで例えば,$A = (qp + pq)/2$ と書き直しておいてから演算子に置き換えれば,$\hat{A} = (\hat{q}\hat{p} + \hat{p}\hat{q})/2$ となり,これなら,$\hat{A}^\dagger = (\hat{p}^\dagger \hat{q}^\dagger + \hat{q}^\dagger \hat{p}^\dagger)/2 = (\hat{p}\hat{q} + \hat{q}\hat{p})/2 = \hat{A}$ となるので自己共役である.4.5 節で述べるように,この手続きには少なからぬ曖昧さがあるのだが,ともあれ,$\hat{A}$ や $\hat{H}$ の形を決定したとしよう.すると,ひとつの完全な量子論ができあがり,任意の初期状態が与えられたときに,任意の時刻での物理量の測定値の確率分布が一意的に求まることになる(4.4 節参照).

このようにして，古典論から量子論を推測する手続きを，**正準量子化** (canonical quantization) と呼び，(4.12) を**正準交換関係** (canonical commutation relation) と呼ぶ．

なお，ここでは，時間発展を状態ベクトルに担わせる「シュレディンガー描像」(2.2節，6.3節参照) を用いているので，量子化した時点で，$\hat{q}, \hat{p}$ は時間に依らなくなった．(それを不自然に感じる読者は，下の補足参照．)

例 4.1　1次元調和振動子

1次元の調和振動子 (harmonic oscillator) は，古典的には，ひとつの（一般化）座標 q と，それに共役な（一般化）運動量 p で記述される1自由度系で，そのハミルトニアンは

$$H = H(q, p) = \frac{1}{2m}p^2 + \frac{m\omega^2}{2}q^2 \tag{4.15}$$

の形の2次式になる．ω は，古典的な振動の角周波数である．これを正準量子化すると，正準交換関係は (4.12) で，ハミルトニアンは，

$$\hat{H} = H(\hat{q}, \hat{p}) = \frac{1}{2m}\hat{p}^2 + \frac{m\omega^2}{2}\hat{q}^2. \tag{4.16}$$

従って，シュレディンガー方程式は，

$$i\hbar \frac{d}{dt}|\psi(t)\rangle = \left(\frac{1}{2m}\hat{p}^2 + \frac{m\omega^2}{2}\hat{q}^2\right)|\psi(t)\rangle. \tag{4.17}$$

これを与えられた初期状態 $|\psi(0)\rangle$ について解いた解 $|\psi(t)\rangle$ を用いて，例えば，時刻 t における位置の期待値 $\langle q \rangle_t$ は，

$$\langle q \rangle_t = \langle \psi(t)|\hat{q}|\psi(t)\rangle \tag{4.18}$$

の右辺を計算すれば求まる．あるいは，ポテンシャルエネルギー V の値が時々刻々どのように変化するかを見たいときには，

$$\hat{V} = \frac{m\omega^2}{2}\hat{q}^2 \tag{4.19}$$

であるから，時刻 t における期待値 $\langle V \rangle_t$ は，

$$\langle V \rangle_t = \langle \psi(t)|\hat{V}|\psi(t)\rangle = \frac{m\omega^2}{2}\langle \psi(t)|\hat{q}^2|\psi(t)\rangle \tag{4.20}$$

を計算すれば求まる．■

4.2 正準量子化

♠ 補足：ハイゼンベルク描像での正準交換関係

物理量の方を時間発展させる「ハイゼンベルク描像」(2.2 節，6.3 節参照) で正準量子化すると，q, p は時間に依存する演算子 $\hat{q}_H(t), \hat{p}_H(t)$ になる．その場合の正準交換関係は，

$$[\hat{q}_H(t), \hat{p}_H(t)] = i\hbar \tag{4.21}$$

という，**同時刻交換関係** (equal-time commutation relation) にする．これは，(4.12) を，(6.27) と (6.33) を用いて $\hat{q}_H(t), \hat{p}_H(t)$ の交換関係に書きかえたものに他ならない．

4.2.2 ♠ 多自由度系の正準量子化

多自由度系の正準量子化も 1 自由度系の場合とほとんど同様で，以下のようになる．目立った違いは，q_j も p_j も複数個あるので，$j \neq k$ の時の $[\hat{q}_j, \hat{p}_k]$ や，$[\hat{q}_j, \hat{q}_k], [\hat{p}_j, \hat{p}_k]$ まで指定する必要があることだが，それらは単に，(4.22) のように全てゼロにする．

着目する物理系が，古典的には，(一般化) 座標 q_j と，それに共役な (一般化) 運動量 p_j ($j = 1, 2, \cdots, f$) の組である，正準変数を基本変数として記述できるとする．すると，任意の物理量 A は，q_j, p_j の関数として (4.7) のように表せる．特に，系の全エネルギー H も，q_j, p_j の関数として (4.9) のように表せ，それをハミルトニアンと呼ぶ．**対象とする系について，このような古典論の知識が与えられたとき，量子論を以下のように構成すれば，多くの場合にうまく実験事実を説明できる量子論になることが，経験上知られている．**

まず，q_j, p_j を，

$$[\hat{q}_j, \hat{p}_k] = i\hbar \delta_{j,k}, \quad [\hat{p}_j, \hat{p}_k] = [\hat{q}_j, \hat{q}_k] = 0 \tag{4.22}$$

なる**正準交換関係** (canonical commutation relation) を満たす自己共役演算子に置き換える．そして，物理量 (可観測量) を表す演算子を，(4.7) の右辺の関数の中の q_j, p_j をこの演算子 $\hat{q}_j, \hat{p}_j$ で置き換えた，

$$\hat{A} \equiv A(\hat{q}_1, \hat{q}_2, \cdots, \hat{q}_f, \hat{p}_1, \hat{p}_2, \cdots, \hat{p}_f) \tag{4.23}$$

とする．例えばハミルトニアンは，(4.9) の右辺の関数の中の q_j, p_j を $\hat{q}_j, \hat{p}_j$ で

置き換えた，

$$\hat{H} \equiv H(\hat{q}_1, \hat{q}_2, \cdots, \hat{q}_f, \hat{p}_1, \hat{p}_2, \cdots, \hat{p}_f) \tag{4.24}$$

とする．ただし，これらの式で，q_j, p_j を演算子に置き換えるとき，**得られる $\hat{A}$ や $\hat{H}$ が自己共役になるような順序に書いておいてから置き換える**．4.5 節で述べるように，この手続きには任意性が多分にあるのだが，ひとたび $\hat{A}$ や $\hat{H}$ の形を決めてしまえば，ひとつの完全な量子論ができあがり，一意的な予言ができるようになる（4.4 節参照）．

例 4.2 3 次元空間を運動する 1 個の粒子の場合，(q_1, q_2, q_3) を粒子の 3 次元デカルト座標 (x, y, z) に選べば，$(p_1, p_2, p_3) = (p_x, p_y, p_z)$ となる．これらを正準量子化すると，その正準交換関係は，

$$[\hat{x}, \hat{p}_x] = [\hat{y}, \hat{p}_y] = [\hat{z}, \hat{p}_z] = i\hbar, \quad \text{他はゼロ} \tag{4.25}$$

となる．ただし，「他はゼロ」と言うのは，$[\hat{x}, \hat{p}_y], [\hat{x}, \hat{y}], [\hat{p}_x, \hat{p}_y]$ 等の，$\hat{x}, \hat{y}, \hat{z}, \hat{p}_x, \hat{p}_y, \hat{p}_z$ の他の組み合わせの交換関係が全てゼロになる，という意味である．全ての物理量は，$\hat{x}, \hat{y}, \hat{z}, \hat{p}_x, \hat{p}_y, \hat{p}_z$ の関数として表す．例えばエネルギー，つまりハミルトニアンは，質量を m，古典論のポテンシャルエネルギーを $V(x, y, z)$ とすると，

$$\hat{H} = \frac{1}{2m}(\hat{p}_x^2 + \hat{p}_y^2 + \hat{p}_z^2) + V(\hat{x}, \hat{y}, \hat{z}) \tag{4.26}$$

となる．■

なお，この節では，時間発展を状態ベクトルに担わせる「シュレディンガー描像」（2.2 節，6.3 節参照）を用いているので，量子化した時点で，$\hat{q}_j, \hat{p}_j$ は時間に依らなくなった．物理量の方を時間発展させる「ハイゼンベルク描像」（2.2 節，6.3 節参照）で正準量子化する場合には，q_j, p_j を量子化すると時間に依存する演算子 $\hat{q}_{jH}(t), \hat{p}_{jH}(t)$ になるので，正準交換関係は，

$$[\hat{q}_{jH}(t), \hat{p}_{kH}(t)] = i\hbar\delta_{j,k}, \quad [\hat{p}_{jH}(t), \hat{p}_{kH}(t)] = [\hat{q}_{jH}(t), \hat{q}_{kH}(t)] = 0 \tag{4.27}$$

のように，**同時刻交換関係** (equal-time commutation relation) にする．これは，(4.22) を，(6.27) と (6.33) を用いて $\hat{q}_{jH}(t), \hat{p}_{jH}(t)$ の交換関係に書きかえたものに他ならない．

4.3 正準交換関係のシュレディンガー表現

 正準量子化により得られた量子論について,具体的にヒルベルト空間を構成して計算をすすめる仕方には,様々なやり方がある.そのうちで最も広く使われている,「シュレディンガー表現」というものを説明する.

4.3.1 1自由度系の場合

 1自由度系を正準量子化した場合,全ての物理量は (4.13) のように $\hat{q}, \hat{p}$ の関数である.従って,交換する物理量の完全集合は,これら2つの物理量から選べば十分である.$\hat{q}$ と $\hat{p}$ は交換しないので,どちらか一方を選ぶことになる.例えば $\hat{q}$ に選ぶことにすると,その固有ベクトル $|q\rangle$ は,

$$\hat{q}|q\rangle = q|q\rangle \tag{4.28}$$

を満たすが,その規格化条件は,固有値 q が $(-\infty, +\infty)$ の範囲の連続スペクトルなので,(3.148) に従って,

$$\langle q|q'\rangle = \delta(q - q') \tag{4.29}$$

とするのが習慣である.$\hat{q}$ は交換する物理量の完全集合を成すのだから,3.22節に述べたことから,この量子系を記述するヒルベルト空間 $\mathcal{H}$ を,$\hat{q}$ の固有ベクトル $|q\rangle$ を用いて,

$$\mathcal{H} = \left\{|\psi\rangle \,\middle|\, |\psi\rangle = \int dq\, \psi(q)|q\rangle,\ \int dq\, |\psi(q)|^2 = \text{有限}\right\} \tag{4.30}$$

に選ぶことができる[*4].明らかにこれは**無限次元のヒルベルト空間**である.

 (4.30) を見ると,ベクトル $|\psi\rangle$ が,基底 $|q\rangle$ を用いて,

$$|\psi\rangle = \int dq\, \psi(q)|q\rangle \tag{4.31}$$

のように関数 $\psi(q)$ により表示できている.つまり,もとのベクトル・内積と,

$$|\psi\rangle \leftrightarrow \psi(q), \tag{4.32}$$

[*4] ♠♠ 数学的なことが気になる読者は,4.3.3 節を参照せよ.

$$\langle\psi|\psi'\rangle = \int dq\, \psi^*(q)\psi'(q) \tag{4.33}$$

のように 1 対 1 対応している．$\mathcal{H}$ のどの元 $|\psi\rangle$ も（ノルムが定義できているのだから）ノルムが有限であるが，そのことを (4.33) を用いて $\psi(q)$ で表すと，(4.30) にあるように，「$\psi(q)$ は絶対値の自乗の積分が有限になる関数に限られる」となるのである．そのような関数を**自乗可積分**な関数と呼ぶ．

特に，$|\psi\rangle$ が状態ベクトルであるときの $\psi(q)$ は，**座標表示の波動関数**にほかならない．時間発展を状態ベクトルに担わせる「シュレディンガー描像」を採用した場合は，$|\psi\rangle$ が時々刻々変化するので，$\psi(q)$ も時々刻々変化する．そこで，どちらも引数に時刻 t を加えれば，

$$|\psi(t)\rangle = \int dq\, \psi(q,t)|q\rangle \tag{4.34}$$

となる．この $\psi(q,t)$ が，時刻 t における座標表示の波動関数である．これは，数学的には，q と t の 2 変数関数（値は複素数）で，各 t において q の自乗可積分な関数になっている．だから，「t をパラメータとする，q の自乗可積分な関数」と言ってもよい．

この表示では，演算子はどのように表されるのだろうか？ (4.31) と (4.28) を用いると，任意の $|\psi\rangle \in \mathcal{H}$ について，

$$\hat{q}|\psi\rangle = \int dq\, \psi(q)q|q\rangle \tag{4.35}$$

となるので，ベクトル $\hat{q}|\psi\rangle$ は，$q\psi(q)$ と表示される：

$$\hat{q}|\psi\rangle \leftrightarrow q\psi(q). \tag{4.36}$$

つまり，座標演算子 $\hat{q}$ の作用は，単に，ベクトルを表示した $\psi(q)$ に実数 q を掛け算することとして表現できる．このことと正準交換関係を整合させるためには，運動量演算子 $\hat{p}$ は，q がデカルト座標である場合には[*5)]，次のような微分演算子で表現すればよいことが判る：

[*5)] ♠♠ q がデカルト座標でない場合には，p.124 の脚注 10 で述べるように，工夫や注意が必要になる．

4.3 正準交換関係のシュレディンガー表現   119

$$\hat{p}|\psi\rangle \leftrightarrow \frac{\hbar}{i}\frac{\partial}{\partial q}\psi(q). \tag{4.37}$$

実際,正準交換関係 $\hat{q}\hat{p} - \hat{p}\hat{q} = i\hbar$ の左辺を $|\psi\rangle$ に演算したものを,この表現で計算してみると,

$$(\hat{q}\hat{p} - \hat{p}\hat{q})|\psi\rangle \leftrightarrow q\left(\frac{\hbar}{i}\frac{\partial}{\partial q}\psi(q)\right) - \frac{\hbar}{i}\frac{\partial}{\partial q}\left(q\psi(q)\right) = i\hbar\psi(q) \tag{4.38}$$

となり,たしかに,正準交換関係 の右辺 $i\hbar$ を $|\psi\rangle$ に演算した $i\hbar|\psi\rangle$ を表示したものが得られる.即ち,

$$[\hat{q},\hat{p}] = i\hbar \leftrightarrow \left[q, \frac{\hbar}{i}\frac{\partial}{\partial q}\right] = i\hbar. \tag{4.39}$$

残りの正準交換関係 を満たすことも簡単に示せる.このように表現された $\hat{p}$ が確かに自己共役であることを確認することは問題にしておくので,是非やってみて欲しい:

問題 4.1 (4.37) のように表現された $\hat{p}$ が確かに自己共役であることを,部分積分を用いて確認せよ.(数学的厳密さは要求しない.)

このように,ヒルベルト空間を自乗可積分な関数の全体にとり,その関数に対するかけ算と微分として正準交換関係を満たす演算子 $\hat{q}, \hat{p}$ を**表現** (representation)[*6)] することを,(正準交換関係の) **シュレディンガー表現** (Schrödinger representation) と呼び,そのときの $\psi(q)$ を**シュレディンガーの波動関数**と呼ぶ.

4.3.2　1自由度系のシュレディンガー表現による計算法

ひとたびシュレディンガー表現を採ることにしたならば,もはや $\hat{q} \leftrightarrow q$ などと書かずに,$\hat{q} = q$ などと書いてしまうのが普通である.そうすると,**結局,次のようにして計算すればよい**ことになる:

[*6)] ♠ 相互の関係が(例えば正準交換関係のように)規定されている,(具体的なヒルベルト空間の選び方に依らないという意味で)抽象的な演算子達が与えられたとき,具体的なヒルベルト空間を構成して,その上における,与えられた相互関係を満たす演算子として,これらの演算子達を表すこと.

$$\mathcal{H} = \{\,\text{値が複素数で自乗可積分な関数 } \psi(q) \text{ の全体}\,\}, \tag{4.40}$$

$$\langle \psi | \psi' \rangle = \int dq\ \psi^*(q) \psi'(q), \tag{4.41}$$

$$\text{波動関数} = \psi(q) \quad (\text{時刻 } t \text{ では } \psi(q,t)), \tag{4.42}$$

$$\hat{q} = q, \quad \hat{p} = \frac{\hbar}{i} \frac{\partial}{\partial q}, \tag{4.43}$$

$$\text{物理量}\ \hat{A} = A(\hat{q},\hat{p}) = A\left(q, \frac{\hbar}{i}\frac{\partial}{\partial q}\right), \tag{4.44}$$

$$\hat{A}|\psi\rangle = A\left(q, \frac{\hbar}{i}\frac{\partial}{\partial q}\right) \psi(q). \tag{4.45}$$

そうすると,例えば $|\psi\rangle$ が状態ベクトルのとき,最後の式の $\hat{A}|\psi\rangle$ を (4.41) の $|\psi'\rangle$ とみなせば,

$$\langle \psi | \hat{A} | \psi \rangle = \int dq\ \psi^*(q) A\left(q, \frac{\hbar}{i}\frac{\partial}{\partial q}\right) \psi(q) \tag{4.46}$$

のように,A の期待値が,波動関数 $\psi(q)$ に関する微分と積分の演算として計算できることがわかる(下の例を参照).時刻 t における期待値ならば,$\psi(q)$ を $\psi(q,t)$ に置き換えればよい.

初期状態の波動関数 $\psi(q,0)$ が与えられたときに,時刻 t における波動関数 $\psi(q,t)$ を求めるには,シュレディンガー方程式 $i\hbar \dfrac{d}{dt}|\psi(t)\rangle = \hat{H}|\psi(t)\rangle$ をシュレディンガー表現した,

$$i\hbar \frac{\partial}{\partial t} \psi(q,t) = H\left(q, \frac{\hbar}{i}\frac{\partial}{\partial q}\right) \psi(q,t) \tag{4.47}$$

を解けばよい[*7].ここで,状態ベクトル $|\psi(t)\rangle$ の座標表示の波動関数である $\psi(q,t)$ は(t だけの関数である $|\psi(t)\rangle$ とは違って)q の関数でもあるので,左辺の時間微分は偏微分になった.つまり,

$$\frac{\partial}{\partial t} \psi(q,t) = \frac{\partial}{\partial t} \langle q | \psi(t) \rangle = \langle q | \frac{d}{dt} | \psi(t) \rangle \tag{4.48}$$

である.(4.47) は,t と q に関する偏微分を含むので(下の例を参照),数学的には**偏微分方程式**と呼ばれるものの 1 種である.t に関しては 1 階の微分しか

[*7)] シュレディンガーが最初に提唱したシュレディンガー方程式は,このような「シュレディンガー表現したシュレディンガー方程式」であった.

4.3 正準交換関係のシュレディンガー表現

含まないので,$\psi(q,0)$ が与えられれば,$\psi(q,t)$ が一意的に求まる[*8)].

このように,シュレディンガー表現を用いれば,慣れ親しんだ微積分の知識で計算が遂行(すいこう)できるので,有限自由度の量子論では広く使われている.

例 4.3　1次元調和振動子のシュレディンガー表現

(4.44) を用いて (4.16) をシュレディンガー表現すると,

$$\hat{H} = -\frac{\hbar^2}{2m}\frac{\partial^2}{\partial q^2} + \frac{m\omega^2}{2}q^2. \tag{4.49}$$

従って,シュレディンガー表現したシュレディンガー方程式 (4.47) は,

$$i\hbar\frac{\partial}{\partial t}\psi(q,t) = \left(-\frac{\hbar^2}{2m}\frac{\partial^2}{\partial q^2} + \frac{m\omega^2}{2}q^2\right)\psi(q,t). \tag{4.50}$$

初期状態の波動関数 $\psi(q,0)$ が与えられたときに,この偏微分方程式を解いて時刻 t における波動関数 $\psi(q,t)$ を求めれば,系の状態の時間発展が求まる.それを用いて,例えば,運動量の時刻 t における期待値 $\langle p\rangle_t$ は,(4.46) より,

$$\langle p\rangle_t = \int dq\,\psi^*(q,t)\frac{\hbar}{i}\frac{\partial}{\partial q}\psi(q,t) = \frac{\hbar}{i}\int dq\,\psi^*(q,t)\frac{\partial}{\partial q}\psi(q,t) \tag{4.51}$$

という積分を実行すれば求まるし,あるいはポテンシャルエネルギーの時刻 t における期待値 $\langle V\rangle_t$ を求めたければ,

$$\langle V\rangle_t = \int \psi^*(q,t)\frac{m\omega^2}{2}q^2\psi(q,t)dq = \frac{m\omega^2}{2}\int q^2|\psi(q,t)|^2 dq \tag{4.52}$$

という積分を実行すれば求まる.なお,$\langle V\rangle_t$ の積分の中身は $q^2|\psi(q,t)|^2$ とまとめられたが,$\langle p\rangle_t$ の積分の中身は,微分があるせいで,$\frac{\partial}{\partial q}|\psi(q,t)|^2$ とはまとまらないことに注意すること.■

[*8)] このことは,偏微分方程式論を持ち出さなくても,$|\psi(0)\rangle$ が与えられれば $|\psi(t)\rangle$ が一意的に求まることから明らかだろう.これらと $\psi(q,0), \psi(q,t)$ が,それぞれ1対1に対応するのだから.

4.3.3 ♣♣ 数学的注意

3.16.1 節でも述べたが，(4.29) から判るように，(4.30) の右辺の中の $|q\rangle$ はノルムが発散しており，実は $\mathcal{H}$ の元ではない．こういった点が，連続固有値の場合の形式上は面倒なところだが，物理の計算では，$|q\rangle$ も $\mathcal{H}$ の元であるかのように扱っても，たいていの場合大丈夫である．

また，内積空間の定義に含まれる (3.4) を見ると，ノルムがゼロになるのは，ゼロベクトルに限る．従って，(4.30) の中でゼロベクトルは，$\int dq\,|\psi(q)|^2 = 0$ を満たす関数 $\psi(q)$ である．ところが，そのような関数は，$\psi(q) \equiv 0$（恒等的にゼロ）に限らない．例えば $q = 0$ という一点だけで $\psi(q) = 1$ で，他の点では $\psi(q) = 0$ という関数でも，そのノルム $\int dq\,|\psi(q)|^2$ は（ルベーグ積分の意味で）ゼロになるからである．そこで，このように（ルベーグ積分で定義された）ノルムがゼロになるような関数はすべて同一視して，それをひとつのゼロベクトルと見なす必要がある．同様に，2 つの関数の差がこの意味のゼロベクトルに過ぎなかったら，それらは同一視してひとつのベクトルと見なす必要がある．従って，(4.30) には，そのような同一視を行うことを付記する必要がある．そして，実際の計算では，同一視されたベクトルの中からひとつの代表を選んで計算していることになる．しかし，物理ではこのようなことはわざわざ断らずに議論するのが習慣になっているので，本書でもそうしている．

4.3.4 ♣ 多自由度系の場合

多自由度系の場合のシュレディンガー表現も，1 自由度系の場合とほとんど同様で，以下のようになる．ただし，この節では，**系に含まれる粒子たちは全て別の種類の粒子である**という**場合**について述べる．たとえば電子を 2 個含むような，同種の粒子を複数個含む場合は，4.3.6 節で述べる．

正準量子化では，全ての物理量は (4.23) のように $\{\hat{q}_j, \hat{p}_j\}$ の関数である．従って，交換する物理量の完全集合は，$\{\hat{q}_j, \hat{p}_j\}$ から選べば充分である．正準交換関係 (4.22) を考慮して互いに交換するものを選び出すと，例えば $\hat{q}_1, \hat{q}_2, \cdots, \hat{q}_f$ を交換する物理量の完全集合に選べばよいことが判る．その同時固有ベクトル $|q_1, q_2, \cdots, q_f\rangle$ は，

$$\hat{q}_j|q_1, q_2, \cdots, q_f\rangle = q_j|q_1, q_2, \cdots, q_f\rangle \quad (j = 1, 2, \cdots, f) \tag{4.53}$$

4.3 正準交換関係のシュレディンガー表現

を満たす.規格化条件は,固有値 q_j が $(-\infty, +\infty)$ の範囲の連続スペクトルなので, (3.148) に従って,

$$\langle q_1, q_2, \cdots, q_f | q_1', q_2', \cdots, q_f' \rangle = \delta(q_1 - q_1')\delta(q_2 - q_2')\cdots\delta(q_f - q_f') \quad (4.54)$$

とするのが習慣である.3.22 節に述べたことから,この量子系を記述するヒルベルト空間 $\mathcal{H}$ は,

$$\mathcal{H} = \left\{ |\psi\rangle \,\middle|\, |\psi\rangle = \int \cdots \int dq_1 dq_2 \cdots dq_f \, \psi(q_1, q_2, \cdots, q_f)|q_1, q_2, \cdots, q_f\rangle, \right.$$
$$\left. \int \cdots \int dq_1 dq_2 \cdots dq_f |\psi(q_1, q_2, \cdots, q_f)|^2 = 有限 \right\} \quad (4.55)$$

に選ぶことができる[*9].これは,明らかに無限次元のヒルベルト空間である.

(4.55) によれば,ベクトル $|\psi\rangle$ が,基底 $|q_1, q_2, \cdots, q_f\rangle$ を用いて,

$$|\psi\rangle = \int \cdots \int dq_1 dq_2 \cdots dq_f \, \psi(q_1, q_2, \cdots, q_f)|q_1, q_2, \cdots, q_f\rangle \quad (4.56)$$

のように関数 $\psi(q_1, q_2, \cdots, q_f) \in \mathbf{C}$ により表示できている.つまり,もとのベクトル・内積と,

$$|\psi\rangle \leftrightarrow \psi(q_1, q_2, \cdots, q_f), \quad (4.57)$$
$$\langle \psi | \psi' \rangle = \int \cdots \int dq_1 dq_2 \cdots dq_f \, \psi^*(q_1, q_2, \cdots, q_f) \psi'(q_1, q_2, \cdots, q_f) \quad (4.58)$$

のように対応している.$\mathcal{H}$ の元 $|\psi\rangle$ はノルムが有限なので,(4.55) にあるように,$\psi(q_1, q_2, \cdots, q_f)$ は自乗可積分な関数に限られる.

特に,$|\psi\rangle$ が状態ベクトルであるときの $\psi(q_1, q_2, \cdots, q_f)$ は,**座標表示の波動関数**にほかならない.時間発展を状態ベクトルに担わせる「シュレディンガー描像」を採用した場合は,$|\psi\rangle$ が時々刻々変化するので,$\psi(q_1, q_2, \cdots, q_f)$ も時々刻々変化する.そこで,どちらも引数に時刻 t を加えれば,

$$|\psi(t)\rangle = \int \cdots \int dq_1 dq_2 \cdots dq_f \, \psi(q_1, q_2, \cdots, q_f, t)|q_1, q_2, \cdots, q_f\rangle \quad (4.59)$$

となる.この $\psi(q_1, q_2, \cdots, q_f, t)$ が,時刻 t における座標表示の波動関数であ

[*9] ♠♠ 数学的には,4.3.3 節で述べたことと同様の注意が要る.

る．これは，数学的には，$q_1, q_2, \cdots, q_f$ と t の多変数関数（値は複素数）で，各 t において自乗可積分な関数になっている．

(4.56) と (4.53) を用いると，任意の $|\psi\rangle \in \mathcal{H}$ について，

$$\hat{q}_j|\psi\rangle = \int \cdots \int dq_1 dq_2 \cdots dq_f \, \psi(q_1, q_2, \cdots, q_f) q_j |q_1, q_2, \cdots, q_f\rangle \quad (4.60)$$

となるので，ベクトル $\hat{q}_j|\psi\rangle$ は，$q_j \psi(q_1, q_2, \cdots, q_f)$ と表示される：

$$\hat{q}_j|\psi\rangle \leftrightarrow q_j \psi(q_1, q_2, \cdots, q_f). \quad (4.61)$$

つまり，座標演算子 $\hat{q}_j$ の作用は，単に，ベクトルを表示した $\psi(q_1, q_2, \cdots, q_f)$ に実数 q_j を掛け算することとして表現できる．このことと正準交換関係を整合させるためには，運動量演算子 $\hat{p}_j$ は，q_j がデカルト座標である場合には[*10]，次のような微分演算子で表現すればよいことが判る：

$$\hat{p}_j|\psi\rangle \leftrightarrow \frac{\hbar}{i}\frac{\partial}{\partial q_j}\psi(q_1, q_2, \cdots, q_f). \quad (4.62)$$

実際，正準交換関係 のひとつ $\hat{q}_j\hat{p}_j - \hat{p}_j\hat{q}_j = i\hbar$ の左辺を $|\psi\rangle$ に演算したものを，この表現で計算してみると，

$$\begin{aligned}
&(\hat{q}_j\hat{p}_j - \hat{p}_j\hat{q}_j)|\psi\rangle \\
&\leftrightarrow q_j\left(\frac{\hbar}{i}\frac{\partial}{\partial q_j}\psi(q_1, q_2, \cdots, q_f)\right) - \frac{\hbar}{i}\frac{\partial}{\partial q_j}\Big(q_j\psi(q_1, q_2, \cdots, q_f)\Big) \\
&= i\hbar\psi(q_1, q_2, \cdots, q_f) \quad (4.63)
\end{aligned}$$

となり，たしかに，正準交換関係 の右辺 $i\hbar$ を $|\psi\rangle$ に演算した $i\hbar|\psi\rangle$ を表示したものが得られる．即ち，

$$[\hat{q}_j, \hat{p}_j] = i\hbar \leftrightarrow \left[q_j, \frac{\hbar}{i}\frac{\partial}{\partial q_j}\right] = i\hbar. \quad (4.64)$$

残りの正準交換関係 を満たすことも簡単に示せる．このシュレディンガー表現を採用したときの $\psi(q_1, q_2, \cdots, q_f)$ をシュレディンガーの波動関数と呼ぶ．

[*10] ♠♠ q_j がデカルト座標でない場合には，例えば，配位空間に適当な計量を入れて共変微分にする等の工夫が必要になる．そうでないと，例えば座標変換に対して正準交換関係が不変でなくなってしまう等の困難が生じる．4.5節の極座標の例も教訓的である．

4.3.5 ♠ 多自由度系のシュレディンガー表現による計算法

ひとたびシュレディンガー表現を採ることにしたならば，もはや $\hat{q}_j \leftrightarrow q_j$ などと書かずに，$\hat{q}_j = q_j$ などと書いてしまうのが普通である．そうすると，結局，次のようにして計算すればよいことになる（ただし，同種の粒子を複数個含む場合は 4.3.6 節）：

$$\mathcal{H} = \{\,\text{自乗可積分な関数}\ \psi(q_1,\cdots,q_f) \in \mathbf{C}\ \text{の全体}\,\}, \quad (4.65)$$

$$\langle \psi | \psi' \rangle = \int \cdots \int dq_1 \cdots dq_f\, \psi^*(q_1,\cdots,q_f) \psi'(q_1,\cdots,q_f), \quad (4.66)$$

$$\text{波動関数} = \psi(q_1,\cdots,q_f) \quad (\text{時刻}\ t\ \text{では}\ \psi(q_1,\cdots,q_f,t),), \quad (4.67)$$

$$\hat{q}_j = q_j, \quad \hat{p}_j = \frac{\hbar}{i} \frac{\partial}{\partial q_j}, \quad (4.68)$$

$$\text{物理量}\ \hat{A} = A\left(q_1,\cdots,q_f, \frac{\hbar}{i}\frac{\partial}{\partial q_1},\cdots,\frac{\hbar}{i}\frac{\partial}{\partial q_f} \right), \quad (4.69)$$

$$\hat{A}|\psi\rangle = A\left(q_1,\cdots,q_f, \frac{\hbar}{i}\frac{\partial}{\partial q_1},\cdots,\frac{\hbar}{i}\frac{\partial}{\partial q_f} \right) \psi(q_1,\cdots,q_f). \quad (4.70)$$

そうすると，例えば $|\psi\rangle$ が状態ベクトルのとき，

$$\begin{aligned}
\langle \psi | \hat{A} | \psi \rangle = &\int \cdots \int dq_1 \cdots dq_f\, \psi^*(q_1,\cdots,q_f) \\
&\times A\left(q_1,\cdots,q_f, \frac{\hbar}{i}\frac{\partial}{\partial q_1},\cdots,\frac{\hbar}{i}\frac{\partial}{\partial q_f} \right) \psi(q_1,\cdots,q_f),
\end{aligned} \quad (4.71)$$

のように，A の期待値が，波動関数に関する微分と積分の演算として計算できることがわかる．

初期状態の波動関数が与えられたときに，時刻 t における波動関数を求めるには，シュレディンガー方程式

$$i\hbar \frac{\partial}{\partial t} \psi(q_1,\cdots,q_f) = H\left(q_1,\cdots,q_f, \frac{\hbar}{i}\frac{\partial}{\partial q_1},\cdots,\frac{\hbar}{i}\frac{\partial}{\partial q_f} \right) \psi(q_1,\cdots,q_f) \quad (4.72)$$

を解けばよい．これは，数学的には偏微分方程式と呼ばれるものの 1 種である．t に関しては 1 階微分だけであるので，$\psi(q_1,\cdots,q_f,0)$ が与えられれば，$\psi(q_1,\cdots,q_f,t)$ が一意的に求まる．

このように，シュレディンガー表現を用いれば，微積分の知識で計算が遂行

例 4.4 p.116 の例 4.2 の場合, (4.26) のハミルトニアンをシュレディンガー表現すると,

$$\hat{H} = -\frac{\hbar^2}{2m}\left(\frac{\partial^2}{\partial x^2} + \frac{\partial^2}{\partial y^2} + \frac{\partial^2}{\partial z^2}\right) + V(x,y,z). \tag{4.73}$$

■

4.3.6 ♣ 同種の粒子を複数個含む系の場合

　同種の粒子を複数個含む系の場合は, 続編「量子論の発展 (仮題)」で詳しく述べるが, 簡単な説明をしておく.

　量子論では, 同種の粒子は全く区別が付かない. そのために, 同種の粒子を複数個含む系の状態ベクトルや物理量は, 一定の対称性を持つものに限られる. その対称性は, 基本変数を粒子の座標と運動量にとった量子論では, やや不自然にも見える形で現れる. 例えば, 状態ベクトルは, その座標表示である波動関数 $\psi(q_1,\cdots,q_f)$ が, 同種粒子の間の座標の入れ換え[*11)]に対して ± 1 倍になるものに制限される. 即ち, その粒子が**ボソン** (boson) と呼ばれる種類なら対称 (値が変わらない) な, **フェルミオン** (fermion) と呼ばれる種類なら反対称 (値が -1 倍になる) なものだけに制限される. (4.55) の $\mathcal{H}$ には, このような対称性を持たないベクトルも含んでいるので, 無駄に大きいものになってしまっている. そこで, 普通は, このような対称性を持つベクトルだけからなる部分空間をヒルベルト空間に採用する.

　このような制限は, 不自然なことにも見えるかもしれないが, それは, 基本変数を粒子の座標と運動量にとったために生じた見かけのものである. 即ち, 個々の粒子に別々の座標を割り当てるのは粒子が区別できることが大前提なのに, 区別が付かない粒子にそれをやってしまったからである. この不自然さを解消するのは簡単で, 第 7 章のように基本変数を「場」とその共役運動量にとればよい. そうすれば, 同種粒子の区別が付かないことも, 状態ベクトルや物理量の対称性も, すべて自動的に理論に組み込まれ, すっきりしたものになる.

[*11)] 例えば q_1, q_2, q_3 が 1 個目の電子の, q_4, q_5, q_6 が 2 個目の電子の 3 次元座標だとすると, q_1, q_2, q_3 と q_4, q_5, q_6 を互いに入れ換えること.

4.4 フォン・ノイマンの一意性定理

さて,シュレディンガー表現という便利な表現があることが判ったわけだが,これ以外にも $\hat{q}_j, \hat{p}_j$ の表現の仕方は無数にある.そこで次の疑問がわく:異なる表現を使って計算した結果は全て一致するのだろうか? 幸い,有限自由度系では,(特殊な状況を考えない限り)答えは yes である.先を急ぐ読者は,これを承認して次節に飛んでよい.

答えが yes であることを保証するのは,次の定理である:

定理 4.1 有限自由度系の正準交換関係の既約表現は,すべて,シュレディンガー表現とユニタリー同値である.(**フォン・ノイマン** (von Neumann) **の一意性定理**を,かみ砕いて述べたもの.)

これは,こういうことである(簡単のため,1自由度系の場合を説明する):ひとつのヒルベルト空間 $\mathcal{H} = \{|\psi\rangle\}$ を作って,その上の自己共役演算子 $\hat{q}, \hat{p}$ で正準交換関係 $[\hat{q}, \hat{p}] = i\hbar$ を満たす組がひとつ構成できたとする.そして,$\hat{q}, \hat{p}$ から作られる多項式のいずれとも可換な演算子は,恒等演算子の定数倍しかないようになっていたとする[*12].このとき,「正準交換関係 $[\hat{q}, \hat{p}] = i\hbar$ が $\mathcal{H} = \{|\psi\rangle\}$ とその上の演算子 $\hat{q}, \hat{p}$ で**既約表現** (irreducible representation) できた」と言う.また別の(同じでもよい)ヒルベルト空間 $\mathcal{H}' = \{|\psi'\rangle\}$ を作って,その上の自己共役演算子 $\hat{q}', \hat{p}'$ で $[\hat{q}', \hat{p}'] = i\hbar$ を満たす組がひとつ構成でき,これも既約表現だとする.そのとき,この定理が主張するのは,$\mathcal{H}$ の各ベクトルに $\mathcal{H}'$ のベクトルを1対1対応させる**ユニタリー変換** (unitary transformation)[*13]で,

$$\hat{q}' = \hat{U}\hat{q}\hat{U}^\dagger, \quad \hat{p}' = \hat{U}\hat{p}\hat{U}^\dagger \tag{4.74}$$

となるものが存在する,ということである.このとき「この2つの表現は**ユニタリー同値** (unitarily equivalent) である」と言う.これにより,$|\psi\rangle \in \mathcal{H}$ におけ

[*12] これは,「$\mathcal{H}$ が必要最小限の大きさである」ということを,数学的に述べたものである.
[*13] 3.24.3 節で述べたように,ノルムを変えない線形かつ1対1対応の,ベクトル空間から(別の,または同じ)ベクトル空間への写像のこと.1対1対応だから逆写像 $\hat{U}^{-1}$ を持ち,ノルムを変えないことから (6.2.1 節で「時間発展演算子」についてやってみせるように) $\hat{U}^{-1} = \hat{U}^\dagger$ である.

る $\hat{q}, \hat{p}$ の任意の関数 $f(\hat{q}, \hat{p})$ の期待値が，$\hat{U}|\psi\rangle = |\psi'\rangle \in \mathcal{H}'$ における $f(\hat{q}', \hat{p}')$ の期待値と等しくなる．例えば $f(\hat{q}, \hat{p}) = \hat{q}\hat{p}\hat{q}$ の時，$\hat{U}^{-1} = \hat{U}^\dagger$ を用いて，

$$\begin{aligned}\langle\psi'|\hat{q}'\hat{p}'\hat{q}'|\psi'\rangle &= \langle\psi|\hat{U}^\dagger \hat{q}'\hat{p}'\hat{q}'\hat{U}|\psi\rangle \\ &= \langle\psi|\hat{U}^\dagger \hat{U}\hat{q}\hat{U}^\dagger \hat{U}\hat{p}\hat{U}^\dagger \hat{U}\hat{q}\hat{U}^\dagger \hat{U}|\psi\rangle \\ &= \langle\psi|\hat{q}\hat{p}\hat{q}|\psi\rangle. \end{aligned} \quad (4.75)$$

このことから，**有限自由度系であれば，どの表現をとっても量子論の予言は同じになることが保証される**．従って，どれかひとつの表現——例えばシュレディンガー表現——をとって計算すれば十分である．

♠♠ 補足：ワイル型の正準交換関係

上記の定理が成り立つのは，厳密には，「正準交換関係」の部分を，**ワイル (Weyl) 型の正準交換関係**という，指数関数の肩に演算子を載せたものに置き換えた場合である．これは，演算子の定義域などの面倒な問題を避けるのが目的で，実際，こうしておかないと，特殊なケースでは例外が生ずる．

4.5 ♠♠ 正準量子化の曖昧さ

4.2.1 節の，$A = qp$ を自己共役演算子にする例から想像が付いた読者もいるだろうが，正準量子化によって量子論を構成する仕方には，実は大きな任意性があり，**正準量子化によって量子論を一意的に定めることは一般にはできない**．この事実を認識していないと混乱するので，少し詳しく説明しよう．

例えば，物理量に $2q^2p^2$ という項があったとする．このまま $2\hat{q}^2\hat{p}^2$ に置き換えては自己共役にならないが，例えば，$\hat{q}\hat{p}^2\hat{q} + \hat{p}\hat{q}^2\hat{p}$ にすれば自己共役になる．しかし，$\hat{q}\hat{p}\hat{q}\hat{p} + \hat{p}\hat{q}\hat{p}\hat{q}$ としても自己共役になり，両者は異なる：

$$\hat{q}\hat{p}^2\hat{q} + \hat{p}\hat{q}^2\hat{p} - (\hat{q}\hat{p}\hat{q}\hat{p} + \hat{p}\hat{q}\hat{p}\hat{q}) = -(\hat{q}\hat{p} - \hat{p}\hat{q})^2 = \hbar^2. \quad (4.76)$$

だから，自己共役の要請だけでは，古典論の物理量から量子論の物理量を一意的に定めることは，一般にはできない．

あるいは，物理量に $2q^4p^2$ という項があったとすると，上の例の左右に $\hat{q}$ をかけてみれば同じ計算になり，$\hat{q}(\hat{q}\hat{p}^2\hat{q} + \hat{p}\hat{q}^2\hat{p})\hat{q}$ としても $\hat{q}(\hat{q}\hat{p}\hat{q}\hat{p} + \hat{p}\hat{q}\hat{p}\hat{q})\hat{q}$ と

4.5 ♠♠ 正準量子化の曖昧さ

しても自己共役になるが,両者は異なる:

$$\hat{q}(\hat{q}\hat{p}^2\hat{q} + \hat{p}\hat{q}^2\hat{p})\hat{q} - \hat{q}(\hat{q}\hat{p}\hat{q}\hat{p} + \hat{p}\hat{q}\hat{p}\hat{q})\hat{q} = -\hat{q}(\hat{q}\hat{p} - \hat{p}\hat{q})^2\hat{q} = \hbar^2\hat{q}^2. \quad (4.77)$$

これは単なる定数ではないので,上の例よりも深刻な差である.

　上の2つの例は,古典物理量に存在する項のかけ算の順番を変えたら違う結果になってしまう,という例だが,古典物理量に存在しないような項だって任意に加えられる.実際,物理量に,交換しない物理量の交換関係(あるいは,その冪乗)に比例する項を加えても,古典論では交換子がゼロなので変わらないが,量子論では,交換子がゼロでないので変わってしまう.例えば,古典ハミルトニアン (4.15) に, $iKq^2(pq-qp)q^2$ というゼロの項でも加えておけば,量子ハミルトニアン (4.16) には, $\hbar K\hat{q}^4$ という4次のポテンシャル項が現れる.このように,ひとつの**古典ハミルトニアンから,いくらでも多くの種類の量子ハミルトニアンが得られてしまう**.ハミルトニアンの対称性[*14)]だって変わりうる.

　また,古典論の範囲では,**正準変換**[*15)]をして変数を取り換えても同じ理論になるが,それを正準量子化すると,一般には,もとの変数で正準量子化した量子論とは別の理論になってしまう.つまり,**古典論の正準変換に対して,量子論は,一般には不変でない**(下の補足も参照).よく挙げられる例を書いておくと,古典論では,デカルト座標 (x,y,z) (と,それに共役な運動量 (p_x,p_y,p_z)) から極座標 (r,θ,ϕ) (と,それに共役な運動量 (p_r,p_θ,p_ϕ)) への変数変換は正準変換であり,どちらで書いてもまったく同じ運動が予言できる.ところが量子論では,極座標でうっかり『$\hat{r},\hat{p}_r$ を $[\hat{r},\hat{p}_r] = i\hbar$ を満たす自己共役演算子とする』などとしてしまうと,奇妙なことになる.もしもそのような演算子 $\hat{r},\hat{p}_r$ を構成できたとすると,フォン・ノイマンの一意性定理により,この交換関係を満たす自己共役演算子の既約表現はシュレディンガー表現と同値だから,$\hat{r}$ の固有値スペクトルは,普通の $[\hat{q},\hat{p}] = i\hbar$ を満たす演算子 $\hat{q}$ のスペクトルと一致し,$(-\infty,+\infty)$ ということになる[*16)].一方,デカルト座標で正準量子化し

[*14)] 例えば,$q \to -q$ としても H が変わらない,等の性質.

[*15)] ♠ 正準変数 $\{q_j, p_j\}$ の間で変数の組み換え(変数変換)を行って別の正準変数 $\{Q_j, P_j\}$ を作り,それで古典論を書き直すこと.例えば,$Q_j = -p_j, P_j = q_j$ などと座標と運動量を入れ換えてしまうのも正準変換である.詳しくは解析力学の本を参照せよ.

[*16)] ♠♠ 言い換えると:もしも,r が $[0,+\infty)$ なる値域を持つ座標であることを考慮に入れ

てから，$\hat{r}$ に対応するはずの演算子 $\sqrt{\hat{x}^2+\hat{y}^2+\hat{z}^2}$ のスペクトルを調べると，スペクトル分解による演算子の関数の定義から，明らかに $[0,+\infty)$ である．つまり，どちらの正準変数で量子化するかで結果が異なる．$\hat{r}$ の固有値が負にもなりうるようでは，変数 r を原点からの距離と解釈することが不可能になるので，いくら量子論では古典論とは物理量のとり得る値が変わりうるとは言っても（普通は）困る．等々の理由により，普通はデカルト座標で正準量子化する方を採用する．

このように，正準量子化は，古典論から量子論を推測しているだけなので，量子論を完全に一意的に決定する能力はない．不定な部分は，別の考察— 経験，様々な対称性（相対論的不変性とかゲージ対称性など），もっとミクロな基本変数を用いた量子論，実験との比較などなど— から決める[*17]．本来，量子論の方が広い理論であり，古典論は，その適当な極限形であると見なせるのだから，その反対向きに古典論から量子論を推測しようとする正準量子化で量子論が一意的に定まらないのは，当然のことである．それでも，正準量子化は広く使われている．それは，次のような利点があるからである：

- 量子論を作るのに，何も手がかりがないより，はるかによい．
- 古典論から量子論の性質（保存量など）を，ある程度推測できる．
- ヒルベルト空間の構造が，（少なくとも有限自由度系では）はっきりしている．

♠♠ 補足：正準変換はユニタリー変換で書けるか？

ある正準変換 $\hat{q},\hat{p} \to \hat{Q},\hat{P}$ で，たまたま量子論が同じ理論にとどまる場合には，その正準変換は，正準変数に対するユニタリー変換で書ける．つまり，あるユニタリー演算子（6.2節参照）$\hat{U}$ が存在し，

$$\hat{Q} = \hat{U}\hat{q}\hat{U}^\dagger, \quad \hat{P} = \hat{U}\hat{p}\hat{U}^\dagger. \tag{4.78}$$

これは，$\hat{q},\hat{p}$ を正準変数に採った理論と，$\hat{Q},\hat{P}$ を正準変数に採った理論とが，

た上で，正準交換関係を満たす自己共役な $\hat{p}_r$ を作ろうと試みたならば，途中で頓挫する．

[*17] ♠ ある物理系を記述する理論を決定するのに，一般にはこのような考察が必要になるのは，量子論に限ったことではなく，古典論でも同じである．もちろん，その系の基本変数の選び方とラグランジアンなどの具体形までも公理に加えてしまえば別だが．

ユニタリー同値であることを示しているので，量子論の予言はどちらを用いても変わらない．しかし，逆に，**任意の正準変換がユニタリー変換として表せるかと言うとそれは否であり**，一般には，正準変換は量子論の予言を変えてしまう．上の極座標への変換がその一例である．この点について記述が混乱している本も少なくないので，注意して欲しい．

4.6 行列表示

4.3節で，シュレディンガー表現，つまり座標表示について『微積分の知識で計算が遂行できるので広く使われている』と述べた．しかし，例えば計算機で数値計算する場合などは，微積分は必ずしも扱いやすいものではない．また，シュレディンガー表現は，正準量子化で得られる無限次元のヒルベルト空間で記述される量子論に有効な座標表示なので，有限次元のヒルベルト空間で記述できる量子系には適さない．このような場合に便利な表示のひとつとして，「行列表示」というものがある．本章の主題である正準量子化とは直接は関係しないが，これも本節で説明しておく．

4.6.1 行列表示の基本

ヒルベルト空間 $\mathcal{H}$（無限次元でも有限次元でもよい）の適当な正規直交完全系 $\{|a,b,c,\cdots\rangle\}$ をひとつ選ぶ．ラベル $a,b,c,\cdots$ は離散的だとする．$a,b,c,\cdots$ が取り得る値の組み合わせを列挙して，それを好きな順序に一列に並べる．その順序に番号 $n = 1, 2, \cdots$ を，各組に割り振る．そうすれば，$a,b,c,\cdots$ の各組と n が1対1に対応する．例えば，$a,b,c,\cdots$ のいずれも0または1を取り得るとすると，

$$n = 1 + a + 2b + 2^2 c + \cdots \tag{4.79}$$

のようにすれば，$(a,b,c,\cdots) = (0,0,0,\cdots), (1,0,0,\cdots), (0,1,0,\cdots), \cdots$ が，$n = 1, 2, 3, \cdots$ に1対1に対応する．このような対応を用いて，$|a,b,c,\cdots\rangle$ も単に $|n\rangle$ と書くことができる．$\{|n\rangle\}$ は正規直交完全系であったから，任意のベクトルを展開できる：

$$|\psi\rangle = \sum_n \psi(n)|n\rangle. \tag{4.80}$$

任意の演算子 $\hat{V}$ も，(3.107) のように $\{|n\rangle\}$ で展開できる：

$$\hat{V} = \sum_{n,m} |n\rangle\langle n|\hat{V}|m\rangle\langle m| = \sum_{n,m} |n\rangle V_{nm}\langle m|. \tag{4.81}$$

ただし，

$$V_{nm} \equiv \langle n|\hat{V}|m\rangle \tag{4.82}$$

とおいた．$\hat{V}$ を $|\psi\rangle$ に演算した結果できるベクトルを $|\psi'\rangle$ とおくと，それも $\{|n\rangle\}$ で展開できる：

$$\hat{V}|\psi\rangle \equiv |\psi'\rangle = \sum_n \psi'(n)|n\rangle. \tag{4.83}$$

ところで，$\hat{V}|\psi\rangle$ に，(4.80), (4.81) を代入すると

$$\hat{V}|\psi\rangle = \sum_{n,m} |n\rangle V_{nm}\psi(m). \tag{4.84}$$

これと (4.83) を比べると，

$$\psi'(n) = \sum_m V_{nm}\psi(m). \tag{4.85}$$

右辺は，ちょうど行列とベクトルのかけ算と同じ形なので，次のように解釈できる：「縦ベクトル ($\psi(m)$) に行列 (V_{nm}) をかけてできた縦ベクトルが ($\psi'(n)$) である[18]」．そこで，V_{nm} を演算子 $\hat{V}$ の**行列要素** (matrix element) と呼ぶ．

このように，ひとつ正規直交完全系を固定しておけば，$\mathcal{H}$ のベクトルは複素数を成分とする縦ベクトルに，演算子は複素数を成分とする行列に対応づけられ，演算子をかけることは，行列のかけ算をすることに対応づく：

$$|\psi\rangle \longleftrightarrow (\psi(n)), \tag{4.86}$$

$$\hat{V} \longleftrightarrow (V_{nm}), \tag{4.87}$$

$$\hat{V}|\psi\rangle \longleftrightarrow (V_{nm})(\psi(m)). \tag{4.88}$$

---

[18] 付録 B に習って，$\psi(m)$ を要素とする縦ベクトルを $(\psi(m))$，V_{nm} を要素とする行列を (V_{nm}) と記した．

4.6 行列表示

例えば，恒等演算子 $\hat{1}$ に対応する行列は単位行列である：

$$\hat{1} \longleftrightarrow (\delta_{n,m}). \tag{4.89}$$

また，(4.88) を 2 度用いれば，2 つの演算子 $\hat{V}, \hat{V}'$ をかけた結果も，

$$\hat{V}'\hat{V} \longleftrightarrow (V'_{nm})(V_{ml}) \tag{4.90}$$

のように，行列の積に対応することがわかる．そして，量子論にとって最も重要な内積は，どちらで計算しても値が等しい：

$$\langle \psi | \psi' \rangle = (\psi(n))^\dagger (\psi'(n)) = \sum_n \psi^*(n) \psi'(n). \tag{4.91}$$

従って，全ての計算を行列とベクトルのかけ算として遂行できる．これを**行列表示** (matrix representation) と言う．

ひとたび行列表示を採ると決めたら，もはや上の式の $\longleftrightarrow$ は $=$ と思って計算してよい．繰り返しになるが，量子論の予言は測定値の確率分布だけに意味があるから，**確率分布さえ同じになれば，どのようなヒルベルト空間を使おうとも，どのような表示を使おうとも構わない**．

行列表示は，特に，量子論の問題を数値計算するときに重宝する．行列の計算は計算機の最も得意とするところだからである．ただし，ヒルベルト空間が無限次元であれば，行列も無限次元になってしまうので，数値計算するときには，工夫して有限次元に落として近似計算することになる．

4.6.2 さまざまな行列表示

ここまでは番号 n を $1, 2, \cdots$ としたが，考えてみれば，n は**重複さえなければ何でもよい**ので，たとえば，p.181 の問題 5.8 のように $n = 0, 1, 2, \cdots$ でもいいし，$n = 0, -1, -2, \cdots$ とか $n = 1, 1/2, 1/3, \cdots$ でもよい．さらに，いちいち 1 次元的なラベルに読みかえなくても，以上の式で $n \to a, b, c, \cdots$，$\sum_n \to \sum_{a,b,c,\cdots}$ 等と置き換えれば，まったく同様な対応が付くので，それも行列表示と言い，

$$V_{abc\cdots, a'b'c'\cdots} \equiv \langle a, b, c, \cdots | \hat{V} | a', b', c', \cdots \rangle \tag{4.92}$$

を演算子 $\hat{V}$ の**行列要素** (matrix element) と呼ぶ．また，ラベル $a, b, c, \cdots$ が

連続的な場合でも「行列表示」と言う場合もある．

また，(4.80) の $|\psi\rangle$ が状態ベクトルであれば，$\psi(n)$ は波動関数であるから，今までに様々な所に登場した波動関数を用いた記述も行列表示である，とも言える．

また，$\mathbf{C}^N$ を $\mathcal{H}$ に選んだ記述は，その元が縦ベクトルで，演算子が行列だったから，何か他の N 次元ヒルベルト空間を用いた記述を行列表示したものと見なすこともできる[*19]．例えば $\mathbf{C}^2$ は，p.33 例 3.2 の $\mathcal{H}$ を行列表示したものと見なすこともできる．実際，例 3.2 のすぐ下で述べたように，両者のベクトルは 1 対 1 に対応し，内積の値も一致していた．

(4.82) などから明らかなように，ベクトルや演算子を行列表示して得られる縦ベクトルや行列の要素は，基底を代えれば変わる．特に，用いた基底 $\{|n\rangle\}$ が $\hat{V}$ の固有ベクトルであったならば，$\hat{V}$ の固有値を v_n として

$$V_{nm} = \langle n|\hat{V}|m\rangle = v_m\langle n|m\rangle = v_n\delta_{n,m} \tag{4.93}$$

と，(V_{nm}) は固有値を対角要素とする対角行列になる．その一方，$\{|n\rangle\}$ が固有ベクトルでないような演算子の行列表示は，必ず非対角要素を持つ．そこで，これを「$\hat{V}$ を**対角化する表示**」と言う．

例えば，2 次元のヒルベルト空間 $\mathbf{C}^2$ の上の演算子であるパウリ行列 (3.26) は，もともと行列で表されているが，$\hat{\sigma}_z$ が対角行列になっているので，これは $\hat{\sigma}_z$ を対角化する表示である．他の表示については，次の問題を解け：

問題 4.2 $\hat{\sigma}_x, \hat{\sigma}_y, \hat{\sigma}_z$ を，$\hat{\sigma}_y$ を対角化する表示で行列表示せよ．

この例で，$\hat{\sigma}_x, \hat{\sigma}_y, \hat{\sigma}_z$ のどれを対角化する表示を選ぶかは，同じヒルベルト空間内のどの正規直交完全系を使って行列表示するかを選んでいるだけである．どれを選ぶかで量子論の予言が変わらないのは前節の議論から明らかではあるが，直接そのことを（一般的に）見たければ，次のようにすればよい：$\{|n\rangle\}, \{|\nu\rangle\}$ を，$\mathcal{H}$ の 2 つの正規直交完全系とする．例えば，状態 $|\psi\rangle$ における $\hat{V}$ の期待

[*19] ♠ これを言い換えると，『有限次元 N の任意のヒルベルト空間を行列表示すると $\mathbf{C}^N$ が得られる』ということである．数学ではこれを，『有限次元 N の任意のヒルベルト空間は $\mathbf{C}^N$ と同型である』と言う．ここで，2 つのヒルベルト空間 $\mathcal{H}, \mathcal{H}'$ が**同型** (isomorphic) とは，$\mathcal{H}$ から $\mathcal{H}'$ へのユニタリー変換が存在することを言う．

値は，$\langle\psi|\hat{V}|\psi\rangle = \langle\psi|\hat{1}\hat{V}\hat{1}|\psi\rangle$ と変形してから $\hat{1} = \sum_n |n\rangle\langle n| = \sum_\nu |\nu\rangle\langle\nu|$ を代入すれば，

$$\langle\psi|\hat{V}|\psi\rangle = \sum_{n,n'}\langle\psi|n\rangle\langle n|\hat{V}|n'\rangle\langle n'|\psi\rangle = \sum_{\nu,\nu'}\langle\psi|\nu\rangle\langle\nu|\hat{V}|\nu'\rangle\langle\nu'|\psi\rangle. \quad (4.94)$$

これは，$\{|n\rangle\}$ で行列表示した $(V_{nn'}), (\psi(n))$ を用いるのと，$\{|\nu\rangle\}$ で行列表示した $(V_{\nu\nu'}), (\psi(\nu))$ を用いるのとで，同じ期待値が得られることを示している．なお，次の問題のような見方も教育的である：

問題 4.3 p.57 の問題 3.5 に現れた，$\{|n\rangle\}$ と $\{|\nu\rangle\}$ を結ぶ係数 $u_{\nu n} \equiv \langle\nu|n\rangle$ を用いて，$(V_{\nu\nu'}), (\psi(\nu))$ を $(V_{nn'}), (\psi(n))$ で表せ．それを用いて，行列 $(u_{\nu n})$ がユニタリー行列（付録 B）であることが，(4.94) の 2 番目の等式を成立させていることを示せ．

4.7 ♠ 無限次元ヒルベルト空間の注意

第 3 章では有限自由度の量子論の一般論を述べたが，それは，ヒルベルト空間の次元とは無関係に成り立つ一般論であった．しかし，ヒルベルト空間の具体例としては，第 3 章では $\mathbf{C}^N$ を用いることが多かった．$\mathbf{C}^N$ は，有限次元（= N）のヒルベルト空間なので，連続スペクトルが一切あらわれないような量子系を記述するヒルベルト空間である．一方本章では，有限自由度の古典系を正準量子化した結果，無限次元のヒルベルト空間で記述される量子論を得た．もちろん，どちらも自由度は有限なので第 3 章の一般論の枠内にあるのだが，実際の計算に際しては，有限次元ヒルベルト空間では成り立った計算が無限次元ヒルベルト空間では成り立たない，という部分が出てくる．この節では，これについて重要な点を 2 つ注意しておく．ただし，これらを気にするあまり，萎縮して計算できなくなっては困る．数学者でなければ，**とりあえず気にせずに計算して，計算が一段落してから検算を兼ねてチェックするぐらいが適当**だと思う[*20]．

[*20] 実は，この点のチェックをすると破綻するような（論理的には誤りと言わざるを得ない）論理展開をしている専門書や論文も少なくない．物理では，新発見を目指して前進することの方を優先するから，その方が効率的なのであろう．しかし，おかしな結果に悩んだときは，この本の，本節やあちこちに書いた注意点をチェックしてみるを勧める．

4.7.1 ♠ 対角和

ひとつめの注意は,「対角和」というものに関することである．ヒルベルト空間 $\mathcal{H}$ の，任意の一組の正規直交基底を $|0\rangle, |1\rangle, |2\rangle, \cdots \equiv \{|n\rangle\}$ とする．任意の演算子 $\hat{A}$ について，次式で定義される（複素）数を $\hat{A}$ の**対角和** (trace) と言う：

$$\mathrm{Tr}[\hat{A}] \equiv \sum_n \langle n|\hat{A}|n\rangle \tag{4.95}$$

これはちょうど，$\hat{A}$ を $\{|n\rangle\}$ を用いて行列表示した行列 (A_{nm})（ただし $A_{nm} = \langle n|\hat{A}|m\rangle$）の，行列としての対角和（対角要素の和）

$$\mathrm{Tr}[(A_{nm})] \equiv \sum_n A_{nn} \tag{4.96}$$

に等しいので，この名が付いた．対角和の値は，基底の選び方に依らず，$\hat{A}$ だけで決まる（以下の問題参照）ので，好きな正規直交基底を用いて計算すればよい．

さて，2つの演算子 $\hat{A}, \hat{B}$ の積の対角和を考えてみよう．$\mathcal{H}$ が有限次元であるときは，対角和に現れる $\sum_n$ は有限項の和であるから，素朴な四則演算の規則が無条件に適用できて，

$$\begin{aligned}\mathrm{Tr}[\hat{A}\hat{B}] &= \sum_n \sum_m A_{nm} B_{mn} = \sum_n \sum_m B_{mn} A_{nm} = \sum_m \sum_n B_{nm} A_{mn} \\ &= \sum_n \sum_m B_{nm} A_{mn} = \mathrm{Tr}[\hat{B}\hat{A}].\end{aligned} \tag{4.97}$$

つまり,

$$\mathrm{Tr}[\hat{A}\hat{B}] = \mathrm{Tr}[\hat{B}\hat{A}]. \tag{4.98}$$

さらに，3つ以上の演算子の積 $\hat{A}_1 \hat{A}_2 \hat{A}_3 \cdots \hat{A}_N$ の対角和についても，$\hat{A} = \hat{A}_1$, $\hat{B} = \hat{A}_2 \hat{A}_3 \cdots \hat{A}_N$ などとおいて上式に代入すれば,

$$\mathrm{Tr}[\hat{A}_1 \hat{A}_2 \hat{A}_3 \cdots \hat{A}_N] = \mathrm{Tr}[\hat{A}_2 \hat{A}_3 \cdots \hat{A}_N \hat{A}_1] = \mathrm{Tr}[\hat{A}_3 \cdots \hat{A}_N \hat{A}_1 \hat{A}_2] \tag{4.99}$$

のように，Tr の中では先頭の演算子を最後尾に（あるいは，最後尾の演算子を先頭に）持ってきてもよい，といういわゆる**巡回不変性**が導かれる．これはとても有用な公式なのだが，**無限次元のときには必ずしも成立しない**．なぜなら，

4.7 ♠ 無限次元ヒルベルト空間の注意

(4.97) の 2 行目に移るところで和の順序を変えているが*21)，$\mathcal{H}$ が無限次元であるときは各々の和は無限個の項の和だから，収束が良い場合しか和の順序の交換は許されないからである*22)．

たとえば，正準交換関係 (4.12) の対角和をとってみよう．もしも有限次元の時と同様の計算が無限次元でも全て成立するのであれば，左辺の対角和は，

$$\mathrm{Tr}[[\hat{q}, \hat{p}]] = \mathrm{Tr}[\hat{q}\hat{p} - \hat{p}\hat{q}] = \mathrm{Tr}[\hat{q}\hat{p}] - \mathrm{Tr}[\hat{p}\hat{q}] = 0. \quad \text{(誤)} \quad (4.100)$$

となる．一方，右辺の対角和は，$\mathrm{Tr}[i\hbar] = i\hbar \mathrm{Tr}[1] = i\hbar \times \dim \mathcal{H}$ とゼロにならないので矛盾してしまう．この矛盾の原因は，$\mathrm{Tr}[\hat{q}\hat{p}]$ を定義する和 $\sum_n \langle n|\hat{q}\hat{p}|n\rangle$ が実際には収束しないのに，収束が良いときだけ成り立つ，$\mathrm{Tr}[\hat{A}\hat{B}] = \mathrm{Tr}[\hat{B}\hat{A}]$ と $\mathrm{Tr}[\hat{A}\hat{B} - \hat{B}\hat{A}] = \mathrm{Tr}[\hat{A}\hat{B}] - \mathrm{Tr}[\hat{B}\hat{A}]$ を適用したために生じたものである．

なお，以上のことから，正準交換関係は有限次元のヒルベルト空間では $(0 = i\hbar \times \dim \mathcal{H} \neq 0$ のように矛盾してしまうので）あり得ないこともわかる．つまり，**正準交換関係（のように交換関係が定数になること）は，無限次元のヒルベルト空間においてのみ有り得る***23)．実際，正準交換関係を表現するヒルベルト空間は，4.3 節で見たように無限次元になった．また，2 次元のヒルベルト空間の上の演算子であるパウリ行列の交換関係は定数にはなりえないわけで，実際，(3.194) の右辺は演算子になった．

問題 4.4 対角和の値は，正規直交基底の選び方に依らず，$\hat{A}$ だけで決まることを示せ．ただし，$\mathcal{H}$ が無限次元の場合，$\mathrm{Tr}[\hat{A}]$ の値に意味があるのは $\mathrm{Tr}[\hat{A}] = \sum_n \langle n|\hat{A}|n\rangle$ が収束してきちんとした値を持つ場合なので，この和の収束はよいとせよ．

4.7.2 ♠♠ 強収束と弱収束

2 つ目の注意は，演算子そのものの「収束」についてである．無限次元ヒルベルト空間 $\mathcal{H}$ の，ある正規直交基底を $|0\rangle, |1\rangle, |2\rangle, \cdots$ とする．よく挙げられる例として，次式で定義される演算子 $\hat{A}_m$（m は自然数）を考えよう：

$$\hat{A}_m |n\rangle = |n+m\rangle \quad \text{for every } n = 0, 1, 2, \cdots. \quad (4.101)$$

---

*21) 1 行目の最後は，添え字 n を m に，m を n に書きかえただけで，実質的には何もしてない．
*22) 解析学の「一様収束」の項あたりを参照せよ．
*23) 7.2 節で触れる，「反交換関係」の場合には，この限りでない．

任意の2つのベクトル

$$|\psi\rangle = \sum_{n\geq 0} \psi(n)|n\rangle, \quad |\psi'\rangle = \sum_{n\geq 0} \psi'(n)|n\rangle \tag{4.102}$$

でこの演算子を挟(はさ)んだものは，

$$\begin{aligned}\langle\psi|\hat{A}_m|\psi'\rangle &= \sum_{n\geq 0}\sum_{n'\geq 0} \psi^*(n)\psi'(n')\langle n|\hat{A}_m|n'\rangle \\ &= \sum_{n\geq 0}\sum_{n'\geq 0} \psi^*(n)\psi'(n')\langle n|n'+m\rangle \\ &= \sum_{n'\geq 0} \psi^*(n'+m)\psi'(n') \\ &\leq \left(\sum_{n\geq 0}|\psi(n+m)|^2\right)^{1/2}\left(\sum_{n'\geq 0}|\psi'(n')|^2\right)^{1/2}.\end{aligned} \tag{4.103}$$

最後の行では，シュワルツの不等式[*24] を用いた．ところで，$|\psi\rangle, |\psi'\rangle$ のノルムは有限である：

$$\sum_{n\geq 0}|\psi(n)|^2 = \langle\psi|\psi\rangle = 有限, \tag{4.104}$$

$$\sum_{n\geq 0}|\psi'(n)|^2 = \langle\psi'|\psi'\rangle = 有限. \tag{4.105}$$

(4.104) は，

$$\lim_{m\to\infty}\sum_{n\geq 0}|\psi(n+m)|^2 = 0 \tag{4.106}$$

を意味する．これと (4.105) から，(4.103) の最後の行は $m \to \infty$ で 0 になる．従って，

$$\lim_{m\to\infty}\langle\psi|\hat{A}_m|\psi'\rangle = 0. \tag{4.107}$$

[*24] 任意の複素数 $x_1, x_2, \cdots, x_n, y_1, y_2, \cdots, y_n$ について，

$$\left|\sum_{k=1}^n x_k^* y_k\right|^2 \leq \sum_{k=1}^n |x_k|^2 \sum_{k'=1}^n |y_{k'}|^2.$$

4.7 ♠ 無限次元ヒルベルト空間の注意

つまり，$\hat{A}_m$ の任意の行列要素は，ゼロ演算子 $\hat{0}$ の行列要素に収束する：

$$\lim_{m\to\infty} \langle\psi|\hat{A}_m|\psi'\rangle = \langle\psi|\hat{0}|\psi'\rangle. \tag{4.108}$$

このように，演算子の任意の行列要素がある演算子の行列要素に収束することを，**弱収束** (weak convergence) と呼ぶ．しかし，これは演算子としてのもっと強い収束である**強収束** (strong convergence) を意味しない．$\hat{A}_m$ が $\hat{0}$ に強収束するというのは，任意の $|\psi\rangle$ について

$$\lim_{m\to\infty} \left\| \hat{A}_m|\psi\rangle - \hat{0}|\psi\rangle \right\| = 0 \tag{4.109}$$

が成り立つことであるが，今の例ではこれは成り立たない．なぜなら，例えば $|\psi\rangle = |n\rangle$ と選べば，

$$\lim_{m\to\infty} \left\| \hat{A}_m|n\rangle - \hat{0}|n\rangle \right\| = \lim_{m\to\infty} \||n+m\rangle\| = \lim_{m\to\infty} 1 = 1 \tag{4.110}$$

となるからである．

このように，無限次元ヒルベルト空間では，有限次元空間とは違い，必ずしも弱収束が強収束を意味しない．

一般に，何かを（この例では添え字 m を），無限大とか無限小とかにする極限操作[*25]をしなければ，有限次元で成り立ったことは，たいてい無限次元でも成り立つ．しかし，**極限操作をしたときには，有限次元では成り立ったことが成り立たなくなるケースが出てくる**のである．

なお，第7章で述べるように，場の量子論ではヒルベルト空間の次元だけでなく自由度も無限大なので，第3章の議論も一部が成り立たなくなり，無限大に伴う問題は，はるかにややこしくなる．その場合でも，もちろん強収束と弱収束の違いは顔を出す．例えば，場の量子論の散乱問題では，$t \to \pm\infty$ という極限を考えるので，弱収束と強収束の違いが決定的に重要になる．

[*25] 例えば，$\sum_{n=0}^{\infty}$ というような無限項の和も，$\lim_{N\to\infty}\sum_{n=0}^{N}$ という極限操作である．

第5章
1次元空間を運動する粒子の量子論

第3章,第4章に述べた原理から,様々な定理や公式が導ける.また,それらを様々な量子系に適用すると,実に多様な現象が予言・説明できる.それは,ちょうど数学において,簡単な公理系から予想もしなかったような様々な結果が導けるのに似ている.ここでは,最も簡単な例として,1次元空間を保存力をうけながら運動する粒子の運動を,正準量子化(4.2節)して,主にシュレディンガー表現(4.3節)で解く.最後の節では,調和振動子の問題をシュレディンガー表現を使わずに解いてみる.このような簡単な場合の感覚をしっかり身に付けておくことが,一般の場合を考察するための基礎となる.

5.1 1次元空間を運動する粒子のシュレディンガー方程式

1次元空間を,保存力をうけながら運動する粒子の,位置座標を x,運動量を p,ポテンシャルエネルギーを $V(x)$ とすると,古典的ハミルトニアンは,

$$H(x,p) = \frac{1}{2m}p^2 + V(x). \tag{5.1}$$

この系を正準量子化(4.2節)するには,基本変数である正準変数 x, p を,次の正準交換関係を満たす自己共役演算子 $\hat{x}, \hat{p}$ に置き換える:

$$[\hat{x}, \hat{p}] = i\hbar. \tag{5.2}$$

5.1 1次元空間を運動する粒子のシュレディンガー方程式

そしてハミルトニアンは，(5.1) の x,p を $\hat{x},\hat{p}$ に置き換えた

$$\hat{H} = \frac{1}{2m}\hat{p}^2 + V(\hat{x}) \tag{5.3}$$

とする．これらをシュレディンガー表現（4.3節）すると，

$$\hat{x} = x, \tag{5.4}$$

$$\hat{p} = \frac{\hbar}{i}\frac{\partial}{\partial x}, \tag{5.5}$$

$$\hat{H} = -\frac{\hbar^2}{2m}\frac{\partial^2}{\partial x^2} + V(x). \tag{5.6}$$

従って，シュレディンガー表現したシュレディンガー方程式 (4.47) は，

$$i\hbar\frac{\partial}{\partial t}\psi(x,t) = \left[-\frac{\hbar^2}{2m}\frac{\partial^2}{\partial x^2} + V(x)\right]\psi(x,t). \tag{5.7}$$

この $\psi(x,t)$ は，各 t において x の自乗可積分な関数（値は複素数）であり，状態ベクトル $|\psi(t)\rangle$ を位置座標表示した波動関数である．これから，例えば，時刻 t に位置を測定したときと運動量を測定したときの，それぞれの場合の期待値 $\langle x\rangle_t = \langle\psi(t)|\hat{x}|\psi(t)\rangle$, $\langle p\rangle_t = \langle\psi(t)|\hat{p}|\psi(t)\rangle$ が，

$$\langle x\rangle_t = \int_{-\infty}^{+\infty}\psi^*(x,t)x\psi(x,t)dx = \int_{-\infty}^{+\infty}x|\psi(x,t)|^2 dx, \tag{5.8}$$

$$\langle p\rangle_t = \int_{-\infty}^{+\infty}\psi^*(x,t)\frac{\hbar}{i}\frac{\partial}{\partial x}\psi(x,t)dx \tag{5.9}$$

により計算できる．

3.24節で述べたように，ハミルトニアン $\hat{H}$ の固有値（固有エネルギー）と固有ベクトル（エネルギー固有状態）は重要な役割を演ずる．これらを求めるためには，(まだ未知の) エネルギー固有値を E，エネルギー固有状態を $|\varphi\rangle$ として，それらの満たすべき固有値方程式 $\hat{H}|\varphi\rangle = E|\varphi\rangle$ をシュレディンガー表現する：

$$\left[-\frac{\hbar^2}{2m}\frac{d^2}{dx^2} + V(x)\right]\varphi(x) = E\varphi(x). \tag{5.10}$$

すると，この微分方程式を満たす実数 E と関数 $\varphi(x)$ $(=\langle x|\varphi\rangle)$ を求める問題になる[*1)]．このハミルトニアンの固有値方程式のことを，特に，**時間に依存しない**

[*1)] このような問題を，一般に，**微分方程式の固有値問題**と呼ぶ．

シュレディンガー方程式 (time-independent Schrödinger equation) とも呼ぶ．これとの区別を強調するために，時間発展を記述する (5.7) を，わざわざ**時間に依存するシュレディンガー方程式** (time-dependent Schrödinger equation) と呼ぶこともある．

時間に依存しないシュレディンガー方程式 (5.10) の解，即ち，エネルギー固有値 E とエネルギー固有状態 $\varphi(x)$ は複数個あるので，それらを区別する添え字 n をつけて，$E_n, \varphi_{n,l}(x)$ と書こう．ただし，l は縮退した状態を区別するラベルである．3.24 節で述べたように，これらが求まれば，(時間に依存する) シュレディンガー方程式 (5.7) の解も直ちに求まる．即ち，もしも初期状態が

$$\psi(x,0) = \varphi_{n,l}(x) \tag{5.11}$$

のようにエネルギー固有状態のひとつであれば，(3.221) より，

$$\psi(x,t) = e^{-i\omega_n t}\varphi_{n,l}(x) \tag{5.12}$$

という定常状態となる．ただし，$\omega_n = E_n/\hbar$ は，固有 (角) 振動数である．初期状態が一般の状態の場合には，(3.226) に対応して

$$\psi(x,0) = \sum_{n,l} \psi(n,l)\varphi_{n,l}(x) \tag{5.13}$$

と $\varphi_{n,l}(x)$ で展開してやれば，(3.227) に対応して，

$$\psi(x,t) = \sum_{n,l} e^{-i\omega_n t}\psi(n,l)\varphi_{n,l}(x) \tag{5.14}$$

が任意の時刻の解になる．これらの式は，それぞれ，(3.226), (3.227) の位置座標表示にすぎない．

5.2 シュレディンガーの波動関数に対する種々の条件

ところで，シュレディンガー方程式 (5.7) は微分方程式なので，その解を一意的に定めるには，初期条件（つまり，初期時刻 t_0 における波動関数 $\psi(x,t_0)$ を与えること）の他にもいろいろな条件が要る．その条件は，**一般には物理的状況に応じて変わりうる**のだが，ここでは，一番普通の場合を述べる．即ち，空

5.2 シュレディンガーの波動関数に対する種々の条件

間が $-\infty < x < +\infty$ の範囲のまっすぐな1次元空間で，$\hat{x}$ も $\hat{p}$ も $\hat{H}$ も可観測量であるような普通の場合を述べる．次節以降で，これらの境界条件を用いて具体例を解く．

(1) $\langle \psi(t) | \psi(t) \rangle = 1$ より，
$$\int |\psi(x,t)|^2 dx = 1. \tag{5.15}$$

ただし，物理の実用的な計算では，自乗可積分とまではいかなくても，(3.148) を真似て，状態を区別する適当な添え字 k について，**デルタ関数による規格化**

$$\int \psi_k^*(x,t)\psi_{k'}(x,t)dx = \delta(k-k') \tag{5.16}$$

までは許すことにした方が計算が楽である．この場合の $|\psi_k(x,t)|^2$ の意味は，すぐ後で述べる．

なお，(5.15), (5.16) は，どこかひとつの時刻で成り立つようにしておけば，(3.237) より他の時刻でも自動的に成り立つ．

(2) $V(x)$ が**有界**（値が有限という意味）な場合は，$\psi(x,t)$ は，x についても t についても，いたるところ連続．

(3) $V(x)$ が有界な場合は，$\psi(x,t)$ は，x についても t についても，いたるところ微分可能．

そもそも，$\dfrac{\partial}{\partial x}\psi(x,t)$, $\dfrac{\partial}{\partial t}\psi(x,t)$ のような演算をするのだから，条件 (2), (3) は納得できるだろう．

(4) 他方，$V(x)$ が**ある点で発散する場合**は，その点においては，ψ も $\dfrac{\partial}{\partial x}\psi$ も，必ずしも連続でなくてもよく，物理的状況に応じてつなぎ方を決める．

これについては，下の補足の例と，5.7 節の例を参照して欲しい．

(5) $V(x)$ が x の**有限幅の区間内全てで**[*2)] **発散**している場合には，その区間内では，$\psi(x,t) = 0$ でなければいけない．

そうでないと，エネルギーの期待値が発散するという，非物理的な解に

[*2)] $V(x)$ が x の**1点だけ**で発散しているだけなら，必ずしもそこで $\psi(x,t) = 0$ になる必要はない．例えば，$V(x) = 1/|x|^{1/2}$ は $x = 0$ という1点で発散しているが，$\psi(0,t) \neq 0$ であってもエネルギー期待値は必ずしも発散しない．

なってしまう．

同様にして，時間に依存しないシュレディンガー方程式 (5.10) の解 $\varphi(x)$ についても，上と同じ条件が課される．（ただし，$\varphi(x)$ は時間に依存しないので，条件 (2), (3) の時間に関するところは不要．）

なお，(5.16) のような規格化をした場合は，$|\psi_k(x,t)|^2$ は位置の測定をしたときの確率密度 $p(x,t)$ とは，比例係数（規格化定数）だけずれていると考えられるので，$p(x,t) = |\psi_k(x,t)|^2$ ではなく，

$$p(x,t) \propto |\psi_k(x,t)|^2 \tag{5.17}$$

となる．この比例係数は x には依らないので，$|\psi_k(x,t)|^2 dx$ は，位置の測定をしたときの確率の絶対値は与えないものの，**相対確率**（ある区間と他の区間での，粒子を見出す確率の比）は与えることになる．（次節の例を参照．）

♠ 補足：波動関数の微係数が不連続になる例

条件 (4) の具体例として，$V(x)$ が

$$V(x) = V_0 \delta(x) \qquad (V_0 \text{ は定数}) \tag{5.18}$$

のように $x = 0$ でデルタ関数として発散している場合にも (5.10) が $(-\infty, +\infty)$ で成立すると仮定し[*3)]，さらに $\varphi(x)$ がいたるところ連続と仮定した場合，特異点 $x = 0$ において $\varphi'(x) = \dfrac{d}{dx}\varphi(x)$ に有限の飛びが生じることを示そう．(5.10) を，$-\epsilon$ から $+\epsilon$ ($\epsilon > 0$) まで積分すると，

$$-\frac{\hbar^2}{2m}[\varphi'(x)]_{-\epsilon}^{+\epsilon} + V_0 \varphi(0) = E \int_{-\epsilon}^{+\epsilon} \varphi(x) dx. \tag{5.19}$$

この式の，ϵ を正の側からゼロに近づける極限（それを $\epsilon \to +0$ と記す）をとる．すると，右辺については，$\varphi(x)$ が連続と仮定したから $\lim_{\epsilon \to +0} \int_{-\epsilon}^{+\epsilon} \varphi(x)dx = 0$ となる．左辺第1項からは，$\varphi(x)$ の**右微分** $\varphi'(+0) \equiv \lim_{\epsilon \to +0} \varphi'(\epsilon)$ と，**左微分** $\varphi'(-0) \equiv \lim_{\epsilon \to +0} \varphi'(-\epsilon)$ の差が出てくるので，結局

$$\varphi'(+0) - \varphi'(-0) = \frac{2mV_0}{\hbar^2}\varphi(0). \tag{5.20}$$

[*3)] もちろん，$x = 0$ では，その積分のみが意味がある．

という式を得る．これから，$\varphi(0) \neq 0$ となる解は，$\varphi'(x)$ が $x = 0$ で不連続に変化することが解る．従って，(5.10) を解くときは，$x < 0$ の解と $x > 0$ の解を，(5.20) を満たすように繋げることになる．(5.7) の解についても同様である．

5.3　1次元自由粒子

自由粒子，つまり，全くポテンシャルの働いていない（$V(x) = 0$ の）場合の解を述べる．

まず，時間に依存しないシュレディンガー方程式（つまり，ハミルトニアンの固有値方程式）(5.10) を解いて，エネルギー固有値とエネルギー固有状態を求めよう．今の場合 $V(x) = 0$ なので，時間に依らないシュレディンガー方程式は，単純に

$$-\frac{\hbar^2}{2m}\frac{d^2}{dx^2}\varphi(x) = E\varphi(x) \tag{5.21}$$

となる．この微分方程式は，古典波動の基準振動を求めるときに解くべき式と全く同じ形をしている．だから，解も古典波動の時と同じ形になる．具体的には，上式は「$\varphi(x)$ は2回微分すると元に戻る関数だ」と言っているので，$\varphi(x)$ は，K を（まだ未知の）定数として，e^{Kx} か，その線形結合になる．試みに，上式に $\varphi(x) = e^{Kx}$ を代入してみると，$-\hbar^2 K^2/2m = E$ を得る．この問題では明らかに $E \geq 0$ だから[*4)]，K は純虚数にとればよい．そこで，$K = ik$（k は実数）とおくと，$\hbar^2 k^2/2m = E$ となる．これは E と k の関係を与えているので，E が k の関数として決まると見なして E_k と書くと，

$$E_k = \frac{\hbar^2 k^2}{2m}. \tag{5.22}$$

これが，エネルギー固有値を k の関数として与える式である．k の意味は次節で説明する．

エネルギー固有関数 $\varphi(x)$ は，N を（まだ未知の）規格化定数として，$\varphi_k(x) =$

[*4)] これは直感的には明らかだが，きちんと言うと：$E < 0$ では，K が実数になるので，e^{Kx} は $x \to +\infty$ または $x \to -\infty$ で発散し，規格化条件を満たせない．デルタ関数による規格化さえできない．従って，$E \geq 0$ になる．

Ne^{ikx} である. ただし, k が異なれば $\varphi(x)$ も異なるので, 添え字 k を付加して $\varphi_k(x)$ と書いた. $|\varphi_k(x)|^2 = |N|^2$ を $-\infty < x < +\infty$ で積分すると発散するので, これは自乗可積分ではない. そこで, デルタ関数による規格化 (5.16), 即ち

$$\delta(k-k') = \int_{-\infty}^{\infty} dx\, \varphi_k^*(x)\varphi_{k'}(x) = |N|^2 \int_{-\infty}^{\infty} dx\, e^{i(k'-k)x} \tag{5.23}$$

を満たすように N の値を決める. そのためには, デルタ関数の次の表式を用いる (節末の補足参照):

$$\delta(k-k') = \frac{1}{2\pi}\int_{-\infty}^{\infty} dx\, e^{\pm i(k-k')x} \quad (\pm \text{どちらでも可}). \tag{5.24}$$

両式を比べれば, $N = 1/\sqrt{2\pi}$ と採ればよいことがわかるので,

$$\varphi_k(x) = \frac{1}{\sqrt{2\pi}} e^{ikx} \quad (-\infty < k < +\infty) \tag{5.25}$$

が, 1次元自由粒子の規格直交化されたエネルギー固有関数である.

k の値は $-\infty < k < +\infty$ の範囲の任意の実数が許されるから, E_k は $[0, +\infty)$ の範囲の連続スペクトルになる. k がちょうど反対符号の2つの状態 $\varphi_k(x)$ と $\varphi_{-k}(x)$ は, 異なる関数 (従って, 異なる状態) だが, そのエネルギー固有値 E_k と E_{-k} は値が同じだから, $k=0$ の状態以外は, 全て2重に縮退している.

時間に依存しないシュレディンガー方程式の解が (5.22), (5.25) のように求まったので, 時間に依存するシュレディンガー方程式

$$i\hbar\frac{\partial}{\partial t}\psi(x,t) = -\frac{\hbar^2}{2m}\frac{\partial^2}{\partial x^2}\psi(x,t) \tag{5.26}$$

の解は直ちに求まる. 例えば, 初期状態が $\psi_k(x,0) = \varphi_k(x)$ であれば,

$$\psi_k(x,t) = \frac{1}{\sqrt{2\pi}} e^{i(kx-\omega_k t)} \tag{5.27}$$

となる. ただし, ω_k は固有 (角) 振動数

$$\omega_k = E_k/\hbar \tag{5.28}$$

である. この状態について, 粒子の位置の測定をしたとすると,

$$|\psi_k(x,t)|^2 = 1/2\pi \tag{5.29}$$

5.3 1次元自由粒子

であるから，連続固有値の場合の Born の確率規則により，『$(x-\Delta, x+\Delta]$ の範囲に見出す確率 $P(x-\Delta, x+\Delta]$ は，$\int_{x-\Delta}^{x+\Delta}|\psi_k|^2 dx = \dfrac{\Delta}{\pi}$ である』と言いたいところだが，これを全区間で足し合わせると，1 にならずに発散してしまう．これは，量子論が悪いわけではなく，単に我々が，計算の便利のために，規格化できない波動関数まで，デルタ関数による規格化を導入して許してしまったからである．しかし，5.2 節で述べたように，相対確率は与えるので，

$$P(x-\Delta, x+\Delta] \propto \Delta/\pi \tag{5.30}$$

は言える．右辺は x に依らないので，粒子を見出す確率はどの場所でも全く同じである．これは，$\psi_k(x,t)$ が，粒子の位置が完全に不確定な，$\delta x \to \infty$ という状態であることを示している．

♠ 補足：(5.24) の導出

(5.24) は次のようにして導ける．任意の連続な関数 $f(x)$ のフーリエ変換[*5]

$$F(k) \equiv \int_{-\infty}^{\infty} e^{-ikx} f(x) dx \tag{5.31}$$

は，逆変換すると元に戻る：

$$f(x) = \frac{1}{2\pi} \int_{-\infty}^{\infty} e^{ikx} F(k) dk. \tag{5.32}$$

前者で $x \to x'$ とした式を後者に代入し，形式的に積分の順序を入れ換えると[*6]，

$$\begin{aligned} f(x) &= \frac{1}{2\pi} \int_{-\infty}^{\infty} e^{ikx} \left(\int_{-\infty}^{\infty} e^{-ikx'} f(x') dx' \right) dk \\ &= \int_{-\infty}^{\infty} \left(\frac{1}{2\pi} \int_{-\infty}^{\infty} e^{ik(x-x')} dk \right) f(x') dx'. \end{aligned} \tag{5.33}$$

これを，デルタ関数の定義式 (3.141) と比較すると，

$$\delta(x-x') = \frac{1}{2\pi} \int_{-\infty}^{\infty} e^{ik(x-x')} dk = \frac{1}{2\pi} \int_{-\infty}^{\infty} e^{-ik(x-x')} dk \tag{5.34}$$

[*5] フーリエ変換については，振動波動論や電気回路論や応用数学の本を参照．
[*6] ♠ この入れ換えは普通の積分では許されないが，今の場合はデルタ関数の「表式」を求めているので，その表式を含む積分さえ定義できていればよい．つまり，『(5.33) の 2 行目を 1 行目で定義する』という意味で，2 行目のような形に変形したのである．

と見なせることが判る．最後の等式では，$k \to -k$ と変数変換した．この公式の x と k を入れ換えて書いたのが，(5.24) である．

5.4 ド・ブロイの関係式

実は，(5.25) は，運動量の固有関数にもなっている．実際，

$$\hat{p}\varphi_k(x) = \frac{\hbar}{i}\frac{d}{dx}\varphi_k(x) = \hbar k \varphi_k(x) \tag{5.35}$$

であるから，$\varphi_k(x)$ は

$$p = \hbar k \tag{5.36}$$

なる固有値を持つ，運動量の固有関数である．ゆえに，$\delta p = 0$ である．不確定性原理 $\delta x \delta p \geq \hbar/2$ によれば，$\delta p = 0$ なる状態では $\delta x \to \infty$ になるから，前節で述べた $\delta x \to \infty$ という結果は当然だったのである．このように，$\hat{H}$ と $\hat{p}$ の同時固有関数 $\varphi_k(x)$ が存在するのは，

$$[\hat{H}, \hat{p}] = \frac{1}{2m}[\hat{p}^2, \hat{p}] = 0 \tag{5.37}$$

のように，自由粒子のハミルトニアンが運動量と交換するからだということを注意しておく（p. 89 の定理 3.6）[*7]．$V(x) \neq 0$ の場合は，そうはいかない．

時間が経っても，$\varphi_k(x)$ はエネルギーと運動量の同時固有状態であり続ける．なぜなら，$\varphi_k(x)$ はエネルギー固有状態だから，時間が経っても (5.27) のように位相因子が付くだけだからである．

なお，(5.36) によれば，運動量の固有値 p とエネルギー固有値 (5.22) との関係は，

$$E_k = \frac{p^2}{2m} \tag{5.38}$$

となるが，これは，古典論の自由粒子についての関係と一致している．

[*7] ♠ 定理 3.6 は，「同時固有関数に選べる」と言っているだけなので，一般には，同時固有関数を求めるためには，ひとつの演算子の固有関数を求めた後で，もうひとつの演算子の固有関数にもなるように，適当な線形結合をとり直す必要がある．今の場合はたまたまその必要がなかった．

5.4 ド・ブロイの関係式

ところで，$\varphi_k(x)$ は，その実部 $\cos(kx)/\sqrt{2\pi}$ も虚部 $\sin(kx)/\sqrt{2\pi}$ も，(角)波数が k で，波長が

$$\lambda = \frac{2\pi}{|k|} = \frac{h}{|p|} \quad (h = 2\pi\hbar \text{ はプランク定数}) \tag{5.39}$$

の波の形をしている．つまり，**運動量がぴったり p である粒子の状態**の，シュレディンガー表示の波動関数は，(角)波数が $k = p/\hbar$，波長が $\lambda = h/p$ の波になっている．このことを表す (5.36) や (5.39) を**ド・ブロイの関係式**と言い，(5.39) で与えられる λ を，**ド・ブロイ波長**と呼ぶ．

以上のことから予想できることは，波動関数が，通常の波と同じように，波長 λ の波として，干渉したり回折したりすることである．実際，ここではやってみせないが，シュレディンガー方程式を解くと，そのような解があることが示せる．こうして，0.1 節で述べた粒子の干渉実験が説明できるのである．

以上のように，量子的な粒子は古典的な波の示す性質を持っていることが判った．一方，位置の測定をすれば，古典的な粒子と同じように，空間のどこか一点に見いだされる．つまり，波のような側面と粒子のような側面を併せ持っている．このことを，「波と粒子の**二重性**を持つ」と言うことがある．しばしば，「粒子であり，かつ，波である」などと言う意味不明の表現を見かけるが，そうではなく，「粒子でもなく，波でもないが，粒子のような振る舞いを示すこともあるし，波のような振る舞いを見せることもある」と言うことである．

なお，ここでは，「$\hat{p}$ の連続固有値の全ての値に関する和」としては，$\int dp$ ではなく，$\int dk$ を採用したが，両者の違いについては次節で述べる．

♠♠ 補足：古典波動との違い

波動関数が古典波動と同じ形になっていると言っても，p.77 の補足で述べたように，音波のような直接測定できる波（実在の波）ではない．そのため，例えば，違う慣性系に移った時に，実在の波とは違った形の変換を受ける．もしも実在の波なら，(光速に比べて充分遅く) 等速運動する系から見たとき波長は変わらないが，それだと (5.39) から運動量も変わらないことになってしまい，矛盾してしまう．実際には，波動関数は，新しい慣性系からみた運動量を (5.39) に代入して得られる波長の波に変換されるのである．

5.5 連続固有値に属する固有関数のラベル付けの注意

前節の例では，固有関数を k でラベル付けして，(5.23) を満たすように規格化した．一方，$p = \hbar k$ でラベル付けして，

$$\int_{-\infty}^{\infty} dx\, \phi_p^*(x)\phi_{p'}(x) = \delta(p - p') \tag{5.40}$$

を満たすように規格化すれば，(5.25) を得たのと同様の計算から，

$$\phi_p(x) = \frac{1}{\sqrt{2\pi\hbar}} e^{ipx/\hbar} = \frac{1}{\sqrt{\hbar}} \varphi_{p/\hbar}(x) \tag{5.41}$$

が，$\hat{p}$ の規格直交化された固有関数ということになる．

このように，**連続固有値に属する固有関数は，どのようなラベル付けをするかによって，規格化定数が変わる**．その理由は，「連続固有値の全ての値に関する和」を積分で表すときに，単純に $\int dk$, $\int dp$ のように表すことにしたからである．そのために，被積分関数が同じままでは積分変数を変えると積分値が異なってしまうので，被積分関数の規格化定数を調整して積分値が変わらないようにしているのである．だから，実際に計算を遂行する時には，「連続固有値の全ての値に関する和」としてどれを自分が採用するかをあらかじめ決めておく**必要がある**．もちろん，どの定義を採用しても，正しく規格化しておけば最後の結果（実験と比較できる量）は一致する．以下では，「$\hat{p}$ の連続固有値の全ての値に関する和」としては $\int dp$ ではなく $\int dk$ を採用する．

♠ 補足：固有関数のラベル付けの一般の場合

一般に，k と一対一対応のある $K = f(k)$ でラベル付けして，

$$\int_{-\infty}^{\infty} dx\, \phi_K^*(x)\phi_{K'}(x) = \delta(K - K') \tag{5.42}$$

を満たすように規格化した場合には，(3.146) からも判るように，

$$\phi_K(x) = \frac{1}{\sqrt{2\pi \left|\frac{df(k)}{dk}\right|}} \exp\left[if^{-1}(K)x\right] = \frac{1}{\sqrt{\left|\frac{df(k)}{dk}\right|}} \varphi_{f^{-1}(K)}(x) \tag{5.43}$$

が，$\hat{p}$ の規格直交化された固有関数ということになる．

5.6 波動関数の「次元」について

前節で述べたことに関連する，波動関数の「次元」について述べておく．次元 (dimension)[*8] とは，単位をやや一般化した概念である．例えば，東京～長野の道のり 222km も，29 型テレビの対角線の長さ 29 インチも，どちらも長さを表しているが，単位は異なる．このとき，どちらも「長さの次元を持つ」と言い，[道のり] = [対角線の長さ] = L などと書く（L は長さの次元を表す）．また，量子論を特徴付ける定数である $\hbar$ は，SI 単位系で J·sec という単位を持つので，その次元は ET である（E, T はそれぞれエネルギーと時間の次元を表す）．もしも A が単位のない量（無次元量）なら，$[A] = 1$ と書く．

明らかに，足したり引いたり等式や不等式で結ぶことができるのは，次元が同じ量だけである．例えば，10kg と 10m の大小は比較できないので，等式や不等式で結べない．このことを利用すれば，波動関数の次元を規格化条件から判別できる：

- 離散固有値の固有関数で表示した波動関数は，(3.70) の両辺の次元をとれば $[\psi(\mathbf{a})]^2 = 1$ となるので，無次元量であることが判る．
- 他方，連続固有値の固有関数で表示した波動関数は，(3.155) の両辺の次元をとれば判る．例えば，1 次元のシュレディンガー表示の波動関数は，(5.15) の両辺の次元をとれば $[x][\psi(x,t)]^2 = 1$ となるので，$L^{-1/2}$ の次元を持つことが判る．SI 単位系では，長さの次元を持つ量の単位に m を用いるので，m$^{-1/2}$ という単位を持つことになる．
- ただし，(5.16) のような規格化をした場合は，$[x][\psi_k(x,t)]^2 = [k]^{-1}$ となるので[*9]，$L^{-1/2}[k]^{-1/2}$ の次元を持つ．例えば，(5.23) の場合は $[k] = L^{-1}$ なので，$[\varphi_k(x)] = 1$（無次元）である．
- 他方，(5.40) の場合は $[\phi_p(x)] = L^{-1/2}[p]^{-1/2} = L^{-1/2}[\hbar k]^{-1/2} = [\hbar]^{-1/2} = E^{-1/2}T^{-1/2}$ である．

このように，波動関数はケースバイケースで次元が異なるので注意して欲しい．

なお，物理の計算をする際には，計算結果の次元が合っているかどうかをチェッ

[*8] 空間次元とは別物であるが，これも次元と言う．
[*9] $\int \delta(k-k')dk = 1$ より，$[\delta(k-k')] = [k]^{-1}$ である．

クするようにすれば,誤りを減らすことができる.例えば,エネルギー (5.22) をうっかり $\hbar k^2/2m$ と計算してしまったら,次元が $1/T$ となるから,ET の次元を持つ $\hbar$ がひとつ足りないとすぐ判る.

5.7　1次元井戸型ポテンシャル—無限に高い障壁

自由粒子のことが解ったので,次に,ポテンシャル $V(x)$ が,x のある範囲で低くなっていて,そこに粒子が捕まっているような状況を量子論で扱ってみよう.この節では,解きやすさを優先して,$V(x)$ の形としては,次のようなやや非現実的な形を仮定する:

$$V(x) = \begin{cases} 0 & (|x| \leq a/2), \\ +\infty & (|x| > a/2). \end{cases} \quad (5.44)$$

これを,「壁の高さが無限大の**井戸型ポテンシャル**」と呼ぶ.古典力学で言えば,粒子が剛体壁でできた内寸(内法)a の井戸に閉じ込められている場合に相当する.もっと現実的なポテンシャルの場合は,5.12節,5.16節で述べる.この節は,5.12節の結果の $V_0 \to \infty$ なる極限をとったものと理解して欲しい.

5.7.1　解き方

この節では,時間に依存しないシュレディンガー方程式(つまり,ハミルトニアンの固有値方程式)(5.10) を解いて,エネルギー固有値とエネルギー固有状態を求めよう.5.1節で述べたように,これらが求まれば,定常状態は (5.12) のように直ちに求まるし,定常状態でない場合の解も,(5.14) のように書き下せるからである.(実例は 5.9 節.)

井戸の外 ($|x| > a/2$) では $V(x)$ が発散しているので,5.2節の条件 (5) より,

$$\varphi(x) = 0 \quad \text{for } |x| > a/2. \quad (5.45)$$

同様に,波動関数 $\psi(x,t)$ も,$|x| > a/2$ ではゼロになる.従って,粒子の位置を測ったときに粒子を見出す確率密度 $|\psi(x,t)|^2$ は,井戸の外ではゼロだと判る.これは,粒子は剛体壁の中には進入できない,という当然のことである.

井戸の外での $\varphi(x)$ の関数形は (5.45) のように求まったので,後は井戸の中

5.7 1次元井戸型ポテンシャル—無限に高い障壁

($|x| \leq a/2$) における関数形を求めればよい．それには，$|x| \leq a/2$ における (5.44) を (5.10) に代入した式

$$-\frac{\hbar^2}{2m}\frac{d^2}{dx^2}\varphi(x) = E\varphi(x) \quad \text{for } |x| \leq a/2 \tag{5.46}$$

を解けばよい．

井戸の境界である $x = \pm a/2$ における $\varphi(x)$ の繫ぎ方は，5.2節の条件 (4) に述べたように物理的状況に応じて決める．今の場合は，5.12節の結果の $V_0 \to \infty$ なる極限をとったものとしているので，$\varphi(x)$ は井戸の境界である $x = \pm a/2$ でも連続でなければならないことが導ける．従って，$\varphi(\pm a/2)$ は，(5.45) で $x \to \pm a/2$ とした値に等しくなければならない：

$$\varphi(\pm a/2) = 0. \tag{5.47}$$

これが，(5.46) を解くための境界条件を与える．要するに，井戸の内外の解が連続につながるという条件で解けばよい．

微分方程式 (5.46) は，5.3節で解いた (5.21) と同じ形をしているが，x の範囲と境界条件 (5.47) が違う．古典波動との対応で言うと，5.3節は媒質が無限に長い波のケースに相当し，この節は媒質が有限長で両端が固定された固定端の波のケースに相当する．だから，解も古典波動の固定端の時と同じ形になる．

具体的には，5.3節と同じように，$\varphi(x) = e^{ikx}$ を (5.46) に代入してみると，再び (5.22) を得る．ただし，e^{ikx} のままでは境界条件 (5.47) を満たせないので，エネルギーが縮退している2つの状態 e^{ikx} と e^{-ikx} の線形結合をとって，境界条件を満たすようにする．e^{ikx} と e^{-ikx} の線形結合は，オイラーの公式 (A.2) より，$\cos(kx)$ と $\sin(kx)$ の線形結合としても表せる．そこで，

$$\varphi(x) = A\cos(kx) + B\sin(kx) \tag{5.48}$$

とおき，(5.47) を満たすように未知の定数 A, B, k を定めればよい[*10]．A, B には定数倍の不定性が残るが，それは，規格化条件

$$\int_{-\infty}^{\infty} |\varphi(x)|^2 dx = \int_{-a/2}^{+a/2} |\varphi(x)|^2 dx = 1 \tag{5.49}$$

[*10] もちろん，最初から (5.48) のようにおいて，(5.46) と (5.47) を満たすように，A, B, k, E を定めてもよい．

を満たすように定めてやればよい．(今度はちゃんと規格化できる！) それでも位相因子倍だけ任意性が残るが，位相因子だけ異なっても同じ量子状態を表すので，それは好きに選んでよい．

5.7.2 解

上で述べたようにして解を求めると次のようになる（問題 5.1 参照）：波数 k は，

$$k_n \equiv \frac{\pi}{a} n \quad (n = 1, 2, 3, \cdots) \tag{5.50}$$

という飛び飛びの（離散的な）値しか許されず，エネルギー固有値も，

$$E_n \equiv \frac{\hbar^2 k_n^2}{2m} = \frac{\hbar^2}{2m} \left(\frac{\pi n}{a}\right)^2 \quad (n = 1, 2, 3, \cdots) \tag{5.51}$$

という飛び飛びの値になる．エネルギー固有関数は，$|x| \leq a/2$ では

$$\varphi_n(x) = \begin{cases} \sqrt{\dfrac{2}{a}} \cos(k_n x) = \sqrt{\dfrac{2}{a}} \cos\left(\dfrac{\pi n}{a} x\right) & (n = 1, 3, 5, \cdots), \\ \sqrt{\dfrac{2}{a}} \sin(k_n x) = \sqrt{\dfrac{2}{a}} \sin\left(\dfrac{\pi n}{a} x\right) & (n = 2, 4, 6, \cdots) \end{cases} \tag{5.52}$$

となり，$|x| > a/2$ では $\varphi_n(x) = 0$ となる関数である．

井戸の内側における関数形 (5.52) を微分してみると，$\varphi'_n(\pm a/2) \neq 0$ となっていることに注意しよう．一方，井戸の外側における関数形 $\varphi_n(x) = 0$ を微分すると，$\varphi'_n(\pm a/2) = 0$ である．従って，$x = \pm a/2$ で $\dfrac{\partial}{\partial x}\psi$ は不連続に変化している．これは，$x = \pm a/2$ が，$V(x)$ の特異点である（無限大の飛びをもつ）ためである．(5.2 節の条件 (4) 参照．)

問題 5.1　(5.50), (5.51), (5.52) を導け．

上の解に現れる自然数 n は，状態を区別するのに便利な数になっている．そのような数を，一般に，**量子数** (quantum number) と呼ぶ．今の場合，量子数 n が増すにつれて，エネルギー固有値 E_n が増してゆく．つまり，$n = 1, 2, 3, \cdots$ は，このままエネルギーの増す順序になっている．そして，E_n が異なれば φ_n も異なる関数になるので，縮退はない．

図 5.1 に，$V(x)$ のグラフを描き，E_1, E_2, E_3 の高さに，水平な線を書き入

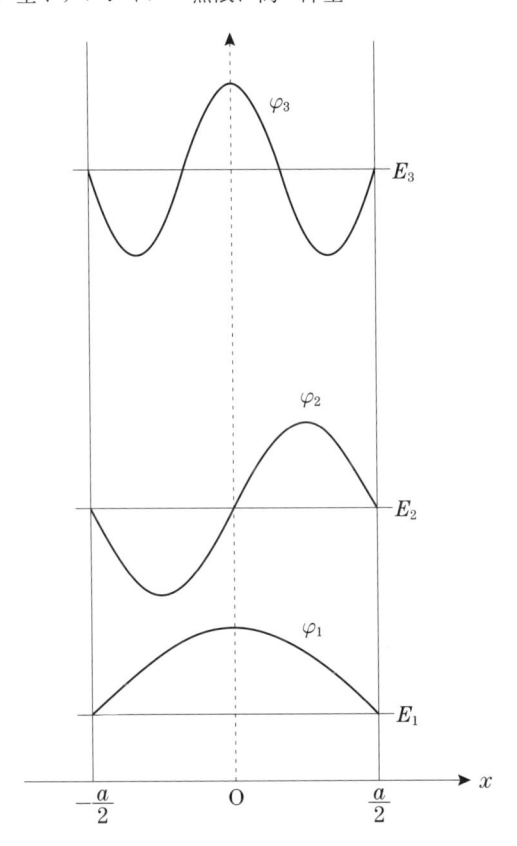

5.7 1次元井戸型ポテンシャル—無限に高い障壁

図 5.1 横軸は x で,縦軸はエネルギー ($V(x)$, E_n) または $\varphi_n(x)$. $V(x)$ は, $-a/2 \leq x \leq a/2$ の範囲でゼロで,他では無限大. $\varphi_1(x)$, $\varphi_2(x)$, $\varphi_3(x)$ は,それぞれ E_1, E_2, E_3 の水平線のところを $\varphi_n = 0$ にとって描いてある.

れてある.また,$\varphi_1(x)$, $\varphi_2(x)$, $\varphi_3(x)$ の概略を,それぞれ,E_1, E_2, E_3 の水平線のところを $\varphi = 0$ にとって,描いてある.(このような描き方は便利なので,よく行われる.) 一般に,波動関数の値がゼロになる点を**節** (node) と呼ぶが,この例では,ポテンシャルが発散している (という非物理的な状況の) ために波動関数がゼロになっている $|x| \geq a/2$ の領域[*11]を除くと,節の数は $n-1$

[*11] $x = \pm a/2$ で波動関数がゼロになっているのも,$|x| > a/2$ の領域の波動関数との連続性のためであるから,やはり,ポテンシャルが ($|x| > a/2$ の領域で) 発散しているためである.

個である.粒子の位置を測定したときの確率密度 $|\varphi(x)|^2$ は,φ_1 では $x=0$ で最大である.一方,φ_2 では $x=0$ ではゼロで,$x=\pm a/4$ で最大である.つまり,粒子は φ_1 では $x=0$ 付近に見いだされやすく,φ_2 では $x=\pm a/4$ 付近に見いだされやすいことが判る.

　実は,これらの性質のうちで,

- 離散スペクトルには縮退がない[*12]
- 節の数が,(エネルギーの低い順に数えた順番 -1) 個になる

ということは,1次元の1粒子の,時間に依存しないシュレディンガー方程式 (5.10) の解について,$V(x)$ の関数形に依らずに広く言えることが知られている[*13].しかし,2次元以上とか,2粒子以上では,そのような単純なことは言えず,例えば,縮退はあるのが普通である.ただし,節の数については,上記のような単純な規則はないものの,エネルギーが高いほど節の数が多い空間的変化の激しい波動関数になってゆく,という傾向はある.

5.7.3 エネルギーの量子化

　今考えている系では,古典論であれば,$E \geq 0$ なる任意の運動が可能であるから,エネルギーの測定をすれば,$E \geq 0$ なる任意の実数が測定値としてありうることになる.ところが量子論では,エネルギーの測定値としてありうるのは,要請 (3) (p. 75) により,(5.51) の飛び飛びの(離散的な)値に限られる.この現象を,エネルギーの**量子化** (quantization) と言い,$E_1, E_2, E_3, \cdots$ を,**エネルギー準位** (energy level) と呼ぶ.

　特に,最低のエネルギー準位を**基底準位** (ground level),それを持つ状態を**基底状態** (ground state) と呼ぶ.今の場合,これらは,

$$E_1 = \frac{\hbar^2}{2m}\left(\frac{\pi}{a}\right)^2, \tag{5.53}$$

$$\varphi_1(x) = \sqrt{\frac{2}{a}}\cos\left(\frac{\pi}{a}x\right) \tag{5.54}$$

である.$\varphi_1(x)$ は,節がひとつもない,エネルギー固有状態のなかでは最も単純な形の固有関数である.他方,基底準位よりも高いエネルギー準位を**励起準**

[*12] 5.3 節で見たように,連続スペクトルの方は,2 重縮退している.
[*13] ♠♠ ただし,一部の特異的な $V(x)$ の場合を除く.

位 (excited level), それを持つ状態を**励起状態** (excited state) と呼ぶ. 今の場合, これらは $E_n, \varphi_n(x)$ $(n \geq 2)$ である.

ところで,「エネルギーの測定値としてありうるのは, 飛び飛びの値に限られる」というのは, **個々の測定における測定値が** $E_1, E_2, E_3, \cdots$ のうちのどれかひとつになる, という意味であることを忘れないで欲しい. **多数回の測定の平均値**は, 中間の値になりうる. 実際, 一般の量子状態は, (5.14) のように, 異なるエネルギー固有状態の重ね合わせであるので, 多数回の測定の平均値は,

$$\langle H \rangle = \int \psi^*(x,t) \hat{H} \psi(x,t) dx = \sum_n E_n |\psi(n)|^2 \tag{5.55}$$

と計算され, これは中間の値になりうる. 例えば, $\psi(1) = \psi(2) = 1/\sqrt{2}$ なら, 個々の測定値は E_1 または E_2 しかないが, どちらも確率 1/2 で出るので, 平均値はちょうど中間の値 $\langle H \rangle = (E_1 + E_2)/2$ になるのである.

なお, (5.55) の結果は t に依存していない. これは, 古典論と同じように, 閉じた系のエネルギーが保存されることを示している. これについては, 6 章で再論する.

問題 5.2 $\hbar$ を 10^{-34} J·s, m を電子の質量と同程度の 10^{-30} kg, a を水素原子の直径と同程度の 10^{-10} m としたとき, E_1 は大体いくらになるか？

問題 5.3 (重要) 図 5.1 をじっくり眺めてあれこれ考えてみよ. 例えば
(1) m を増減すると, グラフはどう変化するか？
(2) a を増減すると, グラフはどう変化するか？
(3) $\hbar$ を増減すると, グラフはどう変化するか？
(4) なぜ, 節が多いほどエネルギーが高くなるのか？

5.8 物理量の値の「量子化」と量子論の名の由来

前節では, 井戸型ポテンシャルに閉じこめられた粒子のエネルギーの値が量子化されることを見た. 一般に, エネルギーに限らず, 古典的には連続な値を持つ物理量が量子論では離散固有値を持つとき, その物理量は「**量子化** (quantize) された」と言う.

この場合の「量子化」は, 要するに「デジタル化（離散化）」と言う意味で

あり，工学のデジタル技術でも，デジタル化のことを「量子化」と言う．もともと**量子** (quantum) というのは，「どのくらいの量」という意味のラテン語から来た言葉で，それ以上小さな量に分割できないような最小単位のことを言う．だから，言葉の意味から言うと，デジタル化のことを量子化というのは理にかなっている[*14)]．

ただし，この意味の「量子化」と，正準量子化の「量子化」（古典論による記述から量子論による記述に移ること）を混同しないように注意して欲しい．例えば前節の例では，古典系を正準量子化した結果，エネルギーがデジタル化された（離散スペクトルになった）が，5.3 節の場合には連続スペクトルになったし，5.12 節のように有限の高さの障壁の場合には離散スペクトルと連続スペクトルの両方を持つようになるので，量子論に移行すれば必ずデジタル化されるわけではない．さらに，正準量子化による古典論から量子論への移行は，不確定性原理（3.19 節）やベルの不等式の破れ（1.3 節，第 8 章）などの，単に物理量の値がデジタル化されるだけにとどまらない，はるかに豊富で深い帰結ももたらすのである．

20 世紀の初めに量子論が作られていく初期の段階では，物理量の値がデジタル化されることに人々が驚き，それをもたらす理論と言う意味で，「量子論」とか「量子力学」という名前を付けた．しかし，その理論ができあがって，その本質がわかってくると，デジタル化はごく一側面に過ぎないことが判ったのである．

このように物理では，用語が決まった後で物理がどんどん進歩してしまって，**用語の意味と実際の物理的内容が異なるようになってしまった例が少なくない**．だから，用語を「読み解く」ようなことはせずに，単なる名前だと思っておくのが無難である．

5.9 重ね合わせの例

5.7 節で考えた系で，初期状態 ($t = 0$) の波動関数が，異なるエネルギー固有

[*14)] もっとも，一般の物理量の離散固有値は最小単位の整数倍になるとは限らないから，本当はやはり「デジタル化」と言うべきであろう．

5.9 重ね合わせの例

状態の重ね合わせ状態

$$\psi_\pm(x,0) \equiv \frac{1}{\sqrt{2}}\varphi_1(x) \pm \frac{1}{\sqrt{2}}\varphi_2(x) \tag{5.56}$$

である場合を考えてみよう．この2つの波動関数の概形を描くと，図5.2のようになる．位置を測定したときの確率密度はこの自乗だから，重ね合わせ係数 $1/\sqrt{2}, \pm 1/\sqrt{2}$ が同符号か異符号かという，相対的な符号の違いで，粒子を見いだす確率が高い場所が変わることが判る．一方，エネルギーの期待値は，(5.55)より，$\langle H \rangle = (E_1 + E_2)/2$ と求まり，重ね合わせ係数（エネルギー固有状態で表した波動関数）の相対的な符号に無関係である．

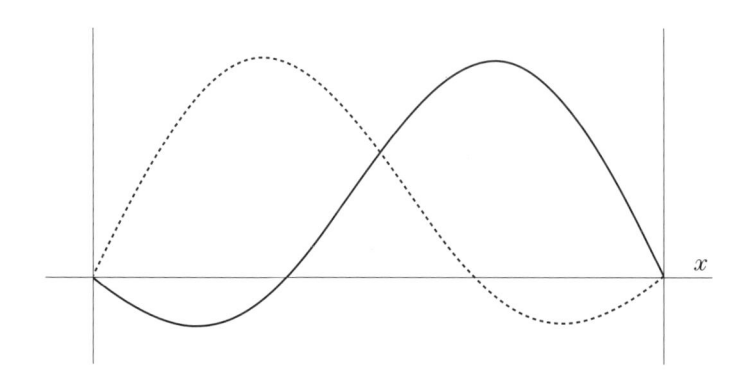

図 5.2 (5.56) の $\psi_+(x,0)$ を実線で，$\psi_-(x,0)$ を破線で描いた．

このように，一般に，物理量 $\hat{A}$ の期待値は，$\hat{A}$ 自身の固有関数で状態ベクトルを展開した重ね合わせ係数（A 表示の波動関数）の相対的な符号には無関係である．なぜなら，$|\psi\rangle = \sum_a \psi(a)|a\rangle$ の時，

$$\langle \psi|\hat{A}|\psi\rangle = \sum_a a|\psi(a)|^2 \tag{5.57}$$

のように，重ね合わせの係数 $\psi(a)$ の絶対値しか効かないからである．しかし，$\hat{A}$ 以外の物理量 $\hat{B}$ の期待値には，一般には，$\psi(a)$ の相対的な符号（というより，複素数としての相対的な位相[*15)]）も効く．なぜなら，

[*15)] 全体的な位相因子については，状態ベクトルにかかる位相因子だから，どんな物理量の測定結果にも効かない．

$$\langle\psi|\hat{B}|\psi\rangle = \sum_{a,a'} \psi^*(a)\langle a|\hat{B}|a'\rangle \psi(a') \tag{5.58}$$

のように, $\psi(a), \psi(a')$ の絶対値だけでは書けないからである.

時刻 t の波動関数は, (5.14) を用いて,

$$\psi_\pm(x,t) = \frac{1}{\sqrt{2}}e^{-i\omega_1 t}\varphi_1(x) \pm \frac{1}{\sqrt{2}}e^{-i\omega_2 t}\varphi_2(x) \tag{5.59}$$

と求まる. ただし, $\omega_n = E_n/\hbar$ は固有 (角) 振動数である. これを,

$$\psi_\pm(x,t) = e^{-i\omega_1 t}\left(\frac{1}{\sqrt{2}}\varphi_1(x) \pm \frac{1}{\sqrt{2}}e^{-i(\omega_2-\omega_1)t}\varphi_2(x)\right) \tag{5.60}$$

と書いてみると, 波動関数全体にかかる位相因子はあってもなくても同じ量子状態を表すのだから,

$$\psi_\pm(x,t) = \frac{1}{\sqrt{2}}\varphi_1(x) \pm \frac{1}{\sqrt{2}}e^{-i(\omega_2-\omega_1)t}\varphi_2(x) \tag{5.61}$$

と同じである. 従って, 系の状態は時々刻々変化してゆき, $(\omega_2-\omega_1)t$ が π の奇数倍になるような時刻には, $e^{-i(\omega_2-\omega_1)t} = -1$ となるから, $\psi_+(x,t)$ は $\psi_-(x,0)$ と同じ状態に, $\psi_-(x,t)$ は $\psi_+(x,0)$ と同じ状態になる. そして, $(\omega_2-\omega_1)t$ が π の偶数倍 (2π の整数倍) になるような時刻には, $e^{-i(\omega_2-\omega_1)t} = 1$ となるから, $\psi_\pm(x,t)$ は $\psi_\pm(x,0)$ と同じ状態に戻る. 以後, これを繰り返す. 従って, 例えば位置を測定したときの確率密度は時々刻々変化するが, これは古典的には, 粒子が左右に行ったり来たりすることに対応する. 一方, エネルギーの期待値は, (5.55) からも判るように, $\langle H \rangle = (E_1 + E_2)/2$ のまま変わらない.

♠ 補足：例 3.23 と同じ結果になった理由

この節で示した計算結果が, p. 98 の例 3.23 とほとんど同じであることに気付いた読者もいると思う. ヒルベルト空間は, 例 3.23 の時は 2 次元で, 今の場合は無限次元だが, 初期状態として, 2 つのエネルギー固有状態だけの重ね合わせを考えたために, (5.59) のように, いくら時間が経ってもその 2 つの状態の重ね合わせだけで書けてしまい, 実質的にヒルベルト空間の次元が 2 次元に落ちているかのようになったのである.

5.10 不確定性関係による基底準位の見積もり

1粒子の系のような単純な量子系では，基底状態のエネルギーを，シュレディンガー方程式を解くことなしに，不確定性関係を用いて見積もることができる．あくまで見積もりなので，数倍程度の誤差は出るが，微分方程式を解かずに（解けなくても）オーダー（桁）が判るので，たいへん便利である．実際の物理系を相手にして考察するときは，オーダーさえ判れば十分目的が果たせることが少なくないのである．

基底状態の固有関数 $\varphi(x)$ が，図5.3のように，空間的に

$$\langle x \rangle - \delta x \lesssim x \lesssim \langle x \rangle + \delta x \tag{5.62}$$

ぐらいの範囲に局在するとする．（δx はまだ未知である．）この意味は，$\varphi(x)$ が (5.62) の範囲に全部すっぽり入っているという意味ではなく，裾の方を除いた部分が入っている，という意味だとする．つまり，$|\varphi(x)|^2$ の積分値（面積）の7〜8割程度が，上記の範囲に入っている，ということだとする．この状態

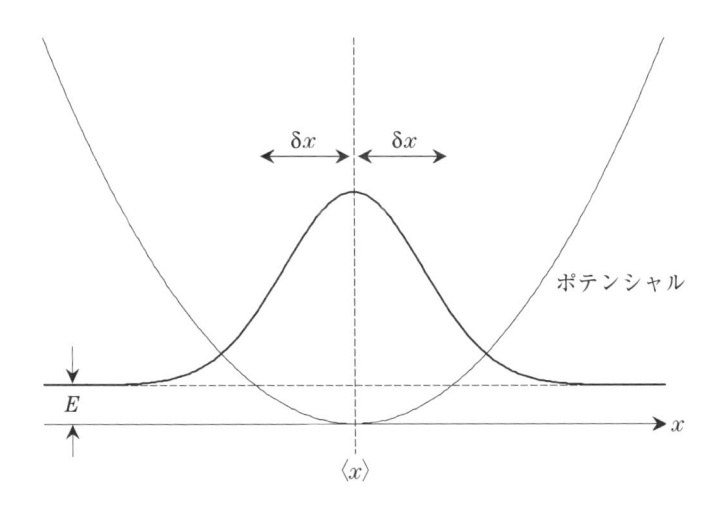

図 5.3 基底状態の固有関数 $\varphi(x)$ の模式図．オーダー（桁）だけの見積もりをするのだから，ポテンシャルや波動関数はこの図とは違っていてもよく，広がりの程度だけが同じならよい．

の粒子の位置測定をすると,位置の測定値は,δx 程度の標準偏差でばらつくことになる.このとき,不確定性関係 (3.200) によれば,運動量のばらつきは,$\delta p \gtrsim \hbar/(2\delta x)$ である.つまり,$\varphi(x)$ は運動量がぴったりゼロになっている状態ではありえず,これだけの揺らぎをもつ.すると,$\delta p^2 = \langle p^2 \rangle - \langle p \rangle^2$ であるから,ハミルトニアン $\hat{p}^2/2m + V(\hat{x})$ の期待値のうち,運動エネルギー $\hat{p}^2/2m$ の期待値は,$\langle p \rangle^2 \geq 0$ も用いて,

$$\left\langle \frac{p^2}{2m} \right\rangle = \frac{\langle p \rangle^2}{2m} + \frac{\delta p^2}{2m} \gtrsim \frac{\langle p \rangle^2}{2m} + \frac{\hbar^2}{8m\delta x^2} \geq \frac{\hbar^2}{8m\delta x^2} \tag{5.63}$$

のように,下限が見積もれる.基底状態なら,この最小値 $\hbar^2/(8m\delta x^2)$ 程度が達成されているだろう,と期待される.δx の具体的な値は,この最小の運動エネルギーと V の期待値の和である,全エネルギー

$$E \sim \frac{\hbar^2}{8m\delta x^2} + \langle V \rangle \tag{5.64}$$

が最小になるような値,ということから目星をつければよい.

例えば,5.7 節の例では,$\varphi(x)$ が $|x| > a/2$ の範囲に少しでも染み出していると $\langle V \rangle = \infty$ になってしまうので,$\varphi(x)$ が $|x| \leq a/2$ の範囲にすっぽり収まっている必要がある.その範囲に収まっていさえすれば,$\langle V \rangle$ は最小値 $\langle V \rangle = 0$ をとる.この条件のもとで運動エネルギーの期待値を最小にするには,$\varphi(x)$ を真ん中にもってきて(従って $\langle x \rangle = 0$),δx をぎりぎりまで大きくすればよい.従って,$\delta x \sim a/4$ 程度になり[*16],基底状態のエネルギーは,

$$E \sim \frac{2\hbar^2}{ma^2} \tag{5.65}$$

程度であろうと見積もれる.これは確かに,正確な結果 (5.53) と $4/\pi^2$ 倍しか違わず,同じオーダー(桁)である.

5.11 水素原子

水素原子では,原子核である陽子のまわりを電子が回っているが,電子の波動関数の広がり(水素原子の半径)のおよその値を a とすると,x, y, z の各方

[*16] オーダー(桁)だけの見積もりだから,$a/3$ でも $a/2$ でも $a/5$ でも構わない.

5.11 水素原子

向に, a 程度の広がりがあることになるので, この3方向分の運動エネルギーと, クーロンエネルギー $\sim -e^2/4\pi\varepsilon_0 a$ を足した全エネルギーは[17],

$$E \sim 3 \times \frac{\hbar^2}{8ma^2} - \frac{e^2}{4\pi\varepsilon_0 a} \tag{5.66}$$

と見積もれる. ただし, m は電子の質量である[18]. この右辺を最小にする a の値と, そのときの E の値を $\frac{\partial}{\partial a}(右辺) = 0$ より求めると,

$$a \sim \frac{3\pi\varepsilon_0 \hbar^2}{me^2}, \quad E \sim -\frac{me^4}{24\pi^2\varepsilon_0^2 \hbar^2} \tag{5.67}$$

と見積もれる. これらは確かに, 水素原子の基底状態の半径とエネルギーの正確な値 (それぞれ, $4\pi\varepsilon_0\hbar^2/me^2$, $-me^4/32\pi^2\varepsilon_0^2\hbar^2$) と, 同じオーダーである[19]. 数値で言うと, 正確な値が $a \simeq 0.5 \times 10^{-10}$m, $E \simeq -14$eV[20] であり, 上記の計算は, 確かにこれと同じ桁を与えている. シュレディンガー方程式を解かなくても, こんな簡単な計算で, 正しい桁が判るのである.

さらに, **水素原子のサイズが決まっている理由も, 安定でいられる理由も, 見て取れる**. 電子は, 原子核にできるだけ近づいて, つまり a を小さくして, クーロンエネルギー $-e^2/4\pi\varepsilon_0 a$ を下げようとする. これは古典論と同じである. しかし, 量子論では, a が小さいほど電子の位置が狭い範囲に確定することになるので, 不確定性関係から運動量の不確定さが増し, 運動エネルギーの方は $\hbar^2/ma^2$ に比例して増えてしまう. (5.66) のように, E はこの相反する2つの項の和なので, a がほどほどの大きさの時に最小になる. このようにして, 水素原子が基底状態にあるときのサイズ (半径) が決まる. 電子が基底状態にあれば, それよりエネルギーの低い状態はないのだから, 電磁波を放出してさ

---

[17] SI 単位系で書いた. cgs ガウス単位系に変換するには全ての式の e^2 を $4\pi\varepsilon_0 e^2$ に変えればよく, ヘビサイド単位系に変換するには全ての式の e^2 を $\varepsilon_0 e^2$ に変えればよい.

[18] 正確には, 電子の質量 m_e と陽子の質量 m_p を用いて $1/m \equiv 1/m_e + 1/m_p$ で定義される**換算質量** (reduced mass) であるが, 電子の方がずっと軽い ($m_e \ll m_p$) ために, m はほとんど m_e に等しい.

[19] ♠ 水素原子の場合は, ビリアル定理というのを使ってもっと正確に基底状態のエネルギーを求めることもできるが, オーダーを求めるには上述のやり方で充分である.

[20] eV (エレクトロンボルト) とは, 素電荷 e をもつ粒子が 1V の電位差を移動したときのポテンシャルエネルギーをエネルギーの単位にしたもので, 物理では非常によく使われる単位である. $e \simeq 1.6 \times 10^{-19}$C なので, 1eV $\simeq 1.6 \times 10^{-19}$J である.

らに低いエネルギーの状態に落ちるようなことは起こりえず，安定である．こうして，1.1 節で述べた問題が量子論で説明できた．

5.12　1次元井戸型ポテンシャル——有限の高さの障壁

今度は，次のような，「壁」の部分のポテンシャルの高さが有限な井戸型ポテンシャルがある場合を考えよう（図5.4）：

$$V(x) = \begin{cases} 0 & (|x| \leq a/2), \\ V_0 > 0 & (|x| > a/2). \end{cases} \tag{5.68}$$

5.7 節と同様に，時間に依らないシュレディンガー方程式

$$E\varphi(x) = \begin{cases} -\dfrac{\hbar^2}{2m}\dfrac{d^2}{dx^2}\varphi(x) & (|x| \leq a/2), \\ \left[-\dfrac{\hbar^2}{2m}\dfrac{d^2}{dx^2} + V_0\right]\varphi(x) & (|x| > a/2) \end{cases} \tag{5.69}$$

を解く．境界条件は，ひとつは 5.2 節の「井戸の内外の解が連続につながる」という条件 (2) である：

$$\varphi(\pm a/2 - 0) = \varphi(\pm a/2 + 0). \tag{5.70}$$

これは，$x = \pm a/2$ のすぐ左側の $\varphi(x)$ の値（それを $\varphi(\pm a/2 - 0)$ と書く）が，$x = \pm a/2$ のすぐ右側の $\varphi(x)$ の値（それを $\varphi(\pm a/2 + 0)$ と書く）と一致する

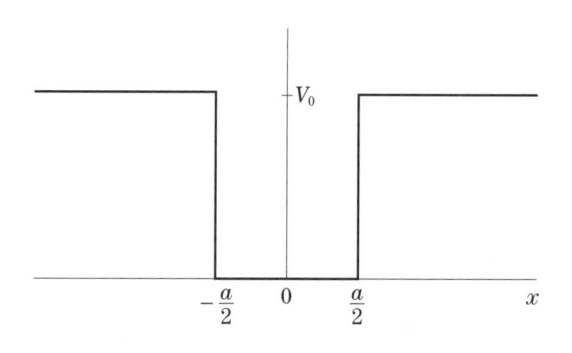

図 5.4　ポテンシャルの高さが有限な井戸型ポテンシャル．

5.12 1次元井戸型ポテンシャル—有限の高さの障壁　　　　　　　　　**165**

べし，と言っている．もうひとつの境界条件は，「井戸の内外の解の微係数も連続につながる」という条件 (3) である：

$$\varphi'(\pm a/2 - 0) = \varphi'(\pm a/2 + 0) \quad \left(\text{ただし，} \varphi'(x) \equiv \frac{d}{dx}\varphi(x)\right). \quad (5.71)$$

引数の意味は (5.70) と同様である．

　5.7 節では壁のポテンシャルの高さが無限だったので (5.47) が課されたが，今の場合はそれは無くなって，代わりに (5.71) が課される．その結果，**壁の中にまで波動関数がしみ出すことが可能になる**．これが 5.7 節との一番の違いである．実際，5.7 節の真似をして $\varphi(x) = e^{Kx} (|x| \leq a/2), e^{K'x} (|x| > a/2)$ とおいて (5.69) に代入してみると，井戸の内側では，$E = -\hbar^2 K^2/2m$ となるので，5.7 節と同様に全ての $E \geq 0$ に対して $K = ik$（純虚数）．一方，井戸の外側では，$E = -\hbar^2 K'^2/2m + V_0$ となるので，K' は，$0 \leq E < V_0$ では実数で，$E \geq V_0$ では虚数になる．従って，解は $0 \leq E < V_0$ と $E \geq V_0$ とで振る舞いが異なることになるので，節を分けて説明しよう．

5.12.1　$0 \leq E < V_0$ の場合

　(5.69) の解は，k, κ を

$$E = \frac{\hbar^2 k^2}{2m} = V_0 - \frac{\hbar^2 \kappa^2}{2m} \quad (5.72)$$

を満たす正の定数として，

$$\varphi(x) = \begin{cases} A \exp(\kappa(x + a/2)) & (x < -a/2) \\ B \cos(kx) + C \sin(kx) & (|x| \leq a/2) \\ D \exp(-\kappa(x - a/2)) & (a/2 < x) \end{cases} \quad (5.73)$$

の形である[*21]．$a/2 < x$ においては，微分方程式を満たすだけなら，$\exp(\kappa x)$ という形の解もありうるが，これは $x \to +\infty$ で無限に大きくなるので，5.2 節の条件 (1) から，そのような項は落とした．同様の理由で，$x < -a/2$ における $\exp(-\kappa x)$ という形の解も落とした．上式が，(5.69), (5.70), (5.71), (5.72) を全て満たすように，定数 A, B, C, D, k, κ を定めてやれば，解が求ま

[*21)] 最初の項を，単に $A\exp(\kappa x)$ としてもよい．違いは，定数 A の違いに吸収できる．最後の項も同様．

る．A, B, C, D には定数倍の不定性が残るが，前節と同様に，規格化条件を満たすように定め，位相因子は好きに選んでよい．

この処方箋(しょほうせん)を実行すると，$x\tan x = y$ のような形の方程式を解くことになる．これは解析的には求まらないので，グラフを書いて近似的に求めるか，計算機で数値的に求めることになる．その結果，$0 \leq E < V_0$ の場合については，5.7節と似たようなエネルギー準位とエネルギー固有状態の波動関数が求まる．ただし，次のような違いがある[*22]：

- 壁に波動関数が少し染み出している．
- その分だけ，エネルギー固有値は，全体に多少低くなる．
- 上のほうの準位ほど，波動関数の染み出しとエネルギー固有値の下がりは，大きくなる．
- $0 \leq E < V_0$ の範囲の解の個数は，有限個になる．

これらのことは，5.10節で述べたことから次のように解釈できる：$\varphi(x)$ が壁の中まで染み出しても $\langle V \rangle$ の上昇は有限なので，(5.64) が最小になるためには，少し染み出して，運動エネルギーを減らした方が得である．こうして，波動関数が，染み出しのないときよりも少し広がり，エネルギーも，染み出しのないときよりも少し下がる．しかし，染み出しによるエネルギーの下がりにも限度があるので，5.7節の時にとてもエネルギーが高かったような状態は，$0 \leq E < V_0$ の範囲にまではエネルギーは下がれない．そのため，$0 \leq E < V_0$ の範囲の解の個数は有限個になる．

求めたエネルギー固有状態をあらためて眺めてみると，(5.73) の形からも判るように，壁に多少染み出すことはあっても，壁の奥に行くにつれて，速やかに（指数関数的に）減衰している．つまり，井戸の近辺に波動関数が局在している．これは，粒子が井戸のポテンシャルに束縛されている状態を表すので，**束縛状態** (bound state) と呼ばれる．その著しい特徴は，エネルギー固有値が離散スペクトルになることである．5.7節の例では，すべての状態が束縛状態で

[*22] もちろん，この問題をグラフを描くなどして解いてみることは練習として大事であるが，**もっとはるかに大事なのは，このような定性的なことを理解することである**．なぜなら，定量的で具体的な結果は，モデルを少し変えただけで変わってしまう特殊な結果であるのに対し，ここで述べるような定性的な結果は，モデルを少しぐらい変えても変わらない**普遍的** (universal) な（「広い範囲で成り立つ」という意味）結果だからである．

あり，無限個あったが，本節の例では有限個の束縛状態しかない．

5.12.2 $E \geq V_0$ の場合

$E \geq V_0$ の解は，k, k' を

$$E = \frac{\hbar^2 k^2}{2m} = \frac{\hbar^2 k'^2}{2m} + V_0 \tag{5.74}$$

を満たす正の定数として，

$$\varphi(x) = \begin{cases} A_1 \cos(k'(x + a/2)) + A_2 \sin(k'(x + a/2)) & (x < -a/2), \\ B \cos(kx) + C \sin(kx) & (|x| \leq a/2), \\ D_1 \cos(k'(x - a/2)) + D_2 \sin(k'(x - a/2)) & (a/2 < x) \end{cases} \tag{5.75}$$

の形を持ち，壁の中に入ってからは，いくら遠方まで行っても，平均的振幅は変わらない．これは，粒子が特定の領域に捕まってはいないことを表している．このような状態を，**非束縛状態** (unbound state) と呼ぶ．(5.75) が，(5.69)，(5.70), (5.71), (5.74) を全て満たすように，定数 $A_1, A_2, \cdots, D_2, k, k'$ を定めれば，解が求まる．そうして得られる解の著しい特徴をひとつだけ述べておくと，エネルギー固有値が連続スペクトルになることである．このため，非束縛状態を**連続状態**と呼ぶこともある．

ちなみに，5.3 節では全てが連続状態であった．また，p.44 の例 3.8 で述べたように，水素原子の中の電子のエネルギー固有状態も，$E \geq 0$ では連続状態になり，その固有エネルギーは連続スペクトルになる．

5.13 波束

再び 1 次元自由粒子を考える．5.3 節ではエネルギー固有状態 $\varphi_k(x)$ を (5.25) のように求めた．それは運動量が確定している $\delta p = 0$ の状態でもあったので，不確定性関係 $\delta x \delta p \geq \hbar/2$ の必然として，位置がまったく確定していない $\delta x = \infty$ の状態であった．ところで，$\hbar$ はとても小さな量であるから，δp をごくわずかだけ許せば，δx もかなり小さく出来るはずである．本節では，エネルギー固有状態を求めるのではなく，このような，運動量も位置もかなり確定している状

態を考えてみる．そのような状態を，**波束** (wave packet) 状態と呼ぶ．

波束状態を作るためには，$\varphi_k(x)$ とは k の値がわずかに異なる状態を重ね合わせればよい．つまり，k' の値が k に近いような $\varphi_{k'}(x)$ を，上手に重ね合わせる．その典型例が，$\varphi_{k'}(x)$ を $\exp[-\frac{\ell^2}{2}(k'-k)^2]$ という重ね合わせ係数で重ね合わせた，次の状態である：

$$\psi(x,0) = \left(\frac{\ell^2}{\pi}\right)^{1/4} \int_{-\infty}^{\infty} \exp\left[-\frac{\ell^2}{2}(k'-k)^2\right] \varphi_{k'}(x) dk'. \tag{5.76}$$

ただし，ℓ は長さの次元をもつ定数であり，積分の前の定数は規格化定数である．$\exp[-\frac{\ell^2}{2}(k'-k)^2]$ は，$k - 1/\ell \lesssim k' \lesssim k + 1/\ell$ ぐらいの範囲で 1 に近く，そこからはずれると急激に小さくなるので，主にこの程度の範囲の $\varphi_{k'}(x)$ を重ね合わせていることになる．(5.76) に (5.25) を代入し，任意の正数 a と任意の複素数 ξ について成り立つ次の**ガウス積分**の公式

$$\int_{-\infty}^{\infty} e^{-a(x+\xi)^2} dx = \sqrt{\frac{\pi}{a}} \qquad (a > 0,\ \xi \in \mathbf{C}) \tag{5.77}$$

を用いて積分を実行すると，

$$\psi(x,0) = \left(\frac{1}{\pi\ell^2}\right)^{1/4} \exp\left[ikx - \frac{1}{2}\left(\frac{x}{\ell}\right)^2\right] \tag{5.78}$$

と簡単になる．これを，**ガウス波束** (gaussian wave packet) と呼ぶ．この波動関数は，$|\psi(x,0)|^2 \propto e^{-(x/\ell)^2}$ から明らかなように，$-\ell \lesssim x \lesssim \ell$ ぐらいの範囲に空間的に局在している．そして，その範囲内で，波のように振動する（図 5.5）．また，(5.25) とは違って，これなら自乗可積分で，1 に規格化されている：

$$\int_{-\infty}^{\infty} |\psi(x,0)|^2 dx = \frac{1}{\sqrt{\pi\ell^2}} \int_{-\infty}^{\infty} e^{-\left(\frac{x}{\ell}\right)^2} dx = \frac{1}{\sqrt{\pi\ell^2}} \sqrt{\pi\ell^2} = 1. \tag{5.79}$$

この状態における，運動量と位置の期待値と揺らぎ（不確定さ）は，それぞれ次のように計算できる（下の問題参照）：

$$\langle p \rangle = \hbar k, \quad \delta p = \frac{\hbar}{\sqrt{2}\,\ell}, \tag{5.80}$$

$$\langle x \rangle = 0, \quad \delta x = \frac{\ell}{\sqrt{2}}. \tag{5.81}$$

従って，ℓ を，

5.13 波束

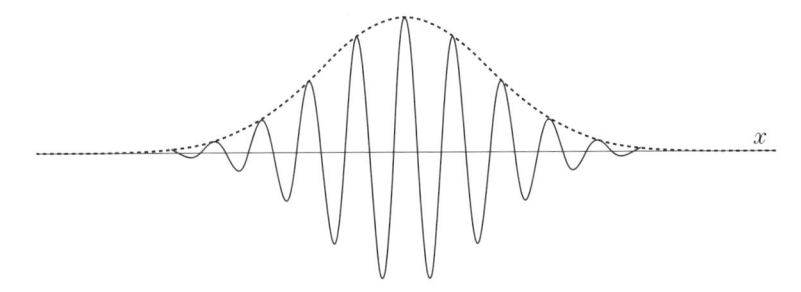

図 5.5 実線はガウス波束 (5.78) の実部．虚部も似たような図になる．破線は (5.78) から e^{ikx} という部分を取り除いたもの（つまり，(5.78) の絶対値）で，ゆるやかな振幅の変化を表している．

$$1/\ell \ll |k| \quad \text{つまり} \quad \ell \gg \lambda \,(\text{ド・ブロイ波長}) \tag{5.82}$$

を満たすように選べば，$\delta p \ll |\langle p \rangle|$ となり，運動量の不確定さは，相対的にとても小さい．位置の不確定さ $\delta x = \ell/\sqrt{2}$ については，$\ell \gg \lambda$ ではあっても，もともと λ は (5.39) のように $\hbar$ に比例するとても小さな値を持つから，ℓ は充分小さな値にとることができて，その結果 $\delta x = \ell/\sqrt{2}$ も充分小さな値になる．こうして，狙い通り，運動量も位置もかなり確定している波束状態が作れた．

問題 5.4 (5.80), (5.81) を示せ．必要なら，(5.77) と，その両辺を a で微分して得られる式を用いよ．

仮に，波束状態に対して，p と x の測定精度が δp, δx より粗い（誤差がこれより大きい）ような実験しかしない場合には，p と x のゆらぎは測定誤差に埋もれてしまい，古典粒子との違いが目立たなくなる．このことから，粒子が古典粒子のように振る舞う状態は波束状態であると考えられる．

なお，後の時刻 t におけるガウス波束状態の波動関数は，(5.76) の $\varphi_{k'}(x)$ を $e^{-i\omega_{k'}t}\varphi_{k'}(x)$ $(\omega_{k'} = E_{k'}/\hbar = \hbar k'^2/2m)$ に置き換えたものになる．それを (5.82) を用いて適当に近似して積分すると，次のことが判る：

- 波の中心は，古典粒子と同じ速度である，次の速度で移動してゆく：

$$\frac{\partial \omega_k}{\partial k} = \frac{\langle p \rangle}{m}. \tag{5.83}$$

- その中心のまわりの波の広がりの幅は，しだいに大きくなってゆく．

これらは，計算の仕方も含めて，古典波動の波束の時間発展と同様である．量子論の自由粒子の満たす $\omega_k = \hbar k^2/2m$ という関係は，古典波動で言えば，$\omega_k \propto |k|$ でない波，即ち「分散のある波」であることを示しているので，波束は次第に広がるのである．その中心の速度である (5.83) は，古典波動でいう「群速度」に他ならない．

5.14 確率の流れ

第 3 章で，確率の和が保存されることを示した．それは，状態ベクトルがシュレディンガー方程式に従って時間発展する場合には，(3.241) で表されている．これを座標表示の波動関数で書けば，

$$\frac{d}{dt}\int_{-\infty}^{\infty} |\psi(x,t)|^2\,dx = 0. \tag{5.84}$$

この式は，粒子を点 x 付近に見出す確率密度

$$|\psi(x,t)|^2 \equiv \rho(x,t) \tag{5.85}$$

の，全空間での積分値の保存だけを言っているが，もっと強く，各点 x についての保存則を導くことができる．1 次元空間を保存力のもとで運動する 1 粒子の運動についてそれを導いてみよう．まず，

$$\frac{\partial}{\partial t}|\psi(x,t)|^2 = \psi^*(x,t)\left(\frac{\partial}{\partial t}\psi(x,t)\right) + \left(\frac{\partial}{\partial t}\psi(x,t)\right)^*\psi(x,t) \tag{5.86}$$

の右辺にシュレディンガー方程式 (5.7) を用いると，

$$\begin{aligned}\frac{\partial}{\partial t}|\psi(x,t)|^2 &= \frac{1}{i\hbar}\left[\psi^*\left(-\frac{\hbar^2}{2m}\frac{\partial^2}{\partial x^2}+V\right)\psi - \left\{\left(-\frac{\hbar^2}{2m}\frac{\partial^2}{\partial x^2}+V\right)\psi\right\}^*\psi\right] \\ &= -\frac{\hbar}{2im}\left[\psi^*\left(\frac{\partial^2}{\partial x^2}\psi\right) - \left(\frac{\partial^2}{\partial x^2}\psi^*\right)\psi\right] \\ &= -\frac{\hbar}{2im}\frac{\partial}{\partial x}\left[\psi^*\left(\frac{\partial}{\partial x}\psi\right) - \left(\frac{\partial}{\partial x}\psi^*\right)\psi\right]. \end{aligned} \tag{5.87}$$

ゆえに，

$$j(x,t) \equiv \frac{\hbar}{2im}\left[\psi^*(x,t)\left(\frac{\partial}{\partial x}\psi(x,t)\right) - \left(\frac{\partial}{\partial x}\psi^*(x,t)\right)\psi(x,t)\right] \tag{5.88}$$

5.14 確率の流れ

とおくと，電磁気学や流体力学などにも出てくる，**連続の式** (equation of continuity)

$$\frac{\partial}{\partial t}\rho(x,t) + \frac{\partial}{\partial x}j(x,t) = 0 \tag{5.89}$$

の形にまとまる．この式の意味をみるために，任意の区間 $[a,b]$ で積分してみると，

$$\frac{\partial}{\partial t}\int_a^b \rho(x,t)dx = j(a,t) - j(b,t). \tag{5.90}$$

そこで，$\int \rho dx$ で表される量（今の場合は，区間 $[a,b]$ に粒子を見いだす確率）について，j がこの量の右方向（x 軸の正の方向）への流れの大きさを表すと考えれば，この式は，

(区間 $[a,b]$ での，$\int \rho dx$ で表される量の単位時間あたりの増し高)

= (単位時間内に，この区間に，左端を通って流れ込んできた量)

− (単位時間内に，この区間に，右端を通って流れ出す量)

と解釈できる．即ち，$\int \rho dx$ で表される量（今の場合は確率）は，

- ちょうど，流れ込みと流れ出しの差し引き分だけ増える．
- どこかから勝手に湧き出したり，消えてなくなったりしない．

つまり，区間の境界 a,b を通らずにこの区間に出入りするようなこと (SF 風に言えば「瞬間移動」) はあり得ない，という常識的な性質を持っていることがわかる．総量を保存するだけなら「瞬間移動」しても保存されるのだが，(5.89) はもっと厳しい**局所的な保存則**が成り立つと言っているのである．今の場合は $\int \rho dx$ は確率なので，j は，x 軸の正の方向への**確率の流れ**を表している[*23]．つまり，(5.89) は，全確率の保存則 (5.84) よりも厳しい，**局所的な確率の保存則**を表している．

なお，3 次元空間の場合は，微分演算子のベクトル

$$\nabla \equiv \left(\frac{\partial}{\partial x}, \frac{\partial}{\partial y}, \frac{\partial}{\partial z}\right) \tag{5.91}$$

を用いて，

[*23] 電磁気学では，$\int \rho dx$ が電荷だったので，j は電荷の流れ，即ち電流（密度）であった．

$$\boldsymbol{j}(\boldsymbol{r},t) \equiv \frac{\hbar}{2mi}\left[\psi^*(\boldsymbol{r},t)\left(\nabla\psi(\boldsymbol{r},t)\right) - \left(\nabla\psi^*(\boldsymbol{r},t)\right)\psi(\boldsymbol{r},t)\right] \tag{5.92}$$

が,**確率の流れの密度**(電磁気学の電流密度に相当)を表し,連続の式は,

$$\frac{\partial}{\partial t}\rho(\boldsymbol{r},t) + \nabla\cdot\boldsymbol{j}(\boldsymbol{r},t) = 0 \tag{5.93}$$

となる.そして,x 方向の確率の流れ J_x (電磁気学の電流に相当)は,

$$J_x(x,t) = \int dy \int dz\, j_x(\boldsymbol{r},t) \tag{5.94}$$

となる.今考えている 1 次元の場合は,x と垂直な方向がないので,流れの密度 = 流れ,となったのである.

例 5.1 自由粒子が (5.27) の状態にあるとき,(5.85), (5.88) から,

$$\rho = \frac{1}{2\pi}, \tag{5.95}$$

$$j = \frac{1}{2\pi}\frac{\hbar k}{m} = \rho\frac{\hbar k}{m} = \rho\frac{p}{m}. \tag{5.96}$$

ただし,この場合は $\int \rho dx$ が 1 に規格化されていないので,ρ も j も相対値だと考える必要がある.それでも,x 軸のいたるところで同じ大きさの流れがあることがわかる.さらに,$j = \rho\frac{p}{m}$ となっているので,「x 軸のいたるところで,同じ大きさの確率密度が,一様に速度 p/m で流れている」と解釈できる.■

例 5.2 自由粒子が (5.78) の波束状態にあるとき,

$$\rho(x,0) = \frac{1}{\sqrt{\pi}\ell}e^{-(x/\ell)^2}, \tag{5.97}$$

$$j(x,0) = \frac{\hbar k}{m}\frac{1}{\sqrt{\pi}\ell}e^{-(x/\ell)^2} = \rho\frac{\hbar k}{m} = \rho\frac{\langle p\rangle}{m}. \tag{5.98}$$

これならきちんと規格化されているので,文字通り,確率密度と確率の流れと解釈できる.x 軸の原点の周り $\pm\ell$ 程度の範囲内に確率が集中しており,それが速度 $\langle p\rangle/m$ で流れつつある(動きつつある)ことが判る.■

なお,この 2 つの例では,たまたま $j = \rho\frac{\langle p\rangle}{m}$ という単純な比例関係が成立したが,**一般の場合にはこれは成り立たない**.それは,電磁気学で,電流を運ぶ

担い手に様々な成分（正電荷，負電荷，速い成分，遅い成分など）が混在している場合に，電流密度 $j = \sum_k \rho_k v_k$ （k は様々な成分を区別するラベル）が，一般には $j = \rho v$ （ただし，$\rho = \sum_k \rho_k, j = \sum_k j_k$）という単純な形にはまとまらない[*24]のと似た事情である．量子論では，干渉効果があるので事情はもっと複雑だが，まとまらないことは納得できるだろう．

5.15　トンネル効果

5.12 節で，たとえ井戸の中に閉じ込められている（束縛状態の）波動関数でも，有限の高さの障壁の中には少し染み出すことを見た．染み出した波動関数の振幅は，障壁の中を進むにつれて指数関数的に急激に減衰するので，障壁の厚みが充分にあれば（5.12 節のように無限長でなくても），波動関数をしっかりと閉じ込められそうである．では，障壁の厚みがとても薄いとどうなるか？その場合は，波動関数は，十分減衰しないうちに障壁を通過してしまう．いったん障壁の外に出てしまえば，波動関数の減衰は止むので，どこまでも減衰せずに伝播する．つまり，障壁の厚みが薄いと，波動関数を完全に閉じ込めることが出来ずに，井戸からもれ出てしまう．言い換えると，障壁は，波動関数を完全に跳ね返すことができずに，一部を透過させてしまう．

これを見るためのいちばん簡単なモデルとして，薄いポテンシャル障壁に粒子がぶつかった場合に，どれだけの確率で透過するかを計算してみよう．ポテンシャルを，幅が a，高さが V_0 (> 0) の，いわゆる**箱形ポテンシャル**（図 5.6）

$$V(x) = \begin{cases} 0 & (x < 0 \text{ or } a < x), \\ V_0 & (0 \leq x \leq a) \end{cases} \tag{5.99}$$

とする．時刻 $t = 0$ における粒子の波動関数は，x_0 を定数として，次の形を持っていたとしよう：

$$\psi(x, 0) = \left(\frac{1}{\pi \ell^2}\right)^{1/4} \exp\left[ikx - \frac{1}{2}\left(\frac{x - x_0}{\ell}\right)^2\right] \quad (k > 0). \tag{5.100}$$

この波動関数は，(5.78) の原点を x_0 にずらしたものなので，$x_0 - \ell \lesssim x \lesssim x_0 + \ell$

[*24]　例えば，金属や半導体では，普通は，正電荷分布と負電荷分布がバランスした $\rho = 0$ の状態で電流が流れるので，$j = \rho v$ では矛盾している．

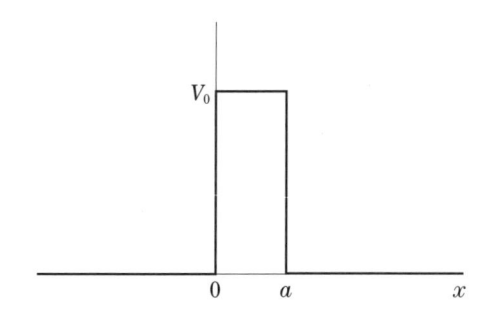

図 5.6 箱形ポテンシャル.

ぐらいの範囲に空間的に局在したガウス波束である．そこで，x_0 を $|x_0| \gg \ell$ を満たす負の値に選んでおけば，この波束はポテンシャル障壁のずっと左側にあることになる．$k > 0$ なので，時間が経つにつれて，この波束は右側に進んでくる．そして，やがてポテンシャル障壁に衝突し，一部が跳ね返され一部が透過することになる．この様子を計算すればよい．

しかし，(5.100) でちゃんと計算するのは多少面倒なので，ここでは簡単のため，$\ell \to \infty$ の極限を考える．(節末の補足を参照．) この極限では，波動関数が無限に広がってしまうので，障壁の左側 ($x < 0$) では，入射してくる波と反射してくる波とが両方とも存在するようになる．それと同時に，障壁の中 ($0 \leq x \leq a$) にも，波が染み込んでいるだろうし，障壁の右側 ($x > a$) には，透過波が正の向きに進んでいるだろう．そして，このような状態がずっと続くという，定常状態が実現されるだろう．この定常状態を求めるために，5.12 節と同様に，時間に依らないシュレディンガー方程式

$$E\varphi(x) = \begin{cases} -\dfrac{\hbar^2}{2m}\dfrac{d^2}{dx^2}\varphi(x) & (x < 0 \text{ or } a < x), \\ \left[-\dfrac{\hbar^2}{2m}\dfrac{d^2}{dx^2} + V_0\right]\varphi(x) & (0 \leq x \leq a) \end{cases} \quad (5.101)$$

を解く．

今は，古典力学では透過できない場合に興味があるので，$0 < E < V_0$ の場合の解を調べよう．$\ell \to \infty$ では波動関数が無限に広がって規格化できないが，今の場合は透過確率だけに興味があるので，入射波の振幅を 1 にとって計算す

5.15 トンネル効果

るのが便利である*25). 5.12 節と同様の考察から, (5.101) の解は, k, κ を

$$E = \frac{\hbar^2 k^2}{2m} = V_0 - \frac{\hbar^2 \kappa^2}{2m} \tag{5.102}$$

を満たす正の定数として,

$$\varphi(x) = \begin{cases} e^{ikx} + re^{-ikx} & (x < 0), \\ Ae^{\kappa x} + Be^{-\kappa x} & (0 \leq x \leq a), \\ te^{ikx} & (a < x) \end{cases} \tag{5.103}$$

の形を持つことが判る. これが $\varphi(x)$ に対する境界条件（$\varphi(x)$ も $\varphi'(x)$ も連続）を満たすように, 定数 r, t, A, B を定めてやればよい.（下の問題参照.）

これらが求まれば, まず, 入射波 e^{ikx} だけ見たときの確率の流れ j_{in} が, (5.88) より,

$$j_{in} = \frac{\hbar k}{m} \tag{5.104}$$

と計算される. 一方, 反射波 re^{-ikx} だけ見たときの確率の流れ j_r と, 透過波 te^{ikx} だけ見たときの確率の流れ j_t は,

$$j_r = -|r|^2 \frac{\hbar k}{m}, \tag{5.105}$$

$$j_t = |t|^2 \frac{\hbar k}{m} \tag{5.106}$$

と計算される. $|j_t|$ の $|j_{in}|$ に対する比は, 粒子がこの障壁を通り抜ける確率, 即ち**透過確率** T と解釈できる：

$$T = \frac{|j_t|}{|j_{in}|} = |t|^2. \tag{5.107}$$

同様に, $|j_r|$ の $|j_{in}|$ に対する比は, 粒子がこの障壁に跳ね返される確率, 即ち**反射確率** R と解釈できる：

$$R = \frac{|j_r|}{|j_{in}|} = |r|^2. \tag{5.108}$$

故に, 下の問題で求めた t, r から, 透過確率も反射確率も求まる. また, 確率

---

*25) 入射波の振幅を C として計算すると, 全体の振幅も C 倍になるので, j_{in}, j_t, j_r は一律に $|C|^2$ 倍になり, 透過確率 T も反射確率 R も, ここの計算結果と同じになる.

の保存から，必ず

$$|j_{in}| = |j_r| + |j_t| \tag{5.109}$$

となるが[*26]，これから，

$$T + R = 1 \tag{5.110}$$

という，当然満たされるべき式が必ず満たされることがわかる．下の問題で求めた解が，実際にこれを満たしていることを確かめて見よ．

E を上下させると T も R も値が変わるが，重要なことは，「$T > 0$ となることが可能である」という事実である．つまり，古典力学では透過できない，粒子のエネルギーよりも高いポテンシャル障壁を，量子論では有限の確率で透過し得る．この現象を**トンネル現象**または**トンネル効果**と言い，様々な系で観測されている．

問題 5.5 t, r を求めて，T, R を計算せよ．

♠ 補足：定常状態でトンネル確率が計算できる理由

$\ell \to \infty$ の極限を考えるところは，上の説明だけでは納得しがたいであろうが，次のようにすればきちんと正当化できる：(5.25) から (5.78) を作ったのと同じようにして，(5.103) を，k について $[k - 1/\ell, k + 1/\ell]$ ぐらいの範囲で重ね合わせて，(5.100) を作ることができる．(重ね合わせの係数の位相をうまく調整すれば，中心を x_0 にもっていける．) 従って，時刻 t における波動関数は，(5.103) に，この重ね合わせ係数と $\exp(-iE_k t/\hbar)$ をかけて，足し合わせたものに過ぎない．このようにして (5.100) の時間発展を計算すると，波束が進んできて，衝突し，一部が跳ね返され一部が透過する，という解になる．それから透過確率・反射確率を計算した結果は，波数が $[k - 1/\ell, k + 1/\ell]$ ぐらいの範囲では t, r の値があまり変化しない場合には（つまり，そうなるほど ℓ が大きければ），上で計算したものと一致する．要するに，本節の計算は，波束を形成する各成分ごとに t, r を計算したことになっており，どの成分についても t, r の値が同じであれば，正しい結果を与えるのである．

[*26] ♠ これは，「このモデルでは，入射粒子は透過するか反射されるかのどちらかであり，途中に捕まってしまったりしない」ということを表している．

5.16 調和振動子

例 4.1 (p. 114) の 1 次元調和振動子のエネルギー固有状態，つまり，(4.16) のハミルトニアン $\hat{H}$ の固有状態を求めてみよう．もちろん，シュレディンガー表示を用いて微分方程式の問題として解いてもよいのだが，ここでは，よく使われる別の解法を述べる．

ちょっと天下りだが，ハミルトニアン (4.16) を次のように因数分解する：

$$\hat{H} = \frac{\hbar\omega}{2}\left(\sqrt{\frac{m\omega}{2\hbar}}\hat{q} + \frac{i}{\sqrt{2m\hbar\omega}}\hat{p}\right)\left(\sqrt{\frac{m\omega}{2\hbar}}\hat{q} - \frac{i}{\sqrt{2m\hbar\omega}}\hat{p}\right) \\ + \frac{\hbar\omega}{2}\left(\sqrt{\frac{m\omega}{2\hbar}}\hat{q} - \frac{i}{\sqrt{2m\hbar\omega}}\hat{p}\right)\left(\sqrt{\frac{m\omega}{2\hbar}}\hat{q} + \frac{i}{\sqrt{2m\hbar\omega}}\hat{p}\right). \quad (5.111)$$

これを見ると，次の演算子の関数になっていることが判る：

$$\hat{a} \equiv \sqrt{\frac{m\omega}{2\hbar}}\hat{q} + \frac{i}{\sqrt{2m\hbar\omega}}\hat{p}. \quad (5.112)$$

実際，

$$\hat{a}^\dagger = \sqrt{\frac{m\omega}{2\hbar}}\hat{q} - \frac{i}{\sqrt{2m\hbar\omega}}\hat{p} \quad (5.113)$$

となるので，$\hat{H}$ は

$$\hat{H} = \frac{\hbar\omega}{2}(\hat{a}\hat{a}^\dagger + \hat{a}^\dagger\hat{a}) \quad (5.114)$$

と書ける．$\hat{a}^\dagger \neq \hat{a}$ なので，$\hat{a}, \hat{a}^\dagger$ は**自己共役ではない**ことに注意しよう．これらの交換関係は，(4.12) を用いれば，

$$[\hat{a}, \hat{a}^\dagger] = 1 \quad (5.115)$$

と求まる．実は，因数分解するときに $\hbar\omega/2$ という因子を前に出したのは，この交換関係の右辺をちょうど 1 にして，この後の議論を簡単にするためだったのである．

$\hat{H}$ に限らず，この系の全ての物理量は $\hat{a}, \hat{a}^\dagger$ の関数として表せる．なぜなら，全ての物理量は $\hat{q}, \hat{p}$ の関数として表せるわけだが，その $\hat{q}, \hat{p}$ が，(5.112), (5.113) を逆に解けば，次のように $\hat{a}, \hat{a}^\dagger$ の線形結合として表せるからである：

$$\hat{q} = \sqrt{\frac{\hbar}{2m\omega}}(\hat{a} + \hat{a}^\dagger), \quad \hat{p} = -i\sqrt{\frac{m\hbar\omega}{2}}(\hat{a} - \hat{a}^\dagger). \tag{5.116}$$

従って，上の書き換えは，もともとは (4.12) を満たす自己共役な演算子 $\hat{q}, \hat{p}$ を基本変数として書かれていた理論を，**それと全く等価な**，自己共役でない演算子 $\hat{a}, \hat{a}^\dagger$ を基本変数とする理論に書き換えたことに相当する．このように書き換えておいて問題を解こう，というわけである．

まず，(5.115) を (5.114) に用いると，

$$\hat{H} = \hbar\omega\left(\hat{n} + \frac{1}{2}\right). \tag{5.117}$$

ただし，

$$\hat{n} \equiv \hat{a}^\dagger \hat{a} \tag{5.118}$$

とおいた．これは，$\hat{n}^\dagger = (\hat{a}^\dagger \hat{a})^\dagger = \hat{a}^\dagger \hat{a} = \hat{n}$ より，自己共役である．その固有値を n, 固有ベクトルを $|n\rangle$ とする（縮退がない理由は後述）：

$$\hat{n}|n\rangle = n|n\rangle. \tag{5.119}$$

任意の演算子 $\hat{A}, \hat{B}, \hat{C}$ について成立する便利な公式（両辺をばらしてみればすぐ確かめられる）

$$[\hat{A}\hat{B}, \hat{C}] = \hat{A}[\hat{B}, \hat{C}] + [\hat{A}, \hat{C}]\hat{B} \tag{5.120}$$

と (5.115) を用いると，

$$[\hat{n}, \hat{a}] = -\hat{a}, \tag{5.121}$$

$$[\hat{n}, \hat{a}^\dagger] = \hat{a}^\dagger \tag{5.122}$$

を得る．これと (5.116) を用いれば，$\hat{n}$ は $\hat{q}$ とも $\hat{p}$ とも交換せず，$\hat{n}$ と交換する $\hat{q}, \hat{p}$ の関数は $\hat{n}$ の関数になっているものだけである，と判る．全ての物理量は $\hat{q}, \hat{p}$ の関数として表せるのだから，$\hat{n}$ と交換する物理量は $\hat{n}$ の関数になっているものだけである．従って，交換する物理量の完全集合として，シュレディンガー表現のときの $\hat{q}$ の代わりに，$\hat{n}$ を採用することができる．すると，3.22 節に述べた事から，ヒルベルト空間は，$\hat{n}$ の固有ベクトル $|n\rangle$ で張られる空間

5.16 調和振動子

$$\mathcal{H} = \left\{ |\psi\rangle \,\middle|\, |\psi\rangle = \sum_n \psi(n)|n\rangle,\ \psi(n) \in \mathbf{C},\ \sum_n |\psi(n)|^2 = \text{有限} \right\} \quad (5.123)$$

に採ればよく，そうすると $|n\rangle$ には縮退がなくなる．定理 4.1 (p. 127) より，どのようにヒルベルト空間を構成しても，全てユニタリー同値で同じ物理的結果を与えるので，これで計算すれば充分である．

$\hat{n}$ の固有値スペクトルを求めるために，しばらく計算をする[*27]．まず，(5.119) と $|n\rangle$ の内積をとり，(5.118) を用いると，

$$n = \langle n|\hat{n}|n\rangle = \langle n|\hat{a}^\dagger \hat{a}|n\rangle = \|\hat{a}|n\rangle\|^2 \geq 0. \quad (5.124)$$

つまり，$\hat{n}$ には負の固有値は無いことが判る．また，(5.121) をばらした式を $|n\rangle$ に演算してみると

$$\hat{n}\hat{a}|n\rangle - \hat{a}\hat{n}|n\rangle = -\hat{a}|n\rangle. \quad (5.125)$$

左辺第 2 項 $\hat{a}\hat{n}|n\rangle = \hat{a}n|n\rangle = n\hat{a}|n\rangle$ を右辺に移項すると

$$\hat{n}(\hat{a}|n\rangle) = (n-1)(\hat{a}|n\rangle). \quad (5.126)$$

これは，$\hat{a}|n\rangle$ が，固有値 $n-1$ に属する $\hat{n}$ の固有ベクトル $|n-1\rangle$ であることを示している．ただし，規格化されていないかもしれないので，c_n を規格化定数として $\hat{a}|n\rangle = c_n|n-1\rangle$ とおこう．c_n を求めるために，(5.124) の右辺にこの式を代入すると，$n = |c_n|^2$ を得る．c_n の位相は任意だから正に選べば，

$$\hat{a}|n\rangle = \sqrt{n}|n-1\rangle. \quad (5.127)$$

このように，$\hat{a}$ は n を 1 だけ減らす演算子になっていることがわかる．それゆえ，$\hat{a}$ を **消滅演算子** (annihilation operator) と呼ぶ．

(5.124) より $n \geq 0$ だが，一方で (5.127) によると，もしも整数でない固有値 n があれば，その $|n\rangle$ に $\hat{a}$ を何回か演算すれば，$n < 0$ の $|n\rangle$ を作れてしまって矛盾する．例えば，$n = 1.5$ の固有状態があるとすると，(5.127) を用いて，$\hat{a}\hat{a}|1.5\rangle = \hat{a}\sqrt{1.5}|0.5\rangle = \sqrt{1.5 \times 0.5}|-0.5\rangle$ となり，$n = -0.5$ の固有状態が作れてしまう．矛盾が生じないためには，n が整数に限定されていればよい．n

---

[*27] 固有ベクトル $|n\rangle$ の方は，基底に選んだのだから，「求める」必要はない．

が整数であれば，例えば $|3\rangle$ に $\hat{a}$ を繰り返し演算して $|2\rangle, |1\rangle, |0\rangle$ までは作れるが，そこから先へ進もうとしても，(5.127) は

$$\hat{a}|0\rangle = 0 \tag{5.128}$$

となるので，$|-1\rangle$ が作られずに済む．こうして，n は非負の整数に限定された．

では n に上限はあるのか？それを調べるために，(5.122) をばらした式を $|n\rangle$ に演算して整理すると

$$\hat{n}\left(\hat{a}^{\dagger}|n\rangle\right) = (n+1)\left(\hat{a}^{\dagger}|n\rangle\right). \tag{5.129}$$

これは，$\hat{a}^{\dagger}|n\rangle$ が，固有値 $n+1$ に属する $\hat{n}$ の固有ベクトル $|n+1\rangle$ であることを示している．ただし，規格化されていないかもしれないので，c'_n を規格化定数として $\hat{a}^{\dagger}|n\rangle = c'_n|n+1\rangle$ とおこう．c'_n を求めるために，$|n+1\rangle$ とこの式の内積をとれば，$c'_n = \langle n+1|\hat{a}^{\dagger}|n\rangle$ となるが，(5.127) で $n \to n+1$ とした式の共役から $\langle n+1|\hat{a}^{\dagger} = \sqrt{n+1}\langle n|$ だから，$c'_n = \sqrt{n+1}$ を得る．故に，

$$\hat{a}^{\dagger}|n\rangle = \sqrt{n+1}|n+1\rangle. \tag{5.130}$$

このように，$\hat{a}^{\dagger}$ は n を 1 だけ増やす演算子になっているので，**生成演算子** (creation operator) と呼ばれる．$|n\rangle$ に $\hat{a}^{\dagger}$ を繰り返し演算すれば，$|n+1\rangle, |n+2\rangle, \cdots$ といくらでも作れるので，n に上限はないことが判る．

以上のことから，$\hat{n}$ の固有値 n は任意の非負整数 $0, 1, 2, \cdots$ をとることが判った．これから直ちに，エネルギー固有値が判る．実際，ハミルトニアンは (5.117) のように $\hat{n}$ だけで書けているので，

$$\hat{H}|n\rangle = \hbar\omega\left(n + \frac{1}{2}\right)|n\rangle. \tag{5.131}$$

即ち，エネルギー固有状態は $|n\rangle$ で，エネルギー固有値は

$$E_n \equiv \hbar\omega\left(n + \frac{1}{2}\right) \quad (n = 0, 1, 2, \cdots) \tag{5.132}$$

のように**等間隔**で**量子化**されていることが判る．これが，調和振動子の大きな特徴である．

特に注目すべきは基底状態である．基底状態は $n=0$ の状態 $|0\rangle$ であるが，

5.16 調和振動子

そのエネルギーはゼロではない：

$$E_0 = \frac{\hbar\omega}{2}. \tag{5.133}$$

その理由は，ハミルトニアンの元の表式 (4.16) で考えるとよくわかる．不確定性関係

$$\delta q \delta p \geq \frac{\hbar}{2} \tag{5.134}$$

より，q, p が両方ともゼロに定まった状態は許されない．そして，$\langle q^2 \rangle = \langle q \rangle^2 + (\delta q)^2 \geq (\delta q)^2$, $\langle p^2 \rangle = \langle p \rangle^2 + (\delta p)^2 \geq (\delta p)^2$ なので，

$$\begin{aligned}
\langle \hat{H} \rangle &= \frac{1}{2m}\langle p^2 \rangle + \frac{m\omega^2}{2}\langle q^2 \rangle \\
&\geq \frac{1}{2m}(\delta p)^2 + \frac{m\omega^2}{2}(\delta q)^2 \quad (\text{等号は } \langle q \rangle = \langle p \rangle = 0 \text{ のとき}) \\
&\geq 2\sqrt{\frac{1}{2m}(\delta p)^2 \cdot \frac{m\omega^2}{2}(\delta q)^2} \quad \left(\text{等号は} \frac{1}{2m}(\delta p)^2 = \frac{m\omega^2}{2}(\delta q)^2 \text{のとき}\right) \\
&= \omega \delta q \delta p \\
&\geq \frac{\hbar\omega}{2} \quad \left(\text{等号は} \delta q \delta p = \frac{\hbar}{2} \text{のとき}\right).
\end{aligned} \tag{5.135}$$

ここに現れた $\geq$ 達の等号が満たされる条件を全て $|0\rangle$ が満たしていることが，$\hat{q}, \hat{p}$ を $\hat{a}, \hat{a}^\dagger$ で表して計算すれば確認できる（以下の問題参照）．一般に，最後の等号を満たす状態，つまり不確定性関係をギリギリで満たすような状態を，**最小不確定状態** (minimum uncertainty state) と呼ぶが，基底状態 $|0\rangle$ は，最小不確定状態のひとつだったのである．この状態でも q, p は定まった値はもたないので，直感的な（不正確な）言い方をすれば，ゆらゆらと微少に振動しているようなものである．これを俗に**零点振動** (zero-point oscillation) と呼び，E_0 を**零点エネルギー** (zero-point energy) と呼ぶ．

問題 5.6 $\langle n|\hat{q}|n\rangle$ と $\langle n|\hat{q}^2|n\rangle$ を求めよ．

問題 5.7 (5.135) に現れた $\geq$ 達の等号が満だされる条件を全て $|0\rangle$ が満たしていることを示せ．

問題 5.8 $\{|n\rangle\}$ を基底に選び，$|n\rangle, \hat{a}, \hat{a}^\dagger, \hat{q}$ を行列表示（4.6 節）せよ．

最後に，$|n\rangle$ の座標表示

$$\varphi_n(q) \equiv \langle q|n\rangle \tag{5.136}$$

を求めておこう．まず，基底状態の満たす式 (5.128) を座標表示する：

$$\left(\sqrt{\frac{m\omega}{2\hbar}}q + \sqrt{\frac{\hbar}{2m\omega}}\frac{\partial}{\partial q}\right)\varphi_0(q) = 0. \tag{5.137}$$

これを満たす自乗可積分な関数は，明らかに

$$\varphi_0(q) \propto \exp\left(-\frac{m\omega}{2\hbar}q^2\right). \tag{5.138}$$

これは，ガウス波束 (5.78) の $k = 0$, $\ell = \sqrt{\hbar/m\omega}$ の場合（p. 169 の図 5.5 の破線）に他ならず，$q = 0$ の付近に局在している．ガウス積分の公式 (5.77) を用いて規格化定数まで求めると，

$$\varphi_0(q) = \left(\frac{m\omega}{\pi\hbar}\right)^{1/4} \exp\left(-\frac{m\omega}{2\hbar}q^2\right). \tag{5.139}$$

励起状態 $\varphi_n(q)$ ($n \geq 1$) を求めるには，(5.130) を座標表示した，

$$\varphi_{n+1}(q) = \frac{1}{\sqrt{n+1}}\left(\sqrt{\frac{m\omega}{2\hbar}}q - \sqrt{\frac{\hbar}{2m\omega}}\frac{\partial}{\partial q}\right)\varphi_n(q) \tag{5.140}$$

を用いる．まず $n = 0$ として，(5.139) を右辺に用いれば，$\varphi_1(q)$ が求まる．次に $n = 1$ として，求めた $\varphi_1(q)$ を右辺に用いれば，$\varphi_2(q)$ が求まる．これを繰り返せば，全ての $\varphi_n(q)$ が求まる．結果は，$\varphi_0(q)$ に q の n 次多項式がかかったものになるが，その多項式は**エルミート多項式**と呼ばれている．

問題 5.9 この手続きを実行し，$\varphi_1(q)$ を求めよ．

♠♠ 補足：可分なヒルベルト空間

(5.123) を見ると，$\mathcal{H}$ の基底の数は可算無限だから，$\dim \mathcal{H}$ は可算無限であることが判る．一般に，そのようなヒルベルト空間を**可分** (separable) なヒルベルト空間と呼ぶ．(5.123) とユニタリー同値な (4.30) は，一見すると連続無限次元にも見えるが，4.3.3 節で述べたように，(4.30) の右辺にある $|q\rangle$ は $\mathcal{H}$ の元ではないので，この表式から連続無限次元と判断するのは間違いなのである．この例に限らず，一般に，既約表現すれば $\mathcal{H}$ は可分になることが知られている．

第 6 章
時間発展について

この章では，時間発展について，知っておくべきことをいくつか述べる．

6.1 外場のかかった系の時間発展

3.23 節で，閉じた系の時間発展が (3.217) で与えられることを述べたが，系が外部系からの影響をうけている場合には，その外部系も含む全体系に (3.217) を適用しなければならなくなる．そこから，系だけみたときの時間発展を導いてみると，摩擦や抵抗力などの散逸がある量子系の時間発展になり[*1)]，もはや (3.217) の形には一般にはならない．

しかしながら，例外もある．外部系の影響が**外場** (external field)[*2)] と見なせたり，系のパラメータ（例えば，バネ定数）の値を変化させるだけだと見なせる場合で，しかも，その外場やパラメータの値が，系の状態変化に左右されずに，あらかじめ定められたとおりの時間発展をするような場合である．そのような場合には，全体系に (3.217) を適用した式から，系だけみたときの時間発展を簡単に導くことができ，その結果は，多くの場合，また (3.217) の形になる：

$$i\hbar \frac{d}{dt}|\psi(t)\rangle = \hat{H}(t)|\psi(t)\rangle. \tag{6.1}$$

ただし，外場やパラメータの時間変化の影響が，ハミルトニアンが時間に依存するという形に集約されて，右辺の $\hat{H}(t)$ として現れている．この場合でも，

[*1)] ♠ 詳しくは，非平衡統計物理学，レーザー物理学，量子光学などで学ぶであろう．
[*2)] 系の外部からかかる磁場や電場などの古典場のこと．

3.24.4 節に書いた計算はそのまま成り立つので，系の状態ベクトルは，時間と共に，連続的にユニタリー変換されてゆく．

例えば，1 次元調和振動子に，時間に依存する古典外場 $F(t)$ がかっている場合には，その古典的ポテンシャルエネルギーは $-xF(t)$ だから，そのまま素直に量子化すれば，

$$\hat{H}(t) = \frac{1}{2m}\hat{p}^2 + \frac{m\omega}{2}\hat{x}^2 - \hat{x}F(t) \tag{6.2}$$

となる．また，バネ定数が時間変化する場合には，その（古典）振動数 ω が時間変化するので，

$$\hat{H}(t) = \frac{1}{2m}\hat{p}^2 + \frac{m\omega(t)^2}{2}\hat{x}^2. \tag{6.3}$$

これらの量子系は，このようなハミルトニアンで，(6.1) に従って時間変化すると考えられる．古典力学では，これらは強制振動やパラメトリック励振を起こすハミルトニアンだが，量子論でも似たような現象が起こり，振動が増幅されたりする．$F(t)$ や $\omega(t)$ を通じて，外部系とエネルギーがやりとりされるので，時間とともに系のエネルギーは変化する（6.3.4 節参照）．

6.2 時間発展演算子

6.2.1 一般論

閉じた系または前節で述べたような場合には，$|\psi(t)\rangle$ は $|\psi(0)\rangle$ をユニタリー変換したものであった．この場合のユニタリー変換は，ひとつのヒルベルト空間内でのユニタリー変換なので，その空間の上の演算子で書ける．それを $\hat{U}(t)$ と書こう：

$$|\psi(t)\rangle = \hat{U}(t)|\psi(0)\rangle. \tag{6.4}$$

この $\hat{U}(t)$ を**時間発展演算子** (time evolution operator) と呼ぶ．

ユニタリー変換は 1 対 1 対応の変換（写像）だから，$\hat{U}(t)$ は逆変換（逆写像）を表す演算子 $\hat{U}^{-1}(t)$ を持つ：

$$|\psi(0)\rangle = \hat{U}^{-1}(t)|\psi(t)\rangle. \tag{6.5}$$

6.2 時間発展演算子

また,ノルムが保存されることから,

$$\langle\psi(0)|\psi(0)\rangle = \langle\psi(t)|\psi(t)\rangle = \langle\psi(0)|\hat{U}^\dagger(t)\hat{U}(t)|\psi(0)\rangle \tag{6.6}$$

が,任意の $|\psi(0)\rangle$ について成り立つので,

$$\hat{U}^\dagger(t)\hat{U}(t) = \hat{1} \tag{6.7}$$

である.$\hat{U}(t)$ は逆演算子を持っていたので,これは,

$$\hat{U}^\dagger(t) = \hat{U}^{-1}(t) \tag{6.8}$$

を意味する.逆演算子は,当然,$\hat{U}(t)\hat{U}^{-1}(t) = \hat{1}$ を満たすので,(6.7) の積の順序を入れ換えた

$$\hat{U}(t)\hat{U}^\dagger(t) = \hat{1} \tag{6.9}$$

も成り立つ.一般に,$\hat{U}^\dagger = \hat{U}^{-1}$ を満たす演算子 $\hat{U}$ を**ユニタリー演算子** (unitary operator) と呼ぶが,(6.8) より $\hat{U}(t)$ もユニタリー演算子である.閉じた系(または前節で述べたような場合)の時間発展は,状態ベクトルにユニタリーな時間発展演算子を作用させることとして表せるわけだ.

$\hat{U}(t)$ の満たすべき方程式は,(6.4) をシュレディンガー方程式 (6.1) に代入した式が任意の $|\psi(0)\rangle$ について成立することより,

$$i\hbar\frac{d}{dt}\hat{U}(t) = \hat{H}(t)\hat{U}(t) \tag{6.10}$$

となる.これは 1 階の微分方程式だから初期条件が要るが,それは (6.4) で $t=0$ とおくことにより,

$$\hat{U}(0) = \hat{1}. \tag{6.11}$$

この 2 つの式を満たす解を求めることは以下の小節で行う.

6.2.2 ハミルトニアンが時間に依存しない場合

$\hat{H}$ が時間に依存しないという通常の場合には,(6.10), (6.11) を満たす解は簡単な形をしている(下の問題参照):

$$\hat{U}(t) = \exp\left(\frac{\hat{H}}{i\hbar}t\right). \tag{6.12}$$

ここで，演算子 $\hat{A}$ の指数関数 $\exp(\hat{A})$ は，複素数の指数関数 (A.1) と同様に冪展開で定義される：

$$\exp(\hat{A}) = \hat{1} + \hat{A} + \frac{\hat{A}^2}{2!} + \frac{\hat{A}^3}{3!} + \cdots. \tag{6.13}$$

従って，

$$\hat{U}(t) = \hat{1} + \frac{\hat{H}}{i\hbar}t + \frac{1}{2!}\left(\frac{\hat{H}}{i\hbar}t\right)^2 + \frac{1}{3!}\left(\frac{\hat{H}}{i\hbar}t\right)^3 + \cdots. \tag{6.14}$$

問題 6.1 これが実際に (6.10), (6.11) を満たすことを確かめよ．

ところで，(6.12) 以降の計算結果が，普通の数（実数や複素数）を引数とする指数関数の計算と同様の結果になっていることに気付いた読者もいると思う．それは，指数関数の引数に入っている演算子が，$\hat{H}$ だけしかなかったためである．一般に，ただひとつの演算子とその関数しか出てこないような計算では，どんな演算子も自分自身とは交換することから，演算子と普通の数の違いである，他の演算子と交換しないという事実を発揮する場面がなく，普通の数を引数とする時と同様の結果になる．だから例えば，

$$\frac{d}{dt}\exp(\hat{A}t) = \hat{A}\exp(\hat{A}t) = \exp(\hat{A}t)\hat{A}, \tag{6.15}$$

$$\exp(-\hat{A})\exp(\hat{A}) = \exp(\hat{A} - \hat{A}) = \exp(\hat{0}) = \hat{1} \tag{6.16}$$

などとなる．後者の式と，(6.8) から，

$$\hat{U}^\dagger(t) = \exp\left(-\frac{\hat{H}}{i\hbar}t\right) \tag{6.17}$$

が判る．あるいはこれは，(6.14) の共役をとれば，右辺の全ての項の i が $-i$ に変わるだけだから，直ちに判る．また，

$$\left[\hat{H}, \hat{U}(t)\right] = \left[\hat{H}, \hat{U}^\dagger(t)\right] = 0 \tag{6.18}$$

も明らかである．

以上のように，$\hat{H}$ が時間に依存しない場合には，時間発展演算子は簡単な形

6.2 時間発展演算子

をしている.一方,$\hat{H}$ が前節のように時間に依存する場合には,$\hat{H}(t)$ は時々刻々異なる演算子に変わってゆくから,上記のような単純な計算は成立しない.そのため,$\hat{U}(t)$ の具体的な表式を求めるのは,少々面倒である.(興味のある読者は,次の小節を参照されたい.) もちろん,(6.11) までの式はその場合でも成り立つ.

6.2.3 ♠ ハミルトニアンが時間に依存する場合

$\hat{H}$ が時間に依存する場合の $\hat{U}(t)$ の具体的な表式も導いておこう.$\hat{H}(t)$ は時々刻々異なる演算子に変わってゆくから,一般には

$$[\hat{H}(t), \hat{H}(t')] \neq 0 \tag{6.19}$$

であるので,問題 6.1 の解答のように,時間微分した時に出てくる項たちを,$\hat{H}(t)$ を前に出してくくる,という形にできなくなってしまう.そこで,(6.10) を積分した

$$\hat{U}(t) = \hat{1} + \frac{1}{i\hbar} \int_0^t \hat{H}(t_1) \hat{U}(t_1) dt_1 \tag{6.20}$$

を考える.これは,(6.10) は満たすものの,まだ右辺に求めるべき量 $\hat{U}(t_1)$ が残っているので解とは言えず,**形式解** (formal solution) であるが,その邪魔な $\hat{U}(t_1)$ に (6.20) 自身($の t_1$ を t_2 とし,t を t_1 とした式)を代入すると,

$$\hat{U}(t) = \hat{1} + \frac{1}{i\hbar} \int_0^t \hat{H}(t_1) dt_1 + \frac{1}{(i\hbar)^2} \int_0^t \int_0^{t_1} \hat{H}(t_1) \hat{H}(t_2) \hat{U}(t_2) dt_1 dt_2. \tag{6.21}$$

そしてもう一度,右辺の邪魔な $\hat{U}(t_2)$ に (6.20) 自身を代入する,というような作業を無限回繰り返すと,次の無限級数解を得る:

$$\begin{aligned}\hat{U}(t) = \hat{1} &+ \frac{1}{i\hbar} \int_0^t \hat{H}(t_1) dt_1 + \frac{1}{(i\hbar)^2} \int_0^t \int_0^{t_1} \hat{H}(t_1) \hat{H}(t_2) dt_1 dt_2 \\ &+ \frac{1}{(i\hbar)^3} \int_0^t \int_0^{t_1} \int_0^{t_2} \hat{H}(t_1) \hat{H}(t_2) \hat{H}(t_3) dt_1 dt_2 dt_3 + \cdots. \end{aligned} \tag{6.22}$$

これは,積分範囲が $t \geq t_1 \geq t_2 \geq \cdots$ を満たすことに注意すると,「異なる時間の演算子の積は,時間の順序に並べ替えなさい」という命令である**時間順序積** T を使って,

$$\hat{U}(t) = \vec{T}\left\{\hat{1} + \frac{1}{i\hbar}\int_0^t \hat{H}(t_1)dt_1 + \frac{1}{2!(i\hbar)^2}\int_0^t\int_0^t \hat{H}(t_1)\hat{H}(t_2)dt_1dt_2\right.$$
$$\left. + \frac{1}{3!(i\hbar)^3}\int_0^t\int_0^t\int_0^t \hat{H}(t_1)\hat{H}(t_2)\hat{H}(t_3)dt_1dt_2dt_3 + \cdots\right\} \quad (6.23)$$

と書き直せる（下の問題参照）．すると，この式の{ }内はちょうど指数関数にまとまる：

$$\hat{U}(t) = \vec{T}\left\{\hat{1} + \frac{1}{i\hbar}\int_0^t \hat{H}(t')dt' + \frac{1}{2!}\left(\frac{1}{i\hbar}\int_0^t \hat{H}(t')dt'\right)^2\right.$$
$$\left. + \frac{1}{3!}\left(\frac{1}{i\hbar}\int_0^t \hat{H}(t')dt'\right)^3 + \cdots\right\}$$
$$= \vec{T}\exp\left(\frac{1}{i\hbar}\int_0^t \hat{H}(t')dt'\right). \quad (6.24)$$

この最後の表式は，見かけが簡単なので，よく用いられる．ただし，時間順序積の意味をあまり単純に受けとるのは危険なので[*3]，あくまで (6.24) は (6.22) の略記に過ぎないことを忘れてはいけない．

問題 6.2 (6.22) が (6.23) のように書き直せることを示せ．

なお，このようにハミルトニアンが時間に依存する場合は，(6.19), (6.22) から解るように，(6.18) のような単純な関係は一般には成り立たなくなる：

$$\left[\hat{H}(t),\hat{U}(t)\right] \neq 0, \quad \left[\hat{H}(t),\hat{U}^\dagger(t)\right] \neq 0. \quad (6.25)$$

6.3 ハイゼンベルク描像

量子論では，実験と比較できる量（測定値の確率分布，あるいは，そこから導かれる期待値や分散）が同じであれば，みな等価な理論であると考える．これは，理論の定式化の仕方に多くのバラエティーがあることを意味する．例えば，演算子形式の範囲内でも，いくらでも等価な理論を作ることができる．そ

[*3] 例えば，$t_1 > t_2 > 0$ に対して，たまたま $\hat{A}(t_1) = \hat{B}(0)$ である演算子 $\hat{B}$ があったとき，$\vec{T}(\hat{A}(t_1)\hat{A}(t_2))$ を $\vec{T}(\hat{B}(0)\hat{A}(t_2))$ と変形してから $\vec{T}$ を実行すると，変形前に $\vec{T}$ を実行したのと結果が違ってしまう．

6.3 ハイゼンベルク描像

の中で最も重要な，ハイゼンベルク描像を紹介する．

6.3.1 シュレディンガー描像からハイゼンベルク描像への移行

時刻 t において物理量 $\hat{A}$ を測定した場合の期待値は，(3.128), (3.177), (6.4) より，

$$\langle A \rangle_t = \langle \psi(t)|\hat{A}|\psi(t)\rangle = \langle \psi(0)|\hat{U}^\dagger(t)\hat{A}\hat{U}(t)|\psi(0)\rangle. \tag{6.26}$$

そこで，

$$\hat{A}_H(t) \equiv \hat{U}^\dagger(t)\hat{A}\hat{U}(t), \tag{6.27}$$

$$|\psi_H\rangle \equiv |\psi(0)\rangle \tag{6.28}$$

とおくと，(6.26) は次のように書き直せる：

$$\langle A \rangle_t = \langle \psi_H|\hat{A}_H(t)|\psi_H\rangle. \tag{6.29}$$

つまり，時間に依存しない状態ベクトル $|\psi_H\rangle$ と，時々刻々変化する演算子 $\hat{A}_H(t)$ とを用いて量子系を記述しても，今までと同じ結果が得られるのである[*4)]．このような記述法を，**ハイゼンベルク描像** (Heisenberg picture) と言う．

この描像では，状態ベクトルは時間変化しないので，系のユニタリー時間発展は，演算子の時間発展として記述される[*5)]．これに対して，今までのように，時々刻々と変化する状態ベクトル $|\psi(t)\rangle$ と，時間に依存しない演算子 $\hat{A}$ とを用いて量子系を記述する方式を**シュレディンガー描像** (Schrödinger picture) と呼ぶ．(正準交換関係の「シュレディンガー表現」と混同しないように！[*6)])

量子論の曙(あけぼの)の頃，ハイゼンベルクが作った**行列力学** (matrix mechanics) は，量子論をハイゼンベルク描像で行列表示（4.6節）で定式化したものであることが，後に判った．他方，やはり量子論の曙の頃，シュレディンガーが作った**波動力学** (wave mechanics) は，量子論をシュレディンガー描像でシュレディンガー表現（4.3節）で定式化したものであることが，後に判った．

[*4)] ここでは期待値について述べているが，同様な議論で，確率分布が同じになることが示せる．

[*5)] ただし，測定したときの非ユニタリー発展は，今までと同様に状態ベクトルが射影される．

[*6)] 本によっては，シュレディンガー描像を「シュレディンガー表現」とか「シュレディンガー表示」と呼ぶ本もあるので，他の本を参照するときは，どの意味で使われているかを注意して欲しい．

シュレディンガー描像とハイゼンベルク描像は，前者から後者へは (6.27)，(6.28) で，後者から前者へはこれらの逆

$$\hat{A} = \hat{U}(t)\hat{A}_H(t)\hat{U}^\dagger(t), \tag{6.30}$$

$$|\psi(t)\rangle = \hat{U}(t)|\psi(0)\rangle = \hat{U}(t)|\psi_H\rangle \tag{6.31}$$

により行き来できる（一方から他方へ移れる）ので，全く等価である．なお，実際の計算でシュレディンガー描像とハイゼンベルク描像の間を行き来する時には，(6.9) より導ける，任意の演算子 $\hat{A}$, $\hat{B}$ について成り立つ次の公式も用いると便利である：

$$\hat{U}^\dagger(t)\hat{A}\hat{B}\hat{U}(t) = \hat{U}^\dagger(t)\hat{A}\hat{U}(t)\hat{U}^\dagger(t)\hat{B}\hat{U}(t) = \hat{A}_H(t)\hat{B}_H(t), \tag{6.32}$$

$$\hat{U}^\dagger(t)[\hat{A}, \hat{B}]\hat{U}(t) = [\hat{A}_H(t), \hat{B}_H(t)]. \tag{6.33}$$

6.3.2 ハイゼンベルクの運動方程式–シュレディンガー描像では時間に依存しない物理量の場合

ハイゼンベルク描像の演算子の時間発展を記述する方程式を導こう．ただしこの節では，『その物理量がシュレディンガー描像では時間に依存しない』という通常の場合を述べ，そうでない場合は 6.3.4 節で述べる．

$\hat{A}_H(t)$ の表式 (6.27) を，$\hat{A}$ が時間に依存しないという仮定のもとに，t で微分してみる．その結果は，(6.10) とその共役

$$-i\hbar\frac{d}{dt}\hat{U}^\dagger(t) = \hat{U}^\dagger(t)\hat{H} \tag{6.34}$$

を用いれば，次のように変形できる：

$$\begin{aligned}\frac{d}{dt}\hat{A}_H(t) &= \hat{U}^\dagger \hat{A}\left(\frac{d}{dt}\hat{U}\right) + \left(\frac{d}{dt}\hat{U}^\dagger\right)\hat{A}\hat{U} \\ &= \frac{1}{i\hbar}\left(\hat{U}^\dagger \hat{A}\hat{H}\hat{U} - \hat{U}^\dagger \hat{H}\hat{A}\hat{U}\right) \\ &= \frac{1}{i\hbar}\left(\hat{U}^\dagger \hat{A}\hat{U}\hat{U}^\dagger \hat{H}\hat{U} - \hat{U}^\dagger \hat{H}\hat{U}\hat{U}^\dagger \hat{A}\hat{U}\right).\end{aligned} \tag{6.35}$$

ただし，3 行目に行くには (6.9) を用いた．右辺に (6.27) を用いれば，

$$\frac{d}{dt}\hat{A}_H(t) = \frac{1}{i\hbar}\left[\hat{A}_H(t), \hat{H}_H(t)\right] \tag{6.36}$$

という見やすい式にまとまる．これが，ハイゼンベルク描像の演算子 $\hat{A}_H(t)$ の時間発展を記述する方程式で，**ハイゼンベルクの運動方程式** (Heisenberg equation of motion) と呼ばれる．

初期条件は，$t=0$ でシュレディンガー描像の演算子と一致することである：

$$\hat{A}_H(0) = \hat{U}^\dagger(0)\hat{A}\hat{U}(0) = \hat{A}. \tag{6.37}$$

この初期条件のもとで (6.36) を解いて $\hat{A}_H(t)$ が解れば，状態ベクトルの方は (6.28) で与えられるから，(6.29) を用いて任意の時刻における期待値が計算できる．第3章に述べた5つの要請は，要請 (4) (p. 95) だけが（上で見たように）それと内容的には等価な (6.36) に置き換わる．物理量が時間発展するという見方は古典物理学と同じだから，**ハイゼンベルク描像は古典物理学との対応を見るときに便利である**．

なお，$\hat{H}$ が時間に依存しない，という通常の場合には，(6.18) より，

$$\hat{H}_H(t) = \hat{U}^\dagger(t)\hat{H}\hat{U}(t) = \hat{U}^\dagger(t)\hat{U}(t)\hat{H} = \hat{H} \tag{6.38}$$

となるので，(6.36) はもっと簡単に，

$$\frac{d}{dt}\hat{A}_H(t) = \frac{1}{i\hbar}\left[\hat{A}_H(t), \hat{H}\right] \tag{6.39}$$

となる．

6.3.3 保存則

ハイゼンベルク描像は，保存則を論じるときに特に便利である．例えば，(6.33) を用いると (6.36) は

$$\frac{d}{dt}\hat{A}_H(t) = \frac{1}{i\hbar}\hat{U}^\dagger\left[\hat{A}, \hat{H}\right]\hat{U} \tag{6.40}$$

とも書ける．従って，もしも $\hat{A}$ と $\hat{H}$ が交換するならば，

$$\frac{d}{dt}\hat{A}_H(t) = 0 \tag{6.41}$$

となるので，$\hat{A}_H(t)$ は時間に依存しなくなり，ずっと $\hat{A}_H(0) = \hat{A}$ に等しい．$|\psi_H\rangle$ だけでなく $\hat{A}_H$ も時間変化しないのだから，A の期待値 (6.29) はもとより分散なども時間に依らなくなる．これが，**量子系における保存則である**：

定理 6.1 $\hat{A}$ と $\hat{H}$ が交換する場合には，(6.3.4 節のように $\hat{A}$ がシュレディンガー描像でも時間に依存するような特殊な場合を除けば) 物理量 A は保存される．つまり，A の測定値の確率分布は時間に依らず，いつ測っても，同じ期待値や分散が得られる．

例 6.1 $[\hat{H}, \hat{H}] = 0$ であるので，「$\hat{H}$ が時間に依存しなければエネルギーが保存される」という当然の結果が自然に導かれる．また，自由粒子については，$\hat{H} = \hat{p}^2/2m$ なので，$[\hat{p}, \hat{H}] = 0$ となり，運動量が保存されることがすぐ判る． ∎

♠ 補足：対称性と保存則

古典力学では，系が持つ対称性と保存則とが結びついていた[*7)]．これは量子論でも同様である．例えば，系に時間並進対称性があれば，系のハミルトニアンは時刻に依らなくなるので，(6.19) のようにはならずに $[\hat{H}, \hat{H}] = 0$ が成立し，そこから上の例のようにエネルギー保存則が導かれる．また，系に空間並進対称性があれば，$[全運動量, \hat{H}] = 0$ が成立することが言え，これから全運動量の保存則が導かれる．上の例で自由粒子の運動量の保存則が出たのは，1 粒子の系ではその粒子の運動量＝全運動量だから，この一例と理解できる．詳しくは，続編の「量子論の発展（仮題）」で解説する予定である．

6.3.4 ♠ ハイゼンベルクの運動方程式–シュレディンガー描像でも時間に依存する物理量の場合

演算子 $\hat{A}$ がシュレディンガー描像でも時間に依存しているような特殊な場合（例えば，6.1 節の $\hat{H}(t)$ など）には，(6.27) を微分したときに余分な項

$$\hat{U}^\dagger(t)\left(\frac{d}{dt}\hat{A}(t)\right)\hat{U}(t) \equiv \left(\frac{d}{dt}\hat{A}(t)\right)_H \tag{6.42}$$

が出るので，ハイゼンベルクの運動方程式は，

$$\frac{d}{dt}\hat{A}_H(t) = \frac{1}{i\hbar}\left[\hat{A}_H(t), \hat{H}_H(t)\right] + \left(\frac{d}{dt}\hat{A}(t)\right)_H \tag{6.43}$$

[*7)] 解析力学の本を参照．

となる．(6.36) と比べると，最後に余分な項が付け加わっている．

この余分な項が主要な役割を演ずることもある．例えば保存則を考えると，たとえ $[\hat{A}, \hat{H}] = 0$ であっても，$\dfrac{d}{dt}\hat{A}_H(t) = \left(\dfrac{d}{dt}\hat{A}(t)\right)_H$ と最後の項が残ってしまうので，物理量 A が保存されるとは言えなくなる．

例 6.2 $\hat{H}$ が時間に依存する場合には，$[\hat{H}(t), \hat{H}(t)] = 0$ より $\dfrac{d}{dt}\hat{H}_H(t) = \left(\dfrac{d}{dt}\hat{H}(t)\right)_H$ となるので，$\dfrac{d}{dt}\hat{H}(t) = 0$ でない限り，エネルギーは保存されなくなる．これは直感にも合致しているだろう．■

なお，(6.43) の初期条件も，$t = 0$ でシュレディンガー描像の演算子と一致することである：

$$\hat{A}_H(0) = \hat{A}(0). \tag{6.44}$$

6.3.5 ♠$t_0 \neq 0$ でシュレディンガー描像と一致するハイゼンベルク描像

$t = 0$ でない時刻 t_0 で，演算子と状態ベクトルがシュレディンガー描像のそれらと一致するようなハイゼンベルク描像を構成することもできる．それには，(6.4) の右辺を少しだけ変えた

$$|\psi(t)\rangle = \hat{U}(t)|\psi(t_0)\rangle \tag{6.45}$$

にて $\hat{U}(t)$ を定義して，それを (6.27), (6.28) に用いればよい．この $\hat{U}(t)$ は，具体的には，$\hat{H}$ が時間に依存しない場合には (6.12) の右辺の t を $t - t_0$ に変えたもので与えられ，$\hat{H}$ が時間に依存する場合には (6.22) の右辺の全ての積分の下限を t_0 に変えたもので与えられる．

この場合のハイゼンベルクの運動方程式も (6.36), (6.43) になるが，初期条件 (6.37), (6.44) は，それぞれ，$\hat{A}_H(t_0) = \hat{A}$, $\hat{A}_H(t_0) = \hat{A}(t_0)$ に変わる．

このように，わざわざ t_0 を 0 からずらすことは，しばしば行われる．例えば，散乱理論とか統計力学では，このようにしておいてから，最後に $t_0 \to \pm\infty$ の極限を考えることがよく行われる．

6.4 いわゆる「時間とエネルギーの不確定性関係」

p. 98 の例 3.23 と，5.9 節において，2 つのエネルギー固有状態を重ね合わせた状態は，そのエネルギー固有値の差 $E_2 - E_1$ に対応した振動数 $(E_2 - E_1)/\hbar$ で周期的に変化することを見た．これは言い換えれば，$\hbar/(E_2 - E_1)$ 程度の時間が経たないと，状態の変化が顕著にはならないことを示している．

3 つ以上のエネルギー固有状態を重ね合わせた状態でも，変化の仕方は単純な周期的なものにはならないものの，同様なことが言える．実際，初期状態 $|\psi(0)\rangle$ が (3.226) であるとき，時刻 t における状態は (3.227) で与えられるが，これを，エネルギーの期待値 $\langle E \rangle = \langle \psi(t) | \hat{H} | \psi(t) \rangle$ を用いて，

$$|\psi(t)\rangle = e^{-i\langle E \rangle t/\hbar} \sum_{n,l} e^{-i(\omega_n - \langle E \rangle/\hbar)t} \psi(n,l) |n,l\rangle \tag{6.46}$$

と変形してみよう．前にかかる $e^{-i\langle E \rangle t/\hbar}$ は，状態ベクトル全体にかかる位相因子だから，なくても同じである．従って，主要項（$|\psi(n,l)|^2$ があまり小さくないような項）達の $e^{-i(\omega_n - \langle E \rangle/\hbar)t}$ が 1 から顕著にずれないと状態の変化は顕著にならない．即ち，主要項達の E_n が $\langle E \rangle - \Delta E \lesssim E_n \lesssim \langle E \rangle + \Delta E$ 程度の範囲にあるとすると，$e^{\pm i \Delta E t/\hbar}$ が 1 から顕著にずれないと，状態の変化は顕著にならない．従って，**状態の変化が顕著になるまでの時間**を δt とすると，$\delta t \, \Delta E \sim \hbar$ という関係が得られる．

ところで，$|\psi(0)\rangle$ についてエネルギーを測定したときに測定値が E_n になる確率は $\sum_l |\langle n,l|\psi(0)\rangle|^2 = \sum_l |\psi(n,l)|^2$ であるから，エネルギーの測定値の標準偏差も，主要項達の E_n の範囲 ΔE の程度である．即ち，ΔE は，初期状態のエネルギーの不確かさ δE と同程度である．従って，$\delta t \, \Delta E \sim \hbar$ は，

$$\delta t \, \delta E \sim \hbar \tag{6.47}$$

を意味する．これを俗に，**時間とエネルギーの不確定性関係**と言う．

ただしこれは，**3.19 節で述べた不確定性関係とは全く別物である**．上式の δt は，時間の測定値のばらつきではないからである．そもそも，（現在の）量子論では，時間は，その測定値が測るたびにばらつく演算子ではなく，各瞬間瞬間に定まった値をもつパラメータであるから，ゆらぎはゼロである．

6.4 いわゆる「時間とエネルギーの不確定性関係」

このように，意味には注意する必要があるが，上式は実用上とても便利である．例えば，水素原子の中の電子のエネルギー固有状態を，運動エネルギーとクーロンポテンシャルだけを考慮したハミルトニアン $\hat{H}_0$ で求めたとしよう．求まったエネルギー固有値を低い方から順に $E_1, E_2, \cdots$ とし，それに対応するエネルギー固有状態をそれぞれ $|1\rangle, |2\rangle, \cdots$ とする．$t = 0$ には，電子が固有値 E_2 のエネルギー固有状態 $|2\rangle$ にあったとしよう[*8]．$\hat{H}_0$ が完全に正しいハミルトニアンであれば，電子の状態は変化しないはずである．しかし，実際には，平均して 10^{-8} 秒程度の時間が経つと，光を放出して，基底状態である $|1\rangle$ に落ち込んでしまう．これは，$\hat{H}_0$ が実際には正しいハミルトニアンではないためである．正しいハミルトニアンは，$\hat{H}_0$ に光との相互作用を加えたハミルトニアン $\hat{H}$ である．初期状態 $|2\rangle$ は，正しいハミルトニアン $\hat{H}$ のエネルギー固有状態ではなかったので，時間変化したのである．このとき，10^{-8} 秒程度の時間で変化が顕著になったのだから，(6.47) から，$\delta E \sim \hbar/(10^{-8}\text{s}) \simeq 10^{-26}\text{J}$ が期待される，つまり，$|2\rangle$ のエネルギーを測定すると，この程度の範囲でばらつく（測定値が幅を持つ）ことが予想できる．これを，**自然幅** (natural line width) と呼び，実際に，精度の高い実験で確認されている．

このように，δt か δE のどちらか一方の値から他方が推測できるのはとても便利なので，(6.47) は頻繁に使われている．

[*8] 実際には縮退があるが，ここでは簡単のため省いて書いている．

第 7 章
♠場の量子化——場の量子論入門

　第 5 章では，粒子の位置座標と運動量を基本変数に選んだ量子論——いわゆる**量子力学** (quantum mechanics)——を詳しく述べた．一方，電磁場のように，もともと古典的にも，粒子でなく「場」(7.1 節参照）であるものは，量子論でも場を基本変数にすべきであろう．実は，古典的には粒子と見なされてきた物理系であっても，場を基本変数にした方が良いことが判っている．その，適当な条件下での近似理論が，位置座標と運動量を基本変数に選ぶ理論になる．つまり，古典的には粒子であろうが場であろうが，量子論では場を基本変数に採った方が良いのである．そのような，場を基本変数とする量子論を，**場の量子論** (quantum field theory) と言う[*1]．

　本章では，場の量子論をごく簡単に紹介する．その際，前章までと同じように，**相対論的不変性は特に仮定せず，相対論的な理論と非相対論的な理論とに共通する基本原理に重点を置いて解説する**．また，話を簡単にするため，**スカラー場**（どの慣性系から見ても値が変わらない場) について解説する．スカラー場でない場は，通常のベクトルがそうだったのと同様に，見る慣性系（座標系）によって，その成分が変わる多成分の場である．その場合も基本的には同様に扱えるのだが，添え字が増えるだけでなく，余分な自由度が入って来たりして，ややこしくなる．

[*1]　単に**場の理論** (field theory) と呼ぶことも多い．

7.1 ♠ 場の古典解析力学

　場 (field) とは，空間の各点ごとに定義されていて，時々刻々変化する量である．言い換えると，空間座標 r と時間座標 t とを引数にもつ関数のことである．ここでは，それを $\phi(r,t)$ と書こう．この節では，場の古典解析力学について，以下の議論を理解する上で知っておいた方がよい知識をまとめておく[*2]．ただし，場の古典解析力学を知らない読者は，いきなり次節に飛んでもよい．

　場の理論，特に相対論的な場の理論の場合には，7.1.1 節のラグランジュ形式から出発するのが一般的である．その方が相対論的不変性などの対称性が見やすいからである．そして，時間軸を（慣性系を）ひとつ固定して，一般化運動量とハミルトニアンを求め，それを正準量子化する．

　まず，この節において，量子化する前までの手続きを述べる．従って，**この節の段階ではまだ古典論**である．また，この節の記述は 4.1 節とほとんど平行に進むので，4.1 節と対比させながら読めるように，最初から慣性系をひとつ固定して話をする．相対論的不変性などが見やすい形は，途中で出てくる．

7.1.1 ♠ ラグランジュ形式

　4.1.1 節では，ある時刻 t におけるあらゆる j に対する $q_j(t)$ と $\dot{q}_j(t)$ の値を並べたものを，$\{q_j(t), \dot{q}_j(t)\}$ と書いた．これを真似て，ある時刻 t におけるあらゆる r に対する $\phi(r,t)$ とその時間微分 $\dot{\phi}(r,t)$ の値を並べたものを，$\{\phi(r,t), \dot{\phi}(r,t)\}$ と書くことにする．閉じた系の運動は，**ラグランジアン** (Lagrangian) と呼ばれる，$\{\phi(r,t), \dot{\phi}(r,t)\}$ の関数[*3]

$$L = L(\{\phi(r,t), \dot{\phi}(r,t)\}) \tag{7.1}$$

により決定される．即ち，L の時間積分である**作用** (action)

[*2] 必要最低限の知識だけを記すので，もっと詳しく知りたい読者は場の古典論の本を参照されたい．

[*3] $\phi(r,t)$ の空間微分 $\nabla\phi(r,t)$ も許されるが，それは，$\{\phi(r,t)\}$ の関数と考える．なぜなら，あらゆる r に対する $\phi(r,t)$ が与えられれば，$\nabla\phi(r,t)$ も計算できるからである．それに対して，時間微分 $\dot{\phi}(r,t)$ はひとつの時刻の $\{\phi(r,t)\}$ が与えられても計算できないので，$\{\phi(r,t)\}$ とは独立な変数と見なす．

$$S \equiv \int L(\{\phi(\boldsymbol{r},t), \dot{\phi}(\boldsymbol{r},t)\}) dt \tag{7.2}$$

の極値を与えるような運動が実現される．これを，**最小作用の原理** (least action principle) と言う．

L の関数形を具体的に定めるためには，系の対称性や，経験，実験結果，別の理論の結果などを利用する．例えば，**局所相互作用** (local interaction) する理論[*4)] であれば，L は次の形の積分として書ける[*5)]：

$$L = \int \mathcal{L}\left(\phi(\boldsymbol{r},t), \nabla\phi(\boldsymbol{r},t), \dot{\phi}(\boldsymbol{r},t)\right) d^3r. \tag{7.3}$$

ここで，被積分関数 $\mathcal{L}$ は，点 $\boldsymbol{r}$ における $\phi(\boldsymbol{r},t), \nabla\phi(\boldsymbol{r},t), \dot{\phi}(\boldsymbol{r},t)$ の値の関数で，**ラグランジアン密度** (Lagrangian density) と呼ばれる．例えば，ϕ が実数の場で，μ を質量，λ を相互作用定数とする，**実 ϕ^4 模型** (real ϕ^4 model) の場合は，

$$\mathcal{L} = \frac{1}{2}\dot{\phi}^2 - \frac{1}{2}(\nabla\phi)^2 - \frac{1}{2}\mu^2\phi^2 - \frac{1}{4!}\lambda^2\phi^4 \tag{7.4}$$

となる．

(7.3) を (7.2) に代入すると，

$$S = \int \mathcal{L}\left(\phi(\boldsymbol{r},t), \nabla\phi(\boldsymbol{r},t), \dot{\phi}(\boldsymbol{r},t)\right) d^3r dt \tag{7.5}$$

となるので，空間と時間に関する微分・積分が全て対等に現れる形になっている．これなら相対論的な不変性が見やすいから，相対論的な理論の場合には，(7.5) を出発点にするのが一般的である．

最小作用の原理をラグランジアンで表すと，場の運動方程式が導かれる．この方程式によって，任意の時刻 t における $\{\phi(\boldsymbol{r},t), \dot{\phi}(\boldsymbol{r},t)\}$ が，その初期値（初期条件）$\{\phi(\boldsymbol{r},0), \dot{\phi}(\boldsymbol{r},0)\}$ を与えるだけで一意的に決定される．古典論では，基本変数の値により系の状態が決まるから，このことは，任意の時刻における系の状態が，初期状態を与えるだけで一意的に決まることを意味している．例えば，任意の物理量 A は，

[*4)] 相互作用が，時空の同じ点，または無限小だけ離れた点，の間にしかない理論．

[*5)] 相対論的な理論では，時間微分に合わせて空間微分も一階微分にする．なお，$\boldsymbol{r} = (x, y, z)$ に関する 3 重積分 $\iiint dxdydz$ を $\int d^3r$ と略記する．

7.1 ♠ 場の古典解析力学

$$A = A(\{\phi(\boldsymbol{r},t), \dot{\phi}(\boldsymbol{r},t)\}) \tag{7.6}$$

のように基本変数の関数 (p.197 脚注3) であるから，任意の時刻 t における A の値は，$\{\phi(\boldsymbol{r},t), \dot{\phi}(\boldsymbol{r},t)\}$ の値から一意的に定まる．以上のように場の古典論を記述した形式を，古典場の**ラグランジュ形式**と呼ぶ．

7.1.2 ♠ ハミルトン形式

以上のことを，別の形式に書き換えることもできる．そのために，まず，(4.5) の真似をして

$$\pi(\boldsymbol{r},t) \equiv \frac{\delta L}{\delta \dot{\phi}(\boldsymbol{r},t)} \tag{7.7}$$

で定義される場 π を導入する．右辺は「汎関数微分」（下の補足参照）を表すが，L が (7.3) のように表せる場合は，ラグランジアン密度の偏微分に等しくなる：

$$\pi(\boldsymbol{r},t) = \frac{\partial \mathcal{L}}{\partial \dot{\phi}(\boldsymbol{r},t)} \quad ((7.3) \text{ の場合}). \tag{7.8}$$

これから，例えば (7.4) の場合は，

$$\pi(\boldsymbol{r},t) = \dot{\phi}(\boldsymbol{r},t) \tag{7.9}$$

となる．4.1節の場合もそうであったように，π は系の**運動量**を表すわけではないが，「ϕ に**共役** (conjugate) な**一般化運動量**」と呼ばれる．

普通の系であれば，(7.7) を逆に解いて，$\dot{\phi}$ を π の関数として一意的に表すことができる．従って，系の状態を記述する基本変数を，$\{\phi(\boldsymbol{r},t), \dot{\phi}(\boldsymbol{r},t)\}$ という組の代わりに，$\{\phi(\boldsymbol{r},t), \pi(\boldsymbol{r},t)\}$ という組（これを，**正準変数** (canonical variables) と呼ぶ）に選ぶこともできる．例えば，任意の物理量 A は，$\{\phi(\boldsymbol{r},t), \pi(\boldsymbol{r},t)\}$ の関数として表せる[*6)]：

$$A = A(\{\phi(\boldsymbol{r},t), \pi(\boldsymbol{r},t)\}). \tag{7.10}$$

ここで，この式の右辺と (7.6) の右辺とでは，当然関数形が異なるが，同じ文

[*6)] $\phi(\boldsymbol{r},t)$ の空間微分 $\nabla\phi(\boldsymbol{r},t)$ も許されるが，それは，$\{\phi(\boldsymbol{r},t)\}$ の関数と考える．なぜなら，あらゆる $\boldsymbol{r}$ における $\phi(\boldsymbol{r},t)$ が与えられれば，$\nabla\phi(\boldsymbol{r},t)$ も計算できるからである．

字 A で表しておいた.

系の運動は, L の代わりに,

$$H \equiv \int \pi(\boldsymbol{r},t)\dot{\phi}(\boldsymbol{r},t)d^3r - L \tag{7.11}$$

を $\{\phi(\boldsymbol{r},t), \pi(\boldsymbol{r},t)\}$ の関数（脚注6）として表した，**ハミルトニアン** (Hamiltonian) と呼ばれる関数で決められる．即ち，ハミルトニアンから，場の運動方程式を導くことができる．この方程式によって，任意の時刻 t における $\{\phi(\boldsymbol{r},t), \pi(\boldsymbol{r},t)\}$ が，その初期値（初期条件）$\{\phi(\boldsymbol{r},0), \pi(\boldsymbol{r},0)\}$ を与えるだけで，一意的に決定される．古典論では，基本変数の値により系の状態が決まるから，このことは，任意の時刻における系の状態が，初期状態を与えるだけで一意的に決まることを意味している．例えば，任意の物理量 A の任意の時刻 t における値は，(7.10) により，$\{\phi(\boldsymbol{r},t), \pi(\boldsymbol{r},t)\}$ の値から一意的に定まる.

4.1.2節の場合と同様に，**ハミルトニアンは系の全エネルギーを表している**．従って，系の全エネルギーを，正準変数の組 $\{\phi(\boldsymbol{r},t), \pi(\boldsymbol{r},t)\}$ の関数として表せれば，系の運動を決定することができるのである．以上のように場の古典論を記述した形式を，古典場の**ハミルトン形式**と呼ぶ.

♠ 補足：汎関数と汎関数微分

場は（t をある値に固定しても）$\boldsymbol{r}$ の関数であるので，場の理論の L は関数の「関数」ということになる．このような関数から実数への写像を，一般に，**汎関数** (functional) と言う．(普通の関数は実数から実数への写像であった.) 場の理論では，普通は $\boldsymbol{r}$ は連続変数であるので，偏微分記号を使って $\dfrac{\partial L}{\partial \dot{\phi}(\boldsymbol{r},t)}$ と書いてみても定義がはっきりしない．そこで (7.7) では，**汎関数微分**で書いた．それは次のような意味である：ϵ を微小量とし，$f(\boldsymbol{r})$ を遠方（$|\boldsymbol{r}| \to \infty$）で速やかに減衰する微分可能な任意の関数として，関数 $\dot{\phi}(\boldsymbol{r},t)$ を $\dot{\phi}(\boldsymbol{r},t) + \epsilon f(\boldsymbol{r})$ のようにわずかに変形した時に，L の値が δL だけ変化したとする．そのとき, ϵ の1次の精度で,

$$\delta L = \epsilon \int \pi(\boldsymbol{r},t) f(\boldsymbol{r}) \, d^3r \tag{7.12}$$

となるような関数が $\pi(\boldsymbol{r},t)$ である.

7.2 ♠ 場の正準量子化

前章までとの対応を見やすくするため，時間発展を状態ベクトルに負わせるシュレディンガー描像を用いて説明する．だから，以下の式では，量子化すると演算子になる場の引数から t を落とす．これは，古典論では奇妙なことだが，量子論では時間発展は状態ベクトルが背負ってくれるから構わない．気持ち悪く感じる読者は，以下の式の場の引数に，すべての場に共通な時刻 t を入れておけばよい．

スカラー場 $\phi(\bm{r})$ と，それに共役な一般化運動量 $\pi(\bm{r})$ を「基本変数」に選んだとする．この基本変数は，正準変数に他ならない．4.1 節では，あらゆる j に対する q_j と p_j の値を並べたものを，$\{q_j, p_j\}$ と書いた．これを真似て，あらゆる $\bm{r}$ における $\phi(\bm{r})$ と $\pi(\bm{r})$ の値を並べたものを，$\{\phi(\bm{r}), \pi(\bm{r})\}$ と書くことにする．系の古典的なハミルトニアン H は，これらの関数である（p.199 脚注 6）：

$$H = H(\{\phi(\bm{r}), \pi(\bm{r})\}). \tag{7.13}$$

例えば，局所相互作用する理論（p.198 脚注 4）であれば，H は次の形の積分として書けるのが普通である：

$$H = \int \mathscr{H}(\phi(\bm{r}), \nabla\phi(\bm{r}), \pi(\bm{r})) \, d^3r. \tag{7.14}$$

ここで，$\mathscr{H}$ は点 $\bm{r}$ における $\phi(\bm{r}), \nabla\phi(\bm{r}), \pi(\bm{r})$ の値の関数で，**ハミルトニアン密度** (Hamiltonian density) と呼ばれる．例えば，ϕ が実数の場で，μ を質量，λ を相互作用定数とする，**実 ϕ^4 模型** (real ϕ^4 model) の場合は，(7.3), (7.4), (7.9) より，

$$\mathscr{H} = \frac{1}{2}\pi^2 + \frac{1}{2}(\nabla\phi)^2 + \frac{1}{2}\mu^2\phi^2 + \frac{1}{4!}\lambda^2\phi^4 \tag{7.15}$$

となる．

一方，**物性物理**[*7)]では，局所性のない（長距離力のある）モデルもしばしば用いるので，必ずしも (7.14) のようには書けない．例えば，非相対論的な粒子

[*7)] 物質の性質を論ずる，物理の一分野．**凝縮系物理**とも呼ばれる．

が多数あり，$V(\bm{r},\bm{r}')$ なる2体ポテンシャルで相互作用する場合には，次のようなハミルトニアンがしばしば使われる：

$$H = \int \phi^*(\bm{r}) \left(-\frac{\hbar^2}{2m}\nabla^2\right) \phi(\bm{r}) d^3 r$$
$$+ \frac{1}{2} \int\int \phi^*(\bm{r})\phi^*(\bm{r}') V(\bm{r},\bm{r}') \phi(\bm{r}') \phi(\bm{r}) d^3 r d^3 r'. \qquad (7.16)$$

ただし，$\phi(\bm{r})$ はその粒子の場（値は複素数）である．また，この場合

$$\pi = i\hbar\phi^* \qquad (7.17)$$

なのであるが，物性物理では，π を用いずにいきなり (7.16) の形に書くことの方が多いので，その習慣に従った．

系の物理量（可観測量）A も，

$$A = A(\{\phi(\bm{r}), \pi(\bm{r})\}) \qquad (7.18)$$

のように，$\phi(\bm{r}), \pi(\bm{r})$ の関数である（p.199 脚注 6）．ただし，物性物理では，(例えば (7.17) を利用して) $\phi(\bm{r}), \phi^*(\bm{r})$ の関数として表してしまうことが多い．例えば，(7.16) の場合の粒子密度 ρ は，

$$\rho(\bm{r}) = \phi^*(\bm{r})\phi(\bm{r}) \qquad (7.19)$$

のように書け，全粒子数 N はこれを全空間で積分したものである：

$$N = \int \rho(\bm{r}) d^3 r = \int \phi^*(\bm{r})\phi(\bm{r}) d^3 r. \qquad (7.20)$$

さて，(7.13), (7.18) と，4.1 節の対応する表式とを比べると，次のような対応関係にあることが判る：

$$\text{基本変数（正準変数）の値 } q, p \longleftrightarrow \phi, \pi, \qquad (7.21)$$

$$\text{異なる基本変数を区別する添え字 } j \longleftrightarrow \bm{r}. \qquad (7.22)$$

異なる基本変数を区別する添え字 $j \ (= 1, 2, \cdots, f)$ が，空間座標 $\bm{r}$（3 成分とも任意の実数）に置き換わっているので，基本変数の数は無限個である．つまり，この量子系は**無限の自由度をもつ系**になる[*8]．この点を除くと 4.1 節の理

[*8] 連続体の波は，無限個の質点の集まりの運動として捉えられることを思い出せば，納得しやすいだろう．

7.2 ♠ 場の正準量子化

論の記号が変わっただけなので，正準量子化は 4.2 節でやったことをそっくりなぞればよい．ただし，離散変数 j に対するクロネッカーのデルタは，連続変数 r に対するデルタ関数に置き換える．即ち，ϕ, π を，

$$\left[\hat{\phi}(\boldsymbol{r}), \hat{\pi}(\boldsymbol{r}')\right] = i\hbar \delta^{(3)}(\boldsymbol{r}-\boldsymbol{r}'), \tag{7.23}$$

$$[\hat{\pi}(\boldsymbol{r}), \hat{\pi}(\boldsymbol{r}')] = \left[\hat{\phi}(\boldsymbol{r}), \hat{\phi}(\boldsymbol{r}')\right] = 0 \tag{7.24}$$

なる**正準交換関係** (canonical commutation relation) を満たす演算子に置き換える．ただし，ϕ が古典的に実数の場なら $\hat{\phi}, \hat{\pi}$ は 4.2 節の $\hat{q}, \hat{p}$ と同じように自己共役とするが，**それ以外の場合は自己共役とは要請しない**．そして，ハミルトニアンと物理量を，(7.13), (7.18) の ϕ, π を $\hat{\phi}, \hat{\pi}$ に置き換えた，

$$\hat{H} \equiv H(\{\hat{\phi}(\boldsymbol{r}), \hat{\pi}(\boldsymbol{r})\}), \tag{7.25}$$

$$\hat{A} \equiv A(\{\hat{\phi}(\boldsymbol{r}), \hat{\pi}(\boldsymbol{r})\}) \tag{7.26}$$

とする．ただし，4.2 節と同様に，$\hat{H}$ も $\hat{A}$ も自己共役になるように調整しておく．

例えば (7.16) の場合は，(7.17) より $\hat{\pi} = i\hbar\hat{\phi}^\dagger$ とすべきだから，正準交換関係は，

$$\left[\hat{\phi}(\boldsymbol{r}), \hat{\phi}^\dagger(\boldsymbol{r}')\right] = \delta^{(3)}(\boldsymbol{r}-\boldsymbol{r}'), \tag{7.27}$$

$$\left[\hat{\phi}^\dagger(\boldsymbol{r}), \hat{\phi}^\dagger(\boldsymbol{r}')\right] = \left[\hat{\phi}(\boldsymbol{r}), \hat{\phi}(\boldsymbol{r}')\right] = 0 \tag{7.28}$$

となる．この場合，ϕ が古典的には複素数の場なので，$\hat{\phi}$ は自己共役とは要請しない．(そもそも，自己共役だとすると (7.27) の左辺がゼロになって矛盾する.) だから，この $\hat{\phi}$ は普通は可観測量ではないと考える．一方，ハミルトニアン，粒子密度，全粒子数などは可観測量なので，ちゃんと自己共役になるように，それぞれ

$$\begin{aligned}\hat{H} = &\int \hat{\phi}^\dagger(\boldsymbol{r})\left(-\frac{\hbar^2}{2m}\nabla^2\right)\hat{\phi}(\boldsymbol{r})d^3r \\ &+ \frac{1}{2}\int\int \hat{\phi}^\dagger(\boldsymbol{r})\hat{\phi}^\dagger(\boldsymbol{r}')V(\boldsymbol{r},\boldsymbol{r}')\hat{\phi}(\boldsymbol{r}')\hat{\phi}(\boldsymbol{r})d^3rd^3r',\end{aligned} \tag{7.29}$$

$$\hat{\rho}(\boldsymbol{r}) = \hat{\phi}^\dagger(\boldsymbol{r})\hat{\phi}(\boldsymbol{r}), \tag{7.30}$$

$$\hat{N} = \int \hat{\rho}(\boldsymbol{r}) d^3 r = \int \hat{\phi}^\dagger(\boldsymbol{r}) \hat{\phi}(\boldsymbol{r}) d^3 r \tag{7.31}$$

とする．(7.27) から (7.31) は，物性物理でよく見る表式である[*9)]．

なお，場が可観測量でない場合は，場に対する基本的な関係式である (7.23)，(7.24) は，必ずしもこのような交換関係でなくてもよくなる．実際，(4 次元時空における) 粒子はボソン (boson) とフェルミオン (fermion) という 2 種類に大別されるが，フェルミオンの場合は，(7.23), (7.24) の交換関係 $[\cdots,\cdots]$ を，すべて，次式で定義される**反交換関係** (anti-commutation relation) $[\cdots,\cdots]_+$ に置き換えて正準量子化する[*10)]：

$$[\hat{A}, \hat{B}]_+ \equiv \hat{A}\hat{B} + \hat{B}\hat{A}. \tag{7.32}$$

以上の説明から明らかなように，場の正準量子化で量子化される $\{\phi(\boldsymbol{r}), \pi(\boldsymbol{r})\}$ は基本変数 (正準変数) であり，4.1 節の $\{q_j, p_j\}$ に相当する．量子化の手続きも，4.2 節でやったことと同じである．ところが，歴史的事情から[*11)]，場の量子化を「波動関数の量子化」とか**第 2 量子化** (second quantization) などという，誤解を招きやすい呼び方をすることもある．

♠ 補足 1：格子の上の場の量子論

この節では，$\boldsymbol{r}$ が連続的な値をとる空間座標としたが，$\boldsymbol{r}$ を空間の飛び飛びの点（格子点）だけに制限するモデルを考えることもある．その場合は，(7.23) は離散変数に対する交換関係

$$\left[\hat{\phi}(\boldsymbol{r}), \hat{\pi}(\boldsymbol{r}')\right] = i\hbar \delta_{\boldsymbol{r},\boldsymbol{r}'} \tag{7.33}$$

でよい．このような量子系は，格子点の数が有限個なら有限自由度系であり，無限個あれば無限自由度系である．

[*9)]　物性物理では，正準量子化を経ずに，いきなりこれらの式を書き下すことが多い．
[*10)]　そうしないと，相対論的な理論ではハミルトニアンの固有値スペクトルに下限がなくなり，系が不安定になってしまう．
[*11)]　古典的には粒子であるもの（例えば電子）に対して，場を基本変数にしてみようという動機が，座標表示の波動関数が場のようにも見えたからだった．しかし，言うまでもなく，基本変数である場と，状態ベクトルの座標表示である波動関数とは，全く別物である．

♠ 補足 2：ハイゼンベルク描像における正準交換関係

相対論的な場の量子論では，物理量の方を時間発展させるハイゼンベルク描像を採用するのが普通で，その場合，(7.23), (7.24) は，それらを (6.33) を用いてハイゼンベルク描像に変換した

$$\left[\hat{\phi}_H(\boldsymbol{r},t),\hat{\pi}_H(\boldsymbol{r}',t)\right] = i\hbar\delta^{(3)}(\boldsymbol{r}-\boldsymbol{r}'), \tag{7.34}$$

$$\left[\hat{\pi}_H(\boldsymbol{r},t),\hat{\pi}_H(\boldsymbol{r}',t)\right] = \left[\hat{\phi}_H(\boldsymbol{r},t),\hat{\phi}_H(\boldsymbol{r}',t)\right] = 0 \tag{7.35}$$

となる．これは，同じ時刻の交換関係だから，**同時刻交換関係** (equal-time commutation relation) と呼ばれる．時間だけが同時刻になっているのが気になるかも知れないが，演算子の性質としては，これだけ与えておけば，あとは場に対するハイゼンベルクの運動方程式から異時刻の交換関係も求まるので，これで充分なのである．

7.3 ♠♠ 有限自由度系との違い

前節で述べた場の正準量子化は，第 4 章で述べた有限自由度系の正準量子化と，形式的にはそっくりである．しかし，場の量子論は，前節で述べたように自由度が無限大である．そのため，『有限自由度』という第 3 章，第 4 章の前提が成り立たなくなり，4.4 節の**フォン・ノイマンの一意性定理**が成り立たなくなる．つまり，同じ正準交換関係の表現なのに，ユニタリー同値でないものが出てくる．これが相転移などの豊富な物理をもたらすのだが[*12]，その一方で，ヒルベルト空間を構成するのが，3.22 節や 4.3 節に述べたような簡単なやり方では済まなくなる．このことは，例えば，$\mathcal{H}$ を (3.213) のように構成しようとしても，$\sum_{a,b,\cdots}$ という和が（$a,b,\cdots$ が無限個あるために）無限重の和になる（従って，何を与えるかが自明でなくなる）ことからも想像が付くだろう．

そこで，$\mathcal{H}$ をどうやって構成するかというと，自分が扱いたい状態を含んで，かつ，物理量が無駄なく（既約に）表現される空間に $\mathcal{H}$ を選ぶのが普通である．その具体的な方法は次のように色々あるが，どの方法も一長一短だから臨機応変に使い分けるのがよい．

[*12] 続編「量子論の発展」（仮題）で詳しく説明するであろう．

- ナイーブな方法は，$\mathcal{H}$ を**フォック空間** (Fock space) と呼ばれる，（くりこまれた[*13]）自由粒子の集まりのヒルベルト空間に採る方法である．いつもそれで正しいヒルベルト空間が張れる保証はないのだが，便利なのでよく使われる．
- わりと実用的な方法は，最初は有限自由度にしておいて第 3 章の枠組みで計算し，最後に無限自由度極限をとる方法である．ただし，有限自由度系のどの状態が無限自由度系の正しい状態に極限移行するかどうか等，注意を払うべき点もある．
- どんなヒルベルト空間をとっているかを明示しないですむ場合もある．そういう場合には，$\mathcal{H}$ をどう採ったかを気にせずに計算することが多い．
- 一般的で厳密な方法に，**GNS 構成法** (Gelfand-Naimark-Segal construction) と呼ばれる方法がある．この方法では，まず，物理量の全体が与えられているとする．そして，自分が扱いたい状態のうちのひとつ ψ_0 を選ぶ[*14]．それをもとにして，ψ_0 を表す状態ベクトル $|\psi_0\rangle$ と，それを含む $\mathcal{H}$ と，物理量たちを表す $\mathcal{H}$ の上の演算子の表現とを，系統的に作る方法である．
- 以上のやり方と一部重なるやり方だが，計算の途中では $\mathcal{H}$ に未定の部分を持たせておいて，計算の最後に，全体のつじつまが合うように $\mathcal{H}$ を決定する．これも便利で有効な方法であり，しばしば採用される．

このように，第 3 章の理論構成のうち，ヒルベルト空間の選び方が，場の量子論では変更される．しかし，**5 つの要請は基本的にそのまま受け継がれる**．

なお，相対論的場の量子論の場合には，物理量の期待値などを単純に計算しようとすると，いたるところに発散が生じてしまう．そこで，まず適当なカットオフにより有限化した理論を考え，その相互作用定数などもカットオフの関数であるとする．その関数形をうまく選ぶことにより，カットオフを無限大にする極限がとれるという，**くりこみ** (renormalization) と呼ばれる処方箋が開発された．これにより意味のある予言ができるようになるとともに，相対論的

[*13] 質量などの，粒子を特徴づけるパラメータは，粒子間相互作用があると，相互作用がない場合とは違った値に観測される．これを，質量などのくりこみ (renormalization) と言う．フォック表現では，繰り込まれたパラメータを持つ自由粒子でヒルベルト空間を張る．

[*14] 普通は基底状態を選ぶが，必ずしもそうでなくてもよい．

場の量子論の厳密な定義ができるのではないかと期待されている．

7.4 ♠♠ 始めに何がありき？

第3章の5つの要請は場の量子論においてもそのまま受け継がれる，と前節で述べた．量子論の形式は，本書で説明した演算子形式以外にもいろいろあるが，いずれも演算子形式と等価だ（と信じられている）から，**この5つの要請こそ量子論の主柱である**．

5つの要請のうち，最初の2つは，(1) 物理状態はあるヒルベルト空間 $\mathcal{H}$ の射線で表され，(2) 可観測量はその $\mathcal{H}$ の上の自己共役演算子で表される，ということであった．これはこれでよいのだが，次のような疑問もわくだろう：具体的に物理系が与えられたときに，(i) どんなヒルベルト空間をとるべきか？ (ii) その中のどんな射線を物理状態として許すか（どんな射線は許さないか）？ (iii) どんな量が可観測量になるか？

残念ながら，これらのことを決定する一般的な原理は見つかっていない．そこで，各人が分析したい内容に応じて，次のような様々な立場を使い分けているのが現状である．

(a) まず始めに適当なヒルベルト空間 $\mathcal{H}$ を設定し，$\mathcal{H}$ の中の全ての射線を物理状態として許し，$\mathcal{H}$ の上の全ての自己共役演算子が可観測量になるとする立場．いわば，「始めにヒルベルト空間ありき」という立場である．例えば，量子情報理論ではこの立場をとる人が多いようである．ただ，考察の対象を量子スピン系などの一部の系に絞ればこれでもよいが，他の物理系では具合が悪いことは知っておくべきだ．例えば，物理学の多くの分野でゲージ場を含むような量子論を使うが，そのときにこの立場をとってしまうと，ゲージ場を生に含む量が可観測量になってしまい，「ゲージ変換しても物理的結果は変わらない」という大原則に反してしまう．

(b) まず始めに全ての可観測量と，それを表す演算子の相互の間の関係を（交換関係のようにヒルベルト空間の選択に依らない形で）設定する．これをうまく表現できるようなヒルベルト空間を構成する立場．いわば，「始めに可観測量ありき」という立場である．有限自由度系であれば，（フォン・ノイマンの一意性定理などにより，普通は）これで量子論の計算結果が一意

的に定まる，というのが 3.22 節で述べたことであった．一方，自由度が無限大の場合は，一意性定理が成り立たないので，自分の扱いたい状態たちのひとつを選び，それを含むようにヒルベルト空間を構成する．これが前節で述べた GNS 構成法である．

(c) まず始めに古典論が与えられているとして，正準量子化で量子論を構成する立場．いわば，「始めに古典論ありき」という立場である．4.5 節で述べたような曖昧さがあるものの，その曖昧な部分をひとたび決定した後は，物理量が全て決まるので，後は立場 (b) でよい．

(d) 立場 (c) で，基本変数として，フェルミオンの場のように，古典論には対応物がなかった[*15]変数をとって正準量子化した場合は，何が可観測量であるかを改めて考える必要がある．そこで，付加的な要請を課して可観測量を定めようとする立場．たとえば，「場とその有限階の微分より成る多項式の，有限時空領域にわたる積分で，ゲージ不変なもの」などとする．いわば，「始めに場（基本変数）ありき」という立場である．場の理論の教科書では，このような立場をとる場合が多いようである．

(e) 基本変数（たとえば，場）から出発する点では立場 (d) と同じだが，可観測量を決めるのには，きちんと量子測定理論を使わねばならないとする立場．いわば，「始めに基本変数があるのだが，何が可観測量になるか，どれくらいの精度で計れるのか等を，全て量子論自体が決定する」という立場である．筆者は個人的には，この立場が（実用性は別として）本筋に近いだろうと考えている．

もちろん，これら以外にも様々な立場があり得る．しかし，もしかすると，この問題は量子論がもっと進化しないと解決できない問題なのかもしれない．

[*15] フェルミオンの場の古典論も作ることはできるのだが，それによって何が可観測量であるかを決定できるわけではないから，同じことである．

第 8 章
ベルの不等式

1.3 節において,「ベルの不等式」というものが, 古典論の破綻(はたん)と量子論の本質を最も明確にえぐり出したと述べた. この章では, それを詳しく解説する. 概略は次のようなことである:月と地球のような, 遠く離れた 2 地点での実験を考える (8.1 節). 実験が終わってから, 月と地球のデータを持ち寄って, 両者の間に何か関係があるかどうかを調べる目的で,「相関」と呼ばれる量を計算してみる (8.2 節). その結果を,「因果律」(8.3 節) を守るような古典論, つまり「局所実在論」で記述することを試みる (8.4 節). すると, 何種類かの実験データの「相関」を組み合わせた量 C について, 局所実在論であれば必ず $-2 \leq C \leq 2$ という不等式を満たすことが導かれる (8.5 節). これが, **ベルの不等式** (Bell's inequalities) のひとつである. ところが, C を量子論で計算してみると, $C = -2\sqrt{2} \simeq -2.8$ というようにベルの不等式を破る場合があることが判る (8.7 節). どちらの理論が正しいかを判定するために実験が行われ, その結果, ベルの不等式が破られていることが判った. これは, 自然現象の中には決して局所実在論では記述できない現象があるということを意味する. そして, 量子論はそういう現象も記述できる. 量子論の本質は, 俗に「量子現象」と呼ばれている現象を記述できることではなく, このような現象を記述できるところにある (8.8 節).

8.1 遠く離れた 2 地点での実験

ベルの不等式で決定的に重要なのは, 個々の測定が, 空間的に離れた 2 地点

で同時に行われることである．話を読みやすくするために，2地点を月と地球に選んで，以下のような実験を考えよう．

月と地球の間に浮かぶロケットから，2個の粒子が同時に放出されたとする．ひとつは月に向かい，もうひとつは地球に向かった．これらの粒子は，測定値が（適当な単位を用いると）+1 または −1 であるような物理量 σ を有しているとする．そして，σ の測定に際して，実験家は，測定器の，あるパラメータ μ を自由に設定できるとする．粒子も物理量もパラメータも，具体的には何でもよい．例えば：

例 8.1 粒子を電子とする．適当に座標軸を設定して，z 軸から角度 μ だけ（y 軸の回りに）傾けた向きのスピン s_μ [*1)] を測る．$s_\mu = (\hbar/2)\sigma$ とすれば，σ の測定値は常に +1 または −1 となり，条件に当てはまる．∎

例 8.2 粒子を光子とする．光子は古典的な光と同様に**偏光** (polarization) という物理量を持つ．古典的な光であれば，理想的な**偏光板**[*2)] に当たると，偏光板の透過軸の向きに偏光した成分が透過し，透過軸と垂直に偏光した成分は反射される．つまり，一部が透過し一部が反射される．しかし，たった1個の光子の場合は，理想的な偏光板に当てて通過できたかどうかを測ると，通過したかしなかったかの，どちらか一方の測定結果が出る[*3)]．透過したら σ の測定値を +1 と記録し，透過しなかったら −1 と記録することにし，偏光板の透過軸の角度を $\mu/2$ とすれば[*4)]，条件に当てはまる．∎

月の実験家は，自分の測定器を $\mu = \theta$ に設定して，自分の所に飛んできた粒子の σ を測る．こうして測られる σ を $A(\theta)$ としよう．地球の実験家は，自分

[*1)] ♠ z 軸から角度 μ だけ傾けた向きの長さ1のベクトルを $\vec{e} = (e_x, e_y, e_z)$ とすると，s_μ を表す演算子は，(3.26) のパウリ行列を用いて，$\hat{s}_\mu = (\hbar/2)(e_x\hat{\sigma}_x + e_y\hat{\sigma}_y + e_z\hat{\sigma}_z)$ となる．これの固有値を求めると，$\pm\hbar/2$ となることが判る．

[*2)] 時々サングラスにも使われている，特定の向き（**透過軸**）に偏光した光の成分だけを透過させる板．現実の偏光板は，光を透過または反射するだけでなく一部を吸収してしまうが，ここでは話を簡単にするため，**吸収がない理想的な偏光板を考えている**．

[*3)] 偏光板に当たったぐらいで，光子がちぎれて偏光板の前後に別れるようなことにはならないからである．ちなみに，古典的な光は，多数の光子の集まりに相当するので，その集まり全体を見ると，一部が透過して一部が反射されることになる．

[*4)] 後で示す計算結果が電子の場合と同じ式になるように，μ でなく $\mu/2$ としておいた．

の測定器を $\mu = \phi$ に設定して，自分の所に飛んできた粒子の σ を測る．こうして測られる σ を $B(\phi)$ としよう．この実験を N 回 ($\gg 1$) 繰り返す．つまり，ロケットから **1回目の実験と全く同じ条件で**粒子対を放出しては月と地球で測る，ということを N 回繰り返す．一般には測定値はばらつく．j 回目の実験で2人が得た測定値を，それぞれ $a^{(j)}(\theta), b^{(j)}(\phi)$ と書けば，平均値は，

$$\langle A(\theta) \rangle = \frac{1}{N} \sum_{j=1}^{N} a^{(j)}(\theta), \tag{8.1}$$

$$\langle B(\phi) \rangle = \frac{1}{N} \sum_{j=1}^{N} b^{(j)}(\phi). \tag{8.2}$$

これらは，データを付き合わせてみなくても，月は月で，地球は地球で独立に計算できる量であることに注意しよう．では，データを付き合わせてみたら何がわかるのか？それをこれから考えてゆく．

なお，記号について混乱しそうになったら，3.13節の補足をもういちど読み返すとよい．

8.2 離れた地点での実験データの間の相関

データを付き合わせてみるために，月の実験家がデータを持って地球に帰って来たとする．そして，試みに次の量を計算してみたとしよう：

$$\langle A(\theta) B(\phi) \rangle \equiv \frac{1}{N} \sum_{j=1}^{N} a^{(j)}(\theta) b^{(j)}(\phi). \tag{8.3}$$

これは**積の平均値**であり，**平均値の積** $\langle A(\theta) \rangle \langle B(\phi) \rangle$ とは一般には異なる値になる．例えば，$a^{(j)}(\theta)$ も $b^{(j)}(\phi)$ も $+1$ と -1 が半々であれば，$\langle A(\theta) \rangle = \langle B(\phi) \rangle = 0$ となるが，その場合の $\langle A(\theta) B(\phi) \rangle$ は，以下の例のように様々な値をとりうる：

例 8.3 $a^{(j)}(\theta)$ と $b^{(j)}(\phi)$ が，個々の測定値について見てみると，いつも一致している（つまり $a^{(j)}(\theta) = b^{(j)}(\phi)$）という場合には，どの j についても $a^{(j)}(\theta) b^{(j)}(\phi) = 1$ となるので，

$$\langle A(\theta) B(\phi) \rangle = 1. \tag{8.4}$$

例 8.4 $a^{(j)}(\theta)$ と $b^{(j)}(\phi)$ が，個々の測定値について見てみると，いつも反対符号である（つまり $a^{(j)}(\theta) = -b^{(j)}(\phi)$）という場合には，どの j についても $a^{(j)}(\theta)b^{(j)}(\phi) = -1$ となるので，

$$\langle A(\theta)B(\phi)\rangle = -1. \tag{8.5}$$

■

例 8.5 $a^{(j)}(\theta)$ と $b^{(j)}(\phi)$ が，まったく無関係に独立にばらつくという場合には，積の平均値は平均値の積に等しくなるので，

$$\langle A(\theta)B(\phi)\rangle = \langle A(\theta)\rangle\langle B(\phi)\rangle = 0. \tag{8.6}$$

■

このように，データを付き合わせてみれば，両者の実験データの間に何か関連があるかどうかが判る．例 8.3，例 8.4 のように何らかの関連があれば「**相関** (correlation) がある」と言い，例 8.5 のように全く関連がなければ「相関がない」と言う．そして，関連が強ければ「相関が強い」と言い，関連が弱ければ「相関が弱い」と言う．また，相関の強弱の目安である (8.3) のことを，やはり **相関** と呼ぶ（ただし，節末の補足参照）．これは，「互いに同符号になろう」とか「異符号になろう」等と同調している度合いを表していて，同調（相関）が弱ければゼロに近く，強ければ絶対値が大きくなる．

今の場合は，$A(\theta) = \pm 1$, $B(\phi) = \pm 1$ であるから，$A(\theta)B(\phi) = \pm 1$ であり，これの平均値である相関の大きさは，必ず

$$-1 \leq \langle A(\theta)B(\phi)\rangle \leq 1 \tag{8.7}$$

の範囲に収まる．例 8.3，例 8.4 は，それぞれこの上限と下限に一致し，相関の絶対値の大きさが最大になる例だったのである．この大きな相関は，しかし，不思議でもなんでもない．なぜなら，例えば，次のような身近な（？）例でも実現できるからである．

例 8.6 ロケットの中に，たい焼きを頭と尻尾に半分にちぎっては，片方を月に，もう片方を地球に向かって投げる機械があるとする（図 8.1）[*5]．でたら

[*5] たい焼きが好きな人は，途中であんこがこぼれないか気になって，ベルの不等式どこ

8.2 離れた地点での実験データの間の相関

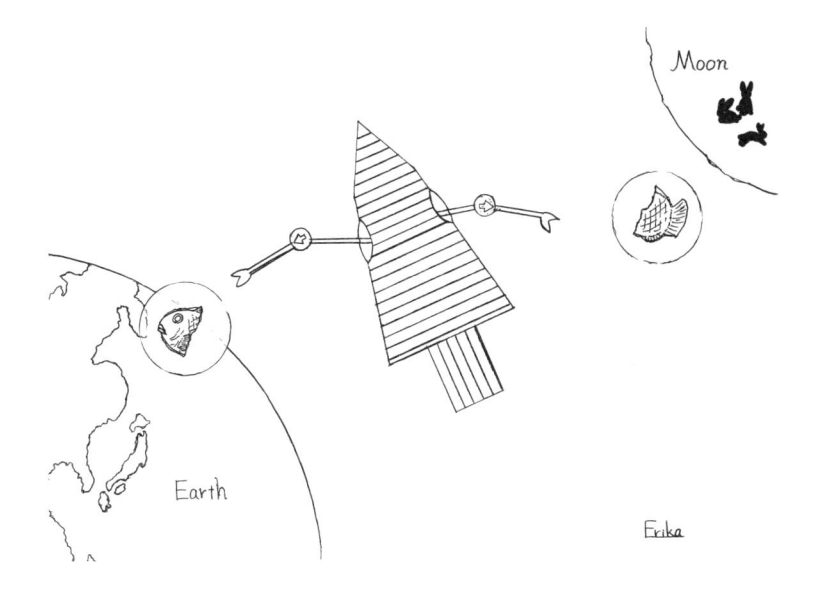

図 8.1 月と地球の間に浮かぶロケットの中に，たい焼きを頭と尻尾に半分にちぎっては，片方を月に，もう片方を地球に向かって投げる機械がある．

め（ランダム）に投げるので，頭と尻尾のどちらがどちらに向かうかは，投げるたびにランダムにばらつくとする．月と地球の実験家は，頭が食べたい気分の時は $\mu = +1$，尻尾が食べたい気分の時は $\mu = -1$ と，自分の気分をパラメータ μ で表現する．(ここでは，μ は ± 1 しかとらないとする．) そして，自分が食べたい方が飛んできたら σ の測定値を 1, 食べたくない方が飛んで来たら -1 と記録することにする．例えば，頭が食べたいときに尻尾が飛んできたら，$\mu = +1, \sigma = -1$ という記録になる．このように実験を設定すると，月の $\mu\, (=\theta)$ と地球の $\mu\, (=\phi)$ を，$\theta = 1, \phi = -1$（あるいは，$\theta = -1, \phi = 1$）とすれば例 8.3 の結果になるし，$\theta = \phi = 1$（あるいは，$\theta = \phi = -1$）とすれば例 8.4 の結果になる．■

このように，$|\langle A(\theta)B(\phi)\rangle| = 1$ という最大の相関は，たい焼きの実験でも実現できてしまう単純な相関なのである．しかし，$\langle A(\theta)B(\phi)\rangle$ は，パラメータ

ろではないと思う．大丈夫，図を見ると，たい焼きがカプセルに入っている！

μ をそれぞれ θ, ϕ という一組だけの値に固定した実験結果の相関である．他の値 θ', ϕ' でも実験を行い，それらのデータを総合して見ると何が見えるか？ 以下でそれを考えてゆく．

♠ 補足：相関の定義

確率論などを学べば判るように，本来は，$\langle AB \rangle$ よりも，A, B からそれぞれの平均値を引いた $\Delta A \equiv A - \langle A \rangle$, $\Delta B \equiv B - \langle B \rangle$ の積の平均値である $\langle \Delta A \Delta B \rangle$ を「相関」と呼ぶべきである．しかし，物理では，しばしば $\langle AB \rangle$ も相関と呼んでしまうのである．どのみち，$\langle AB \rangle$ と $\langle \Delta A \Delta B \rangle$ は，

$$\langle \Delta A \Delta B \rangle = \langle AB \rangle - \langle A \rangle \langle B \rangle \tag{8.8}$$

という簡単な関係式で結ばれているので，どちらか片方を計算すれば他方も判る．例えば，この関係式を使えば，以下で得られる $\langle AB \rangle$ に関するベルの不等式を，本来の相関である $\langle \Delta A \Delta B \rangle$ に関するベルの不等式に変換するのは容易である．

8.3 局所性と因果律

ある地点で行われた行為とか起こった現象により，遠方の実験の結果が直ちに変わることはない．これを，**局所性** (locality) と言う．もしもこれが破れてしまうと，「原因の結果が光より速く伝搬することはない」という（相対論的な）**因果律** (causality) に反することになり，異なる慣性系[*6]から見ると原因と結果の順序が逆転してしまうなどの，滅茶苦茶なことになる．実験と経験によると，そのようなことは起こらないので，**局所性は物理のもっとも基本的な要請**になっている．

我々が考察している実験では，各粒子対ごとに月と地球の測定が**同時**に行われているので，局所性により，月の測定結果，つまり $A(\theta)$ の測定値の確率分布は，地球の実験家が測定時に何をしようが（例えば，不意に ϕ を変えても）全く変わらない．同様に，地球の測定結果である $B(\phi)$ の測定値の確率分布は，月の実験家が測定時に何をしようが（例えば，不意に θ を変えても）全く変わ

[*6] 粒子の位置などを記述するために設定する座標系のこと．

らない．これが，ベルの不等式でも量子論でも，**核心的な仮定**になっている．

例えば，もしも光速を越えるような速さの粒子があったとしたら，その粒子を媒介にして，遠く離れた2地点間に瞬時に因果関係が生じることが可能になるので，因果律に反する．一方，p. 212のたい焼きの例8.6では，地球の実験家は，自分の所に飛んできたのが頭か尻尾かを知った瞬間に，月に飛んだのが尻尾か頭かを知ることになるが，**これは因果律に反しない**．なぜなら，地球の実験家は，単に，月の測定値を瞬時に**知る**だけであり，月の測定値の確率分布は，地球の実験家が測定時に何をしようが変わらないからである．これは，情報を伝えられるかどうかを考えれば分かり易い．**因果関係があれば，それを利用して情報を伝えられる**はずである．地球の実験家が月の実験家に情報を伝えるためには，自分が意図した通りの値を相手に**得させなければならない**[*7]．しかし今の場合は，自分の得る値でさえ，自分の意図とは無関係にランダム（でたらめ）なので，相手が得る値も意図とは無関係にランダムである．従って，情報はまったく伝えられない．従って，因果律には反しないのである．

8.4 局所実在論による記述

8.2節の実験を，2.1節で述べた古典的な考え方（実在論）で記述することを試みる．この考え方では，A も B も常に定まった値を持っている．従って，測定値が毎回同じ値にはならずにばらつくとすると，なにかあるランダムな要因が働いていることになる．これに加えて，もうひとつ重要な仮定をする．前節で述べた「因果律」が守られること，つまり「局所性」を仮定する．即ち，我々は，**局所実在論** (local objective theory)[*8] で記述することを試みる．それを用いて，次節でベルの不等式を導く．

まず，「ロケットの中では毎回同じ条件で粒子対を発生させている」とは言っても，ロケットの中の人が制御しきれない要因，あるいは，その存在に気付いていない変数 λ_0（これを俗に**隠れた変数** (hidden variable) と言う）が毎回異なる値をもって作用して，その結果，A, B の値は，粒子対が発生した段階で，

[*7] 月にいる恋人に，プロポーズの返事を伝えることを想像してみよ．
[*8] 局所実在論の典型例は，古典電磁気学や，チューリングの古典計算機の理論（p.13 図1.1）である．

すでに毎回同じ値にはならずにばらついている可能性がある．さらに，粒子が宇宙空間を旅する間，A, B の値は何らかの法則に従って時間発展するであろうし，宇宙線などの制御しきれない要因が次々に働けば，A, B の値は，λ_0 とはまた別の変数 $\lambda_1, \lambda_2, \cdots$ の関数にもなる．従って，$\lambda_0, \lambda_1, \lambda_2, \cdots$ をまとめて λ と記せば，A, B の値は，λ の関数になるはずである．そして最後に測定器にかかったときには，測定器のパラメータ θ, ϕ の影響も受ける．ここで重要なことは，月の測定値 A は地球の測定器のパラメータ ϕ には影響されず，地球の測定値 B は月の測定器のパラメータ θ には影響されない，ということである．これが局所性，即ち因果律を保証する絶対条件である．

以上の事をひっくるめると，A は θ, λ の何らかの関数で，B は ϕ, λ の関数ということになる：

$$A = a(\theta, \lambda), \quad B = b(\phi, \lambda). \tag{8.9}$$

そして，測定値は ± 1 としたのだから，

$$a(\theta, \lambda) = \pm 1, \quad b(\phi, \lambda) = \pm 1 \tag{8.10}$$

である．ただし，ベルの不等式を導くには，これを緩めた，

$$-1 \leq a(\theta, \lambda) \leq 1, \quad -1 \leq b(\phi, \lambda) \leq 1 \tag{8.11}$$

で充分である．$\lambda = (\lambda_0, \lambda_1, \lambda_2, \cdots)$ は，実験をするたびに異なる値をとる可能性があるので，多数回実験をして得られる A, B の測定値は，λ の確率分布（それぞれの値が出現する割合）$\{P(\lambda)\}$ に従ってばらつくことになる．当然ながら $\{P(\lambda)\}$ は

$$P(\lambda) \geq 0, \quad \sum_\lambda P(\lambda) = 1 \tag{8.12}$$

という，確率分布なら必ず満たす条件を満たさねばならない．

以上のことから，測定値の期待値と積の期待値（相関）は，

$$\langle A(\theta) \rangle = \sum_\lambda P(\lambda) a(\theta, \lambda), \tag{8.13}$$

$$\langle B(\phi) \rangle = \sum_\lambda P(\lambda) b(\phi, \lambda), \tag{8.14}$$

8.4 局所実在論による記述

$$\langle A(\theta)B(\phi)\rangle = \sum_\lambda P(\lambda)a(\theta,\lambda)b(\phi,\lambda) \tag{8.15}$$

を計算すればよい．ここで，$a(\theta,\lambda)$, $b(\phi,\lambda)$ の θ,ϕ は，**粒子対がロケットを出たときの値ではなくて，測定するときの値**であることに注意しよう．だから，粒子対がロケットを出た後で，実験家のところにたどりつくまでに，実験家の気が変わって θ,ϕ の値を変えても構わない（図 8.2）．このように，実験のパラメータとか測る物理量の決定を，状態を準備するよりも後に行うような実験を，**遅延選択実験** (delayed-choice experiment) と言う．

θ,ϕ の値をずっと変えないような単純な実験では，それを誰かがあらかじめロケットに伝えておけば，A は ϕ に依存しうるし，B は θ に依存しうることになる．この依存性はその後もずっと引きずるので，(8.15) は

$$\langle A(\theta)B(\phi)\rangle = \sum_\lambda P(\lambda)a(\theta,\phi,\lambda)b(\phi,\theta,\lambda) \tag{8.16}$$

のような形であり得る．たとえ途中で θ,ϕ の値を変えたとしても，それが他所に知られている場合には同様である．こうなってしまうと局所実在論でも強い相関が可能になりベルの不等式は成立しない（章末の問題 8.1）．また，2 人の実験家がどこか共通の所から与えられた指示通りに θ,ϕ を設定する場合（問題 8.2）や，λ の値に関係付けて θ,ϕ の値を設定する場合（問題 8.3）も成立しな

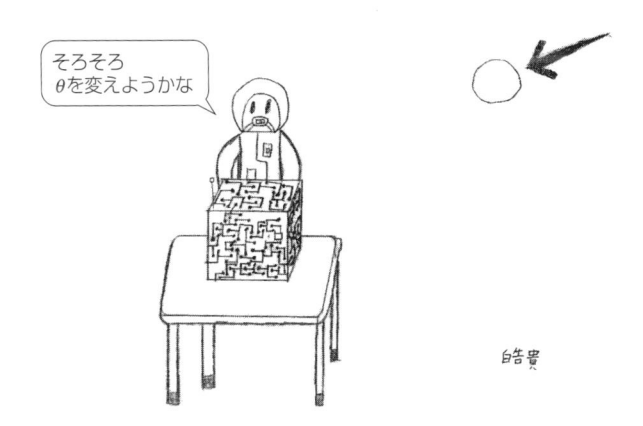

図 8.2 粒子が実験装置に飛び込む前に，実験家の気が変わって θ の値を変えてしまっても構わない．そういう実験を，遅延選択実験と言う．

い．ベルの不等式は，遅延選択実験のように，**局所実在論ということに加えて，実験そのものの局所性・独立性も保たれる場合に成立するのである．**

8.5 ベルの不等式

ベルの不等式にはいろいろなタイプがあり，細かく言うとそれぞれに名前が付いているが，それらを総称して**ベルの不等式** (Bell's inequalities) または**ベル型の不等式** (Bell-type inequalities) と呼ぶ．本書では，そのひとつである CHSH 不等式 (Clauser-Horne-Shimony-Holt inequality) を導く．

ベルの不等式の証明に必要なのは，(8.15) と，測定値の値の範囲を限定する (8.11) と[*9)，$P(\lambda)$ が確率であることの必然である (8.12) だけである[*10)．重要なことは，**局所実在論であれば，どんな理論であっても $\langle A(\theta)B(\phi)\rangle$ は必ずこれらの形に書けることである．**

8.2 節で見たように，θ, ϕ の値を一組だけ選んで実験したのでは，最大の相関はたい焼きの実験（例 8.6）でも得られてしまう．そこで，月の実験家は θ を別の値 θ' に設定した実験も時々行い，地球の実験家は ϕ を別の値 ϕ' に設定した実験も時々行うことにする．そうすれば，θ, ϕ の値の組み合わせは 4 組できるので，後で 2 人のデータ（と，それぞれのデータを得たときの θ や ϕ の値）を付き合わせれば，相関は 4 種類計算できる．少々天下りだが，この 4 種類の相関を組み合わせた

$$C \equiv \langle A(\theta)B(\phi)\rangle + \langle A(\theta')B(\phi)\rangle - \langle A(\theta)B(\phi')\rangle + \langle A(\theta')B(\phi')\rangle \quad (8.17)$$

という量のとりうる値の範囲を考察する．例えば，右辺の 4 つの相関が全てゼロなら C もゼロなので，C も相関の強さの何らかの指標になっている．

計算はすこぶる簡単である[*11)．記号の簡略化のため，

$$a = a(\theta, \lambda), \ a' = a(\theta', \lambda), \ b = b(\phi, \lambda), \ b' = b(\phi', \lambda) \quad (8.18)$$

[*9) ♠(8.10) の場合よりも一般的な (8.11) の場合を計算しておくので，後々読者が，測定値が多数の値をとる場合とか，連続変数の場合に興味をもった場合でも，適当に変数の値を規格化して (8.11) を満たすようにすれば，以下の議論がそのまま使える．
[*10) ♠♠ 逆に言えば，これらの式を満たすものなら，どんなものでもベルの不等式を満たす．
[*11) **数学的難しさと物理的重要さは無関係である．** これは，歴史上，物理学者が何度も経験したことであるが，ベルの不等式もそうであった．

と書き、まず $(a+a')b - (a-a')b'$ という量のとりうる値の範囲を考える。どんな実数 x, y についても成り立つ不等式 $|x-y| \le |x| + |y|$ から

$$|(a+a')b - (a-a')b'| \le |(a+a')b| + |(a-a')b'| \tag{8.19}$$

が得られる。(8.11) より $|b|, |b'| \le 1$ だから、さらに、

$$(8.19) \text{ の右辺} = |a+a'||b| + |a-a'||b'| \le |a+a'| + |a-a'| \tag{8.20}$$

と押さえられる。$|a+a'|$, $|a-a'|$ は、a, a' の値によって、それぞれ $\pm(a+a')$, $\pm(a-a')$ のどちらかの符号を採ったものになるが、どの組み合わせでも、$|a+a'| + |a-a'|$ は $\pm 2a$ または $\pm 2a'$ になる。(8.11) より、これは $|a+a'| + |a-a'| \le 2$ を意味する。これを上の不等式と組み合わせると、$|(a+a')b - (a-a')b'| \le 2$、つまり

$$-2 \le (a+a')b - (a-a')b' \le 2. \tag{8.21}$$

この式に $P(\lambda)$ をかけて λ について和をとると、(8.12), (8.15) より、

$$-2 \le \langle A(\theta)B(\phi)\rangle + \langle A(\theta')B(\phi)\rangle - \langle A(\theta)B(\phi')\rangle + \langle A(\theta')B(\phi')\rangle \le 2. \tag{8.22}$$

従って、

$$-2 \le C \le 2. \tag{8.23}$$

これがベルの不等式のひとつ、CHSH 不等式である。

これにより、相関の強さの（何らかの）指標である C の絶対値が、局所実在論では最大で $|C| = 2$ までしかいかないことが判る。この値は、p. 212 のたい焼きの例 8.6 で、$\theta = 1, \theta' = -1, \phi = 1, \phi' = -1$ とすれば実現できる。つまり、(8.23) は、たい焼きの頭と尻尾程度の相関が、局所実在論で許される最大の相関であることを示しているのである。

8.6 ♠ 交換する物理量の同時測定の量子論

次に、量子論では $|C|$ の値がどこまで大きくなりうるかを計算したいのだが、要請 (3) (p. 75) はひとつの物理量を測ったケースしか述べていないので、一見

すると，第3章の5つの要請だけでは複数の物理量を同時に測るケースは扱えないように見えるかもしれない．しかし，実はそうではない．これについては，既に3.20.2節で，交換しない2つの物理量を両方同時に誤差無く測定することはできないことが5つの要請から導ける，と述べたが，この節では，次節の計算に必要な公式を導く．それは，2つの物理量 $\hat{A}, \hat{B}$ が可換で両方同時に誤差無く測定できるときの，測定値 a, b の確率分布を与える公式である．そして，その公式から，A, B の測定値の相関を量子論で計算する公式 (8.29) を得る．先を急ぎたい読者は，次節で用いる (8.29) を承認して次節に飛んでよい．

8.6.1 ♠ 離散スペクトルの場合

まず，$\hat{A}, \hat{B}$ が離散スペクトルを持つケースをこの小節で述べる．即ち，離散スペクトルを持つ2つの物理量 $\hat{A}, \hat{B}$ が可換で，どんな状態についても両方同時に誤差無く測定できる場合の，測定値 a, b の確率分布を与える公式を導く．

仮定により $\hat{A}, \hat{B}$ が可換なので，p. 89 の定理 3.6 より，これらの固有ベクトルを，両者に共通な同時固有ベクトル $|a, b, l\rangle$ に選べる．ただし，縮退があるかもしれないので，縮退した固有ベクトルを区別するラベル l を付けておいた．これを用いると，$\hat{A}, \hat{B}$ それぞれの固有値 a, b に属する固有空間への射影演算子 $\hat{\mathcal{P}}_A(a), \hat{\mathcal{P}}_B(b)$ は次のように表せる：

$$\hat{\mathcal{P}}_A(a) = \sum_{b,l} |a,b,l\rangle\langle a,b,l|, \ \hat{\mathcal{P}}_B(b) = \sum_{a,l} |a,b,l\rangle\langle a,b,l|. \tag{8.24}$$

これらの積を $\hat{\mathcal{P}}(a,b)$ と書くと，

$$\begin{aligned}\hat{\mathcal{P}}(a,b) &\equiv \hat{\mathcal{P}}_A(a)\hat{\mathcal{P}}_B(b) \\ &= \sum_{b',l}\sum_{a',l'} |a,b',l\rangle\langle a,b',l|a',b,l'\rangle\langle a',b,l'| \\ &= \sum_l |a,b,l\rangle\langle a,b,l| \end{aligned} \tag{8.25}$$

となるので，$\hat{\mathcal{P}}(a,b)$ は，$\hat{A}$ の固有値が a で，かつ，$\hat{B}$ の固有値が b であるような同時固有ベクトルたち $|a,b,1\rangle, |a,b,2\rangle, \cdots$ の張る部分空間への射影演算子になっていることが判る．そこで，この固有空間を $\hat{\mathcal{P}}(a,b)\mathcal{H}$ と書くことにしよう．

8.6 ♠ 交換する物理量の同時測定の量子論

ここで、4.6 節でやったように、a, b の各組と 1 対 1 に対応する 1 次元的ラベル

$$n = n(a, b) \tag{8.26}$$

を適当に構成する。$\hat{\mathcal{P}}(a, b)$ も簡単に $\hat{\mathcal{P}}(n)$ と書くことにする。仮定により $\hat{A}, \hat{B}$ は両方同時に誤差無く測定することができるが、その測定値 a, b から、n の値が (8.26) により求まる。従って、測定値としてこの n を与えるひとつの物理量 $\hat{N}$ を構成してやれば、それを誤差無く測定する手段が少なくともひとつあるわけで、$\hat{N}$ は可観測量になる。

特に、固有空間 $\hat{\mathcal{P}}(a, b)\mathcal{H}$ 内の状態においては、$\hat{A}, \hat{B}$ の値が a, b に確定しているから、$\hat{N}$ の値も $n(a, b)$ に確定している。つまり $\hat{N}$ は、固有値が $n = n(a, b)$ で、その固有空間が $\hat{\mathcal{P}}(n)\mathcal{H} = \hat{\mathcal{P}}(a, b)\mathcal{H}$ であるような自己共役演算子である。従って、次のようにスペクトル分解できる：

$$\hat{N} = \sum_n n\hat{\mathcal{P}}(n) = \sum_{a,b} n(a,b)\hat{\mathcal{P}}(a,b) = \sum_{a,b} n(a,b)\hat{\mathcal{P}}_A(a)\hat{\mathcal{P}}_B(b). \tag{8.27}$$

これは要するに、$\hat{N} = n(\hat{A}, \hat{B})$ ということである。

ところで、どんな可観測量でも、それを誤差無く測定したときの確率分布は要請 (3) で与えられるのであった。従って、系の量子状態を $|\psi\rangle$ とすると、$\hat{N}$ を測ったときの確率分布 $P(n)$ は、$P(n) = \left\|\hat{\mathcal{P}}(n)|\psi\rangle\right\|^2$ で与えられる。ところが、(8.26) により n と a, b は 1 対 1 に対応しているのだから、これは a, b の確率分布そのものである。従って、値 $n = n(a, b)$ を得る確率 $P(n) = P(a, b)$ は、

$$P(a,b) = \left\|\hat{\mathcal{P}}(a,b)|\psi\rangle\right\|^2 = \left\|\hat{\mathcal{P}}_A(a)\hat{\mathcal{P}}_B(b)|\psi\rangle\right\|^2 = \langle\psi|\hat{\mathcal{P}}_A(a)\hat{\mathcal{P}}_B(b)|\psi\rangle. \tag{8.28}$$

これが、離散スペクトルを持つ 2 つの物理量 $\hat{A}, \hat{B}$ が可換で両方同時に誤差無く測定できるときに、同時測定を実行したときの測定値 a, b の確率分布である。$\hat{A}, \hat{B}$ は可換だから、この公式における $\hat{\mathcal{P}}_A(a), \hat{\mathcal{P}}_B(b)$ の順序は変えてもよい（p.90 定理 3.8 参照）。

これを用いれば、例えば A, B の相関を求める公式が、次のように求まる：

$$\langle AB \rangle = \sum_{a,b} ab P(a,b) = \sum_{a,b} \langle \psi | a \hat{\mathcal{P}}_A(a) b \hat{\mathcal{P}}_B(b) | \psi \rangle$$
$$= \langle \psi | \hat{A}\hat{B} | \psi \rangle. \tag{8.29}$$

$\hat{A}, \hat{B}$ は可換だから，この公式における $\hat{A}, \hat{B}$ の順序も変えてよい．

8.6.2 ♠ 連続スペクトルの場合

上の議論を，$\hat{A}, \hat{B}$ が連続スペクトルを持つケースに拡張する．即ち，連続スペクトルを持つ 2 つの物理量 $\hat{A}, \hat{B}$ が可換で，どんな状態についても両方同時にいくらでも小さな誤差で測定できる場合である．求めたいのは，A の測定値が $(a - \Delta_a, a + \Delta_a]$ の範囲にあり，かつ，B の測定値が $(b - \Delta_b, b + \Delta_b]$ の範囲にある確率である．それを $P((a - \Delta_a, a + \Delta_a], (b - \Delta_b, b + \Delta_b])$ と書こう．

$\hat{A}$ の $(a - \Delta_a, a + \Delta_a]$ の範囲の固有値に属する固有空間への射影演算子を $\hat{\mathcal{P}}_A(a - \Delta_a, a + \Delta_a]$，$\hat{B}$ の $(b - \Delta_b, b + \Delta_b]$ の範囲の固有値に属する固有空間への射影演算子を $\hat{\mathcal{P}}_B(b - \Delta_b, b + \Delta_b]$ とすると，前小節と同様に，これらの積

$$\hat{\mathcal{P}}((a-\Delta_a, a+\Delta_a], (b-\Delta_b, b+\Delta_b]) \equiv \hat{\mathcal{P}}_A(a-\Delta_a, a+\Delta_a] \hat{\mathcal{P}}_B(b-\Delta_b, b+\Delta_b]$$
$$\tag{8.30}$$

は，$\hat{A}$ の固有値が $(a - \Delta_a, a + \Delta_a]$ の範囲にあり，かつ $\hat{B}$ の固有値が $(b - \Delta_b, b + \Delta_b]$ の範囲にあるような同時固有ベクトルたちの張る部分空間への射影演算子になる．そこで，この固有空間を $\hat{\mathcal{P}}((a-\Delta_a, a+\Delta_a], (b-\Delta_b, b+\Delta_b])\mathcal{H}$ と書くことにしよう．

ここで，横軸が a，縦軸が b の 2 次元平面を思い浮かべて欲しい．その平面を，横が $2\Delta_a$ で縦が $2\Delta_b$ の長方形のメッシュに区切り，全ての長方形に適当に（重複がないように）番号 n を付ける[*12]．求めたい確率 $P((a - \Delta_a, a + \Delta_a], (b - \Delta_b, b + \Delta_b])$ は，測定値が座標 (a, b) を中心とする長方形の中に入る確率である．つまり，測定値がどの番号の長方形に入るかの確率であるから，$P(n)$ と書くことにする．射影演算子 $\hat{\mathcal{P}}((a - \Delta_a, a + \Delta_a], (b - \Delta_b, b + \Delta_b])$ も簡単に

[*12] 例えば次のようにすればよい：原点に近いところから順に $n = 1, 2, 3, \cdots$ と付ける．ただし，原点から等距離の長方形が 2 個以上あるときは，a 軸に近い方から右回りに番号を振ってゆく．

8.6 ♠ 交換する物理量の同時測定の量子論

$\hat{\mathcal{P}}(n)$ と書くことにする.

仮定により $\hat{A}, \hat{B}$ は両方同時にいくらでも小さな誤差で測定できるが,その測定値から n の値(どの長方形に入るか)も決まる.従って,測定値としてこの n を与えるひとつの物理量 $\hat{N}$ を構成してやれば,それをいくらでも小さな誤差で測定する手段が少なくともひとつあるわけで,$\hat{N}$ は可観測量になる.

特に,固有空間 $\hat{\mathcal{P}}((a-\Delta_a, a+\Delta_a], (b-\Delta_b, b+\Delta_b])\mathcal{H} = \hat{\mathcal{P}}(n)\mathcal{H}$ 内の状態においては,$\hat{N}$ の値 n は確定している.つまり $\hat{N}$ は,固有値が n で,その固有空間が $\hat{\mathcal{P}}(n)\mathcal{H}$ であるような自己共役演算子である.従って,次のようにスペクトル分解できる:

$$\hat{N} = \sum_n n \hat{\mathcal{P}}(n). \tag{8.31}$$

ところで,どんな可観測量でも,それを誤差無く測定したときの確率分布は要請 (3) で与えられるのであった.従って,系の量子状態を $|\psi\rangle$ とすると,$\hat{N}$ を測ったときの確率分布 $P(n)$ は,$P(n) = \left\|\hat{\mathcal{P}}(n)|\psi\rangle\right\|^2$ で与えられる.この式の両辺を元の記号に戻せば,

$$\begin{aligned} &P((a-\Delta_a, a+\Delta_a], (b-\Delta_b, b+\Delta_b]) \\ &= \left\|\hat{\mathcal{P}}((a-\Delta_a, a+\Delta_a], (b-\Delta_b, b+\Delta_b])|\psi\rangle\right\|^2 \\ &= \left\|\hat{\mathcal{P}}_A(a-\Delta_a, a+\Delta_a]\hat{\mathcal{P}}_B(b-\Delta_b, b+\Delta_b]|\psi\rangle\right\|^2 \\ &= \langle\psi|\hat{\mathcal{P}}_A(a-\Delta_a, a+\Delta_a]\hat{\mathcal{P}}_B(b-\Delta_b, b+\Delta_b]|\psi\rangle \end{aligned} \tag{8.32}$$

という公式が得られる.

あるいは,確率密度 $p(a, b)$ を

$$P((a-\Delta_a, a+\Delta_a], (b-\Delta_b, b+\Delta_b]) = \int_{a-\Delta_a}^{a+\Delta_a} da' \int_{b-\Delta_b}^{b+\Delta_b} db' \, p(a', b') \tag{8.33}$$

で定義すれば,(8.32) から直ちに,

$$p(a, b) = \langle\psi|\hat{\mathcal{P}}_A(a)\hat{\mathcal{P}}_B(b)|\psi\rangle \tag{8.34}$$

という公式を得る.ただし,$\hat{\mathcal{P}}_A(a), \hat{\mathcal{P}}_B(b)$ は $\hat{A}, \hat{B}$ それぞれの固有値 a, b に属

する固有空間への射影演算子[*13)] である．

これを用いれば，例えば A, B の相関を求める公式が，次のように求まる：

$$\langle AB \rangle = \int da \int db\, abp(a,b) = \int da \int db \langle \psi | a\hat{\mathcal{P}}_A(a) b\hat{\mathcal{P}}_B(b) | \psi \rangle$$
$$= \langle \psi | \hat{A}\hat{B} | \psi \rangle. \tag{8.35}$$

$\hat{A}, \hat{B}$ は可換だから，この公式における $\hat{A}, \hat{B}$ の順序は変えてもよい．

♠♠ 補足：要請 (3) の表現法

上の議論では，連続スペクトルをもつ物理量 $\hat{A}, \hat{B}$ の測定が，離散スペクトルをもつ物理量 $\hat{N}$ の測定に帰着できた．これと同様の議論を行えば，離散スペクトルをもつ物理量に対するボルンの確率規則 (3.118) から，連続スペクトルをもつ物理量に対するボルンの確率規則 (3.169) を導くことができる．3.17 節では，前者から後者を推論により得て，それを要請 (3) として正式に採用したが，実は推論に頼らずとも導けるのである．従って，要請 (3) は，前者を採用しておいても構わなかったわけだ．もちろん，後者から前者を導くこともできるので，どちらを採用しても同じである．

8.6.3　♠♠ 異時刻相関についての注意

以上のように，離散スペクトルでも連続スペクトルでも，相関に関しては，$\langle AB \rangle = \langle \psi | \hat{A}\hat{B} | \psi \rangle$ という同じ結果が得られた．ただし，**相関がこのような分かり易い形になったのは，交換する物理量を同時刻に**[*14)]**測定するケースを考えたからである．**

しばしば，異なる 2 つの時刻 t_1, t_2 における $\hat{A}, \hat{B}$ の相関についても，$\hat{A}, \hat{B}$ のハイゼンベルク表示 $\hat{A}_H(t), \hat{B}_H(t)$ を用いて，単純に $\langle \psi | \hat{A}_H(t_1) \hat{B}_H(t_2) | \psi \rangle$ としてしまうことがよく行われる．しかし，異時刻相関をそのようにするのは，一般には誤りである．実際，この量は一般には**実験で得られる異時刻相関とは一致しない**．その理由は，実験操作を考えてみればすぐ判る．例えば，$t_1 > t_2$ の場合を考えると，状態 $|\psi\rangle$ を用意して，まず時刻 t_2 において $\hat{B}$ を測り，その

[*13)] ♠♠ これについては，数学的には 3.15 節の補足のような注意が要る．
[*14)] 測定地点が空間的に離れている場合には，相対論的に言えば，空間的 (space-like) な関係にある時空点で．

まま時刻 t_1 になるまで待って $\hat{A}$ を測るわけだから，$\hat{A}$ の測定は，初めの状態 $|\psi\rangle$ がそのまま t_1 までユニタリー発展した状態について行われるわけではなく，途中で $\hat{B}$ の測定の反作用をうけた状態について行われる．従って，$\hat{B}$ の測定がどのような反作用を伴うものであったかによって，大きく結果が変わる[*15]．誤差が無いという点では同じ測定器でも，測定の反作用は様々だから，$\hat{A}$ の測定結果は測定器によって変わることになる．従って，**異時刻相関の測定結果は，用いる測定器によって変わる**．こういうケースにおける正しい異時刻相関の表式を求めるためには，測定器の構造まで踏み込んで解析する量子測定理論が必要である．実際，そうして得られる表式だけが実験結果と一致することが，量子光学の実験などで確かめられている．

8.7 ♠量子論によるベルの不等式の破れ

この節では，ベルの不等式が量子論では破られることを示す．先を急ぎたい読者は，この節の結果である (8.55) から (8.57) までを承認して次節に飛んでもよい．

8.4 節，8.5 節の導き方から判るように，**ベルの不等式は，局所実在論であれば必ず満たす不等式**である．もしも量子論が，何かの系で，何かある状態について，この不等式を破ることがあれば，量子論は局所実在論では記述できない内容を含んでいることになる．それを示すためには，ひとつ例を示せば充分なので，これから述べる例で充分である．

月で測る物理量を表す演算子を $\hat{A}(\theta)$，地球で測る物理量を表す演算子を $\hat{B}(\phi)$ とする．そして，$\theta = \phi = 0$ に選んだ演算子 $\hat{A}(0), \hat{B}(0)$ が，交換する物理量の完全集合になるとする．本当は，粒子の位置座標なども加える必要があるが，以下の計算結果には影響しないので，省略しても大丈夫である．

「測定値は ±1 のいずれかである」という仮定に当てはまるように，$\hat{A}(0), \hat{B}(0)$ の固有値はいずれも ±1 であるとする．その同時固有状態を $|a,b\rangle$ $(a = \pm 1, b = \pm 1, \langle a,b|a',b'\rangle = \delta_{a,a'}\delta_{b,b'})$ と書こう：

[*15] 他方，先に行われる $\hat{B}$ の方の測定結果は，誤差の無い測定器ならどれも同じ結果を与える．

$$\hat{A}(0)|a,b\rangle = a|a,b\rangle, \tag{8.36}$$
$$\hat{B}(0)|a,b\rangle = b|a,b\rangle. \tag{8.37}$$

ラベル a が月に送られる粒子の状態を，b が地球に送られる粒子の状態を表す．3.22 節に述べたことから，$\{|a,b\rangle\}$ を基底とする 4 次元のヒルベルト空間で，この量子系は記述できることになる[*16)]．そして，$\hat{A}(0), \hat{B}(0)$ のスペクトル分解は，

$$\hat{A}(0) = \sum_{a,b} a|a,b\rangle\langle a,b| = \sum_b (|+,b\rangle\langle +,b| - |-,b\rangle\langle -,b|), \tag{8.38}$$
$$\hat{B}(0) = \sum_{a,b} b|a,b\rangle\langle a,b| = \sum_a (|a,+\rangle\langle a,+| - |a,-\rangle\langle a,-|) \tag{8.39}$$

となる．

θ が別の値の時の $\hat{A}(\theta)$ を定義するために，月に来た粒子の状態についてだけ $|a,b\rangle$ を重ね合わせた，次の 4 つの状態を考えよう：

$$\begin{aligned}|+_\theta, b\rangle &\equiv \cos\frac{\theta}{2}|+,b\rangle + \sin\frac{\theta}{2}|-,b\rangle \quad (b = \pm 1), \\ |-_\theta, b\rangle &\equiv -\sin\frac{\theta}{2}|+,b\rangle + \cos\frac{\theta}{2}|-,b\rangle \quad (b = \pm 1).\end{aligned} \tag{8.40}$$

これらは互いに直交し，規格化もされているので，これも（θ の各々の値ごとに）ヒルベルト空間の正規直交完全系を成す．これを用いて，任意の θ における $\hat{A}(\theta)$ を，(8.38) を真似た次のスペクトル分解で定義しよう：

$$\hat{A}(\theta) \equiv \sum_b (|+_\theta, b\rangle\langle +_\theta, b| - |-_\theta, b\rangle\langle -_\theta, b|). \tag{8.41}$$

スペクトル分解の意味より $\hat{A}(\theta)$ の固有値は ± 1 であるので，「測定値は ± 1 のいずれかである」という仮定にあてはまる．また，固有ベクトルは $|\pm_\theta, b\rangle$ である．同様に，$\hat{B}(\phi)$ については，地球に飛んで来た粒子の状態についてだけ $|a,b\rangle$ を重ね合わせた状態

[*16)] ♠ この節の内容は，ヒルベルト空間の「テンソル積」（続編「量子論の発展」（仮題）で解説する予定）という概念を用いて計算した方が簡単である．しかし，ここにテンソル積の説明を含めるとこの節よりも長くなってしまうので，本書では，テンソル積の知識が不要な形で書いておいた．テンソル積を知っている人は，それを用いて計算をやり直してみるとよい．

8.7 ♠ 量子論によるベルの不等式の破れ

$$|a, +_\phi\rangle \equiv \cos\frac{\phi}{2}|a, +\rangle + \sin\frac{\phi}{2}|a, -\rangle \quad (a = \pm 1),$$
$$|a, -_\phi\rangle \equiv -\sin\frac{\phi}{2}|a, +\rangle + \cos\frac{\phi}{2}|a, -\rangle \quad (a = \pm 1) \tag{8.42}$$

を用いて，

$$\hat{B}(\phi) \equiv \sum_a \left(|a, +_\phi\rangle\langle a, +_\phi| - |a, -_\phi\rangle\langle a, -_\phi|\right) \tag{8.43}$$

と定義すれば，この固有値も ± 1 で，固有ベクトルは $|a, \pm_\phi\rangle$ である．

$\hat{A}(\theta)$ を $|a, b\rangle, |a', b'\rangle$ で挟んで得られる行列要素は，b, b' に関係する部分だけ追えばすぐ解るように，

$$\langle a, b|\hat{A}(\theta)|a', b'\rangle = (a, a' \text{の関数}) \times \delta_{b,b'} \tag{8.44}$$

と，b, b' については単位行列として振る舞う．これは，「月に飛んで来た粒子の演算子である $\hat{A}(\theta)$ は，地球に来た粒子の状態に関わる部分に作用しない（恒等演算子として振る舞う）」という，局所性を表している[*17]．このことは，$\hat{A}(\theta)$ の作り方からも明らかであろう．同様に，

$$\langle a, b|\hat{B}(\phi)|a', b'\rangle = \delta_{a,a'} \times (b, b' \text{の関数}) \tag{8.45}$$

であるので，地球に飛んで来た粒子の演算子である $\hat{B}(\phi)$ は，月に来た粒子の状態に関わる部分に作用しない．このように，ちゃんと，**局所性を満たす物理的に正しいモデル**になっている．また，このことの帰結のひとつとして，

$$\left[\hat{A}(\theta), \hat{B}(\phi)\right] = 0 \tag{8.46}$$

が任意の θ, ϕ について成り立つことも解る．実際，$\hat{A}(\theta), \hat{B}(\phi)$ の行列表示 (8.44), (8.45) から，あるいは $\hat{A}(\theta), \hat{B}(\phi)$ の定義式から直接に，これを確かめることができる．

さて，ロケットからは，

$$|\psi\rangle = \frac{1}{\sqrt{2}}|+, -\rangle - \frac{1}{\sqrt{2}}|-, +\rangle \tag{8.47}$$

[*17] ♠♠ もっと詳しく言うと，「月にある基本変数だけで $\hat{A}(\theta)$ を測る測定器が作れる」ということを表している．

という状態で粒子対が飛んでくるとしよう．この状態は，「月に $a = +1$，地球に $b = -1$ の粒子が飛んできた」という状態 $|+, -\rangle$ と，「月に $a = -1$，地球に $b = +1$ の粒子が飛んできた」という状態 $|-, +\rangle$ との，**重ね合わせになっている**．そういう正反対の状況の（混合状態なら判るが）重ね合わせ状態とはいったいどんな状態か？ これは，**もはや日常言語では言い表せない**，**ヒルベルト空間論でないと記述できない奇妙な状態**である．(3.1.2 節の最後を読み返して欲しい．) だからこそ，以下で示すようにベルの不等式を破るのである[*18)]！ このような奇妙な状態を，しばしば，**エンタングルした状態** (entangled state) と呼ぶ．エンタングルした状態は，p. 210 の例 8.1, 8.2 のような場合に，**実際に作ることができる**．

計算の最後の段階を遂行しよう．(8.41), (8.43) に (8.40), (8.42) を代入することにより，$\hat{A}(\theta), \hat{B}(\phi)$ をもとの基底 $\{|a,b\rangle\}$ で表せば，

$$\hat{A}(\theta) = \cos\theta \sum_b (|+,b\rangle\langle +,b| - |-,b\rangle\langle -,b|)$$
$$+ \sin\theta \sum_b (|+,b\rangle\langle -,b| + |-,b\rangle\langle +,b|), \tag{8.48}$$

$$\hat{B}(\phi) = \cos\phi \sum_a (|a,+\rangle\langle a,+| - |a,-\rangle\langle a,-|)$$
$$+ \sin\phi \sum_a (|a,+\rangle\langle a,-| + |a,-\rangle\langle a,+|) \tag{8.49}$$

となることから，

$$\hat{A}(\theta)|\psi\rangle = \frac{\cos\theta}{\sqrt{2}}(|+,-\rangle + |-,+\rangle) - \frac{\sin\theta}{\sqrt{2}}(|+,+\rangle - |-,-\rangle), \tag{8.50}$$

$$\hat{B}(\phi)|\psi\rangle = -\frac{\cos\phi}{\sqrt{2}}(|+,-\rangle + |-,+\rangle) + \frac{\sin\phi}{\sqrt{2}}(|+,+\rangle - |-,-\rangle) \tag{8.51}$$

と計算される．これらと $|\psi\rangle$ との内積をとれば，

$$\langle A(\theta)\rangle = \langle\psi|\hat{A}(\theta)|\psi\rangle = \frac{1}{2}\cos\theta - \frac{1}{2}\cos\theta = 0, \tag{8.52}$$

$$\langle B(\phi)\rangle = \langle\psi|\hat{B}(\phi)|\psi\rangle = -\frac{1}{2}\cos\phi + \frac{1}{2}\cos\phi = 0. \tag{8.53}$$

[*18)] それに対して，$|+,-\rangle$ や $|-,+\rangle$ は，日常言語で上記のように表せた．この説の最後で示すように，これらや，これらの混合状態は，ベルの不等式を破らない．

8.7 ♣ 量子論によるベルの不等式の破れ

これは，月の測定値も地球の測定値も，θ, ϕ の値にかかわらず，$+1$ と -1 が確率 $1/2$ ずつで得られることを示している．

一方，相関は，(8.29) より $\langle\psi|\hat{A}(\theta)\hat{B}(\phi)|\psi\rangle$ で与えられるが，これは (8.50) と (8.51) の内積をとれば直ちに計算できて，

$$\langle A(\theta)B(\phi)\rangle = -\cos\theta\cos\phi - \sin\theta\sin\phi = -\cos(\theta - \phi). \qquad (8.54)$$

従って，

$$C = -\cos(\theta - \phi) - \cos(\theta' - \phi) + \cos(\theta - \phi') - \cos(\theta' - \phi') \qquad (8.55)$$

を得る．そこで，例えば

$$\theta = \frac{3\pi}{4},\ \phi = \frac{2\pi}{4},\ \theta' = \frac{\pi}{4},\ \phi' = 0 \qquad (8.56)$$

のように設定すれば，

$$C = -2\sqrt{2} \simeq -2.8 \qquad (8.57)$$

となり，$-2 \leq C \leq 2$ というベルの不等式 (8.23) を破る！

ベルの不等式が破れた原因は，量子論特有の干渉効果である．それを見るために，(8.47) の右辺の各項 $|+, -\rangle, |-, +\rangle$ における $\langle A(\theta)B(\phi)\rangle$ をそれぞれ計算して平均をとると，

$$\frac{\langle +, -|\hat{A}(\theta)\hat{B}(\phi)|+, -\rangle + \langle -, +|\hat{A}(\theta)\hat{B}(\phi)|-, +\rangle}{2} = -\cos\theta\cos\phi. \qquad (8.58)$$

これと正しい結果 (8.54) との差である，$-\sin\theta\sin\phi$ が干渉項である．もしもこの干渉項がなければ，C は

$$C = -\cos\theta\cos\phi - \cos\theta'\cos\phi + \cos\theta\cos\phi' - \cos\theta'\cos\phi' \qquad (8.59)$$

となるが，これは必ず $-2 \leq C \leq 2$ の範囲に収まる．(試してみよ！) [19] 従って，ベルの不等式が破れた原因は干渉効果である．

なお，p. 212 のたい焼きの実験の例 8.6 と同様に，この実験でも，月と地球の間に瞬時に情報が伝わることはなく，**因果律は守られる**．理由は，8.3 節でた

---

[19] 同様に，$|\psi\rangle = |+, -\rangle$ であっても，$|\psi\rangle = |-, +\rangle$ であっても，C は (8.59) になり，ベルの不等式は破れない．

い焼きの実験について書いたのと同じである．

♠♠ 補足：局所量子論における $|C|$ の最大値
実は，上の例で得られた，$|C| = 2\sqrt{2}$ という値は，**局所性を満たす量子論で許される最大値**であることが判っている．従って，これを上回るような $|C|$ を与える理論があったとしたら，それは量子論の枠からはみ出した理論であるか，局所性を満たしていない（従って因果律を満たさない）理論か，あるいは局所性以外の仮定のいずれか（たとえば，測定値の値域の制限）を満たしていない理論であるか，のどれかである．

8.8 ベルの不等式の意義

以上のように，局所実在論と量子論では，相関の大きさの最大値について矛盾した結果が得られる．どちらが正しいのか？ 3.1.1 節で述べたように，物理学は実験科学であるから，どちらが（より）正しいかは，実験で決める．つまり，どちらの理論が，より正しく自然現象を記述できるかが絶対的な判断基準になる．そこで，多くの人々によって実験が行われた．前節の計算は，$\mu = \theta, \phi$ とすれば，p. 210 の例 8.1, 8.2 にうまく対応する．こういう量子性の高い実験は光子の方がやりやすいので[20]，特に例 8.2 について精度の高い実験が行われた．その結果はベルの不等式を破り，量子論の方がより正しく自然現象を記述する理論だということが実証された．

さて，このような理論・実験両面の研究から，何が判ったのだろう？ ベルの不等式は，局所実在論なら必ず満たす不等式であることが理論的に示されたのだから，上述の実験結果は，**自然現象の中には決して局所実在論では記述できない現象がある**ということを意味する．そして，量子論はそういう現象も記述できる．もちろん，局所実在論で記述できることも量子論は記述できる．また，古典力学や古典電磁気学は局所実在論の一種である．従って，それぞれの理論で記述できる現象の範囲は，次のような包含関係にある：

---

[20] ♠ 前節で述べたように，ベルの不等式が破れるのは一種の干渉効果なのだが，電子は，電荷を持っているために周りの環境との相互作用が強く，干渉効果が見えにくくなる傾向がある．

8.8 ベルの不等式の意義

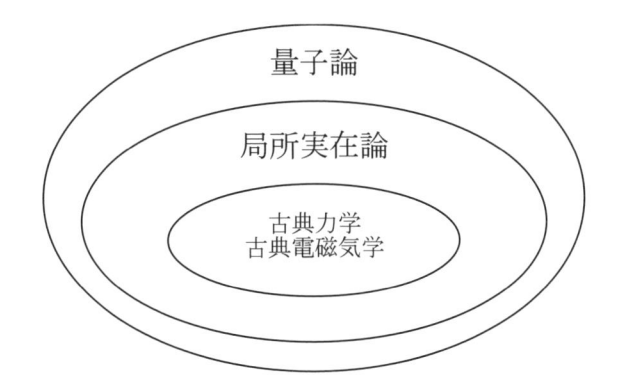

[図: 三重の楕円。外側から「量子論」「局所実在論」「古典力学・古典電磁気学」]

図 8.3 古典力学・古典電磁気学, 局所実在論, 量子論のそれぞれが記述できる現象の範囲. 後者ほど広く, 前者を包含する. そして, 局所実在論と量子論の境界線を引くのが, ベルの不等式である.

古典力学・古典電磁気学で記述できる現象
　⊂ 局所実在論で記述できる現象
　⊂ 量子論で記述できる現象 (8.60)

これを図示すると, 図 8.3 のようになる.

　俗に**量子現象** (quantum phenomenon) と呼ばれている現象は, 図の内側の 2 本の線に囲まれた領域の現象が多い. しかし, それは「古典力学や古典電磁気学では記述できない」というだけのことであって, 他の局所実在論を適当に作れば記述できる. つまり, 実際には, 量子論でも局所実在論でもどちらでも記述できる現象であり, 量子論特有の現象とは言い難い. 本当は, **量子論の本質は, 図の一番外側の, 局所実在論では記述できない現象を記述できるところにある**. そして, 局所実在論と量子論の境界線を引くのが, ベルの不等式なのである.

　ベルの不等式が発見されるまでは,「自然現象は, 局所実在論でも記述できるかもしれないが, 量子論で記述する方が簡便である」とか「隠れた変数のような, 未だかつて観測にかかったことのない変数を導入するのは科学的でない」というような, あまり本質的でない理由が語られていた[*21)]. しかし, 例えば

[*21)] 残念ながら, ベルの不等式が発見された後でも, そのような記述の教科書が少なくないのが実状である.

後者について言えば，今や量子論でも，ゲージ場のでてくる場合には観測できない場を導入するのは普通のことになったので，全く理由になっていない．ベルの不等式は，量子論の必然性を，そういった消極的な理由ではなく，「局所実在論では決して記述できない自然現象があるから」という絶対的な理由に高め，それによって量子論の本質を初めて浮き彫りにしたのである．このことから，ベルの不等式は，「最も深遠な発見」と呼ばれることさえある．

なお，上述のベルの不等式は，2粒子を2地点で測定する実験に関するものであった．近年は，これを多粒子系に拡張することによって，より深い理解を得ようという研究も進められている．しかし，そういう一般的な場合の局所実在論と量子論の境界線も，それがもたらす物理も，まだ充分には解明されていない．これは，我々がまだ量子論の真の意味を解明できていないことを意味する．若い意欲的な研究者の活躍が期待される．

問題 8.1 (8.16)のようになってしまうと，8.5節の議論のどこが破綻してCHSH不等式が成り立たなくなりうるのか述べよ．

問題 8.2 2人の実験家が，どこか共通の所から与えられた指示通りにθ, ϕを設定するような場合も，CHSH不等式は成り立たなくなりうる．その理由を述べよ．

問題 8.3 λの値に関係付けてθ, ϕの値を設定する場合もCHSH不等式は成り立たなくなりうる．その理由を述べよ．

第 9 章
♠基本変数による記述のまとめ

2.3 節で,「基本変数を用いて理論を構成することがしばしば行われる」と書いた．実際，第 4, 5, 7 章で述べた理論は，全て基本変数を使って記述されていた．基本変数を用いて記述すると，古典論と量子論の論理構造の共通点と相違点が，とても見やすい形で理解できるので，それを本書の締めくくりとして述べる．

9.1 ♠ 基本変数

4.1 節で述べたように，ラグランジュ形式の古典力学では，系の全ての物理量は，一般化座標と一般化速度 $\{q_j, \dot{q}_j\}$ の関数であった．また，ハミルトン形式の古典力学では，系の全ての物理量は，正準変数 $\{q_j, p_j\}$ の関数であった．このように，**系の全ての物理量を構成できる基本的な変数**を用いて理論を構成することが，物理ではよく行われる．この基本的な変数の一般的な呼び名は（ハミルトン形式における正準変数という呼び名以外には）無いようなので，本書では，**基本変数**と呼ぶ．

正準変数は，その変数の間で正準変換（p.129 脚注 15）すれば，別の正準変数に移れる．このことからも推測できるように，基本変数の間で適当な変換をすれば，別の基本変数に移れる．例えば，5.16 節で，調和振動子を正準量子化した量子論を，正準変数 $\hat{q}, \hat{p}$ の代わりに生成・消滅演算子 $\hat{a}, \hat{a}^\dagger$ を基本変数として書き直して解いた．古典論で $\hat{a}$ に対応するのは，(5.112) から $\wedge$ をとった

$$a \equiv \sqrt{\frac{m\omega}{2\hbar}}q + \frac{i}{\sqrt{2m\hbar\omega}}p \tag{9.1}$$

であるが，これは q と p を両方測れば測れるので，古典論では a は文句なしに可観測量である．しかし量子論では，$\hat{q}$ と $\hat{p}$ は交換しないので，3.20.2 節で述べたように，$\hat{q}$ と $\hat{p}$ を同時に誤差なく測ることはできない．あえて同時に測ることはできるが，誤差が生じる．従って，$\hat{a}$ を誤差なく測ることはできない．その意味で，$\hat{a}$ は可観測量ではない (3.20.3 節参照)．このように，**量子論の場合は，基本変数は可観測量とは限らない**．

さて，ある系の量子論が，適当な形式で与えられたとしよう．そこに基本変数が明示してない場合でも，ほとんどの場合，適当な基本変数を導入して書き直すことができる．例えば：

例 9.1 第 3 章でたびたび例に出した $\mathcal{H} = \mathbf{C}^2$ の場合，その上の自己共役演算子の全てを可観測量として許すような議論をするのが普通である．これを，例えば

$$\hat{\sigma}_+ \equiv \begin{pmatrix} 0 & 1 \\ 0 & 0 \end{pmatrix}, \quad \hat{\sigma}_- \equiv \begin{pmatrix} 0 & 0 \\ 1 & 0 \end{pmatrix} \tag{9.2}$$

を基本変数とする量子論として記述することもできる．なぜなら，任意の 2×2 行列が，この 2 つの行列の線形結合や積で表せるからである（下の問題）．$\hat{\sigma}_\pm$ は自己共役演算子（エルミート行列）ではないので，(3.207) を用いてその「実部」と「虚部」に分解してみると，

$$\hat{\sigma}_\pm = \frac{\hat{\sigma}_x}{2} \pm i\frac{\hat{\sigma}_y}{2}. \tag{9.3}$$

$[\hat{\sigma}_x, \hat{\sigma}_y] \neq 0$ なので，$\hat{\sigma}_\pm$ は，「どんな状態においてもいくらでも小さな誤差で測れる」という，量子論の通常の意味での可観測量 (3.20.3 節参照) ではない．■

問題 9.1 任意の 2×2 行列が，$\hat{\sigma}_\pm$ の線形結合や積で表せることを示せ．

有限個の基本変数で記述できる系を**有限自由度系**と呼び，無限個必要な系を**無限自由度系**と呼ぶ．特に，解析力学や正準量子論では，基本変数の組の数を**自由度** (degrees of freedom) と呼ぶ．

9.1 ♠ 基本変数

いくつの基本変数を用いるかは，分析したい**物理現象の内容に応じて決める**．例えば，ボールの運動を分析したいとしよう．ボールは様々な材料からできている．その材料は原子からできている．原子は原子核と電子からできている．原子核は陽子と中性子からできている… と考えていくときりがない．とはいえ，

(a) ボールを投げたときの軌跡などの，ボールの全体的な運動だけに興味があるなら，ボールを剛体とみなして，その重心座標と，重心の周りの回転角，およびこれらの時間微分（速度と角速度）を基本変数に選んで，運動をほとんど説明・予言できる．

(b) 一方，ボールが変形したり破裂したりすることまで扱おうとするならば，ボールを微小部分に分けて考えて，各部分の座標とその時間微分（速度）を基本変数に選んでやれば，運動を説明・予言できる．つまり，ボールの変形や破裂は，各微小部分の運動の結果として捉えることができる．

この例から明らかなように，同じ物理系（ボール）を扱っていても，その基本変数の選び方は，分析したい物理現象の内容に応じて，変更できる．(a) で基本変数として選んだ重心座標は，(b) で基本変数として選んだ，各微小部分の座標の関数として表せる．従って，(a) で予言できることは全て，(b) でも予言できる形になっている．しかし，逆に，(b) で基本変数として選んだ，各微小部分の座標の全てを，(a) で基本変数として選んだ，重心座標と回転角とで表すことは不可能である．従って，(b) で予言できることの中には，例えば破裂のように，(a) では予言できないことが含まれている．

このように，**基本変数には階層がある**[*1]．より「ミクロな」基本変数を採るほど，理論の適用範囲は形式的には広くなるが，その一方で，解を完全に求めることは困難に（しばしば不可能に）なり，結局はもっとマクロな基本変数を採ったことと等価な近似を行う羽目になることが多い．だから，自分が分析したい内容に応じて選択するのがよい．

♠♠ 補足：ミクロな理論は万能ではない

これに関連して，「ミクロ方向へ行くほど万能になる」などという誤解を抱かないように注意しておく．例えば，マクロな物理系をミクロな物理学で扱おうと

[*1] ♠♠ この階層構造に，「底」があるかどうか（＝究極のミクロな基本変数があるかどうか）は，まだ判っていない．

すると，ほとんどの場合，解析的な解は（人間の能力不足のためではなく）**原理的**に求まらず，数値的に求めることさえ実質的に不可能になる．このようにミクロな理論が予言能力を失ってしまう状況では，マクロ変数を変数に選んだまったく別の理論体系である熱力学が，普遍的に成立するようになり，大きな威力を発揮するようになる．このように，実際に自然現象を分析するときには，ミクロな理論，マクロな理論，様々な近似等々を駆使する必要がある．

9.2 ♠基本変数を用いた古典論の基本的仮定と枠組み

古典論では，次のような変数を「基本変数」に採る：

- 対象が粒子であれば，座標 $q_j(t)$ と，速度 $\dot{q}_j(t)$ または運動量 $p_j(t)$．

  例えば，N 個の粒子が 3 次元空間を運動する場合，$(q_1, q_2, q_3) = 1$ 番目の粒子の 3 次元座標，$(q_4, q_5, q_6) = 2$ 番目の粒子の 3 次元座標，$\cdots$ とすればよく，自由度は $3N$ になる．以後，$(q_1, q_2, \cdots, p_1, p_2, \cdots) \equiv \{q_j, p_j\}$ と書く．

- 対象が場であれば，場の振幅 $\varphi(\bm{r}, t)$ と，その時間変化率 $\dot{\varphi}(\bm{r}, t)$ または共役運動量 $\pi(\bm{r}, t)$．

  粒子の場合の q が φ に，j が $\bm{r}$ に相当する．この場合，一般化座標である場 φ の数は，空間座標 $\bm{r}$ の数だけあるので，**自由度は無限大である**．

- 対象が（古典）計算機であれば，各ビットデータの値．

  例えば，古典計算機を一般的に表現した**チューリングの計算機理論** (p.13 図 1.1) では，記録媒体に書かれたデータ達 $x_1, x_2, \cdots$ と，ヘッドの位置 y と，ヘッドの内部状態 s が基本変数である．チューリングの計算機理論も，実在論に基づくという意味で，古典論である．

基本変数を用いて記述しても，2.1 節で述べた「古典論の基本的仮定」はそのまま成り立つのだが，次のようにもっと詳細な形に言い換えることができる．

──── 古典論の基本的仮定 ────

基本変数を $\{q_j, p_j\}$ と書いて説明するが，$\{q_j, p_j\}$ を，扱いたい系の基本変数に置き換えれば，一般の場合になる．例えば，$\{\varphi(\bm{r}, t), \pi(\bm{r}, t)\}$ に置

き換えれば，場の古典論になる．
(i) 全ての基本変数 $\{q_j, p_j\}$ は，どの瞬間にも，各々ひとつずつ定まった値（数値）を持っている．
(ii) 全ての**物理量** (physical quantity) は，
$$A = A(\{q_j, p_j\}) \tag{9.4}$$
のように，$\{q_j, p_j\}$ の関数である．逆に，$\{q_j, p_j\}$ の任意の関数は可観測量であり，特に，$\{q_j, p_j\}$ 自体も可観測量である．
(iii) **測定** (measurement) とは，その時刻における物理量の値を知る（確認する）ことである．つまり，

時刻 t における q_j, p_j の測定値 $= q_j(t), p_j(t)$ の値,

時刻 t における物理量 A の測定値 $= A(\{q_j(t), p_j(t)\})$ の値.

(iv) ある時刻における**物理状態** (physical state) とは，その時刻における $\{q_j, p_j\}$ の値の一覧表のことである．
(v) **時間発展** (time evolution) とは，$\{q_j, p_j\}$ の値が時々刻々変化することである．

以上のことから，古典論では，(v) の具体的な定式化は次の形に行われた：

初期時刻 t_0 における $\{q_j(t_0), p_j(t_0)\}$ の値が与えられたときに，
後の時刻 t における $\{q_j(t), p_j(t)\}$ の値を求める計算手続きを与える．

実際，これが与えられれば，仮定 (iv) により，任意の時刻 $t\,(> t_0)$ における物理状態が定まるし，仮定 (ii), (iii) により，任意の時刻における物理量の測定値も定まる．この計算手続きを用いて，$\{q_j(t), p_j(t)\}$ の値，または，それらの関数である物理量（エネルギーなど）の値を求めることが，古典論における「予言・説明」の内容であった．

9.3 ♠ 基本変数を用いた量子論の基本的仮定と枠組み

古典論と同じように，**基本変数の選び方には階層がある**．例えば，

(a) 粒子や剛体の古典力学と同じに選び，足りないもの（スピンなど）は適宜補う．そのような理論が，いわゆる**量子力学** (quantum mechanics) である[*2]．

　　例：古典力学と同じ $\{q_i, p_i\}$ に選ぶ．

(b) 「場」とその時間微分または共役運動量に選ぶ．そのような理論が，**場の量子論** (quantum field theory) である．

　　例：電磁場 $\mathbf{A}, \phi$ と，その共役運動量に選ぶ．(電磁場の量子論)

　　例：電子場と，その共役運動量に選ぶ．(電子の場の理論)

　　例：電磁場と電子場の両方と，それらの共役運動量に選ぶ．(量子電気力学 (quantum electrodynamics, 略して QED))

(c) もっとミクロなものに選ぶ．これはまだ定式化に成功していないが，物質や光などだけでなく，重力をも量子論で記述することを目指して研究されている．

上記の中では，下の方へ行くほどミクロな基本変数である．ゆえに，上のほうの基本変数を選んだ理論は，下のほうの基本変数を選んだ理論の，特殊な状況下での近似形として得られる．例えば，(a) の理論は，(b) の理論を低エネルギー状態に限った時の近似形として得られる．この意味では，より「ミクロな」基本変数を採るほど，理論の適用範囲は広くなる．しかし，9.1 節の補足に述べたように，これは限定的な意味でしかないので，自分が分析したい内容に応じて選択するのがよい．実際に自然現象を分析するときには，ミクロな理論，マクロな理論，様々な近似等々を駆使する必要があるのだから．

　基本変数を用いて記述しても，2.2 節で述べた「量子論の基本的仮定」はそのまま成り立つのだが，次のようにもっと詳細な形に言い換えることができる．

量子論の基本的仮定

選んだ基本変数を，$(\xi_1, \xi_2, \cdots, \eta_1, \eta_2, \cdots) \equiv \{\xi_i, \eta_i\}$ と書くと，

(i) $\{\xi_i, \eta_i\}$ の**全て**が，各瞬間に，各々ひとつずつ定まった値を持っているということは一般にはない．従って，ξ_i も η_i も，ひとつの数値をとる変数ではない何か別のもので（演算子形式では演算子 $\hat{\xi}_i, \hat{\eta}_i$ で）表す．

[*2] 場の量子論も含む量子論全体を「量子力学」と呼ぶ場合もある．

9.3 ♠ 基本変数を用いた量子論の基本的仮定と枠組み

(ii) 任意の**物理量** (physical quantity)，即ち**可観測量** (observable) A は，$\{\xi_i, \eta_i\}$ の関数（演算子形式では $\{\hat{\xi}_i, \hat{\eta}_i\}$ の関数（3.10 節）である演算子）である：

$$A = A(\{\xi_i, \eta_i\}). \tag{9.5}$$

しかし，$\{\xi_i, \eta_i\}$ の任意の関数が可観測量とは限らない．特に，$\{\xi_i, \eta_i\}$ **自体も可観測量とは限らない**．

(iii) 物理量 A の**測定** (measurement) とは，観測者が**測定値をひとつ得る行為**である．得られる測定値 a の値は，同じ物理状態について測定しても，一般には測定の度にばらつく．しかし，その確率分布 $\{P(a)\}$ は，A の関数形 $A(\{\xi_i, \eta_i\})$ と ψ とから，一意的に定まる．

(iv) $\{\xi_i, \eta_i\}$ の全ての値の一覧表を作ることは (i) のためにできないので，物理量の（仮にその時刻に測ったとしたら得られるであろう）測定値の確率分布を与えるものを物理状態とする．即ち，**物理状態** (physical state) とは，あらゆる可観測量 A に対して（仮にその時刻に測ったとしたら得られるであろう）測定値の確率分布 $\{P(a)\}$ を（演算子形式では「ボルンの確率規則」で）与えるものであり，物理量とは別のもの ψ で（演算子形式では「状態ベクトル」で）表す．これは，任意の $A(\{\xi_i, \eta_i\})$ が与えられたときに $\{P(a)\}$ を（演算子形式ではボルンの確率規則で）与えるものであり，その意味で，$A(\{\xi_i, \eta_i\})$ から $\{P(a)\}$ への写像である：

$$\psi : A(\{\xi_i, \eta_i\}) \mapsto \{P(a)\}. \tag{9.6}$$

物理状態の違いとは，この写像の違いである．

(v) 系が**時間発展** (time evolution) するとは，測定を行う時間によって異なる $\{P(a)\}$ が得られるということである．$\{P(a)\}$ は $\{\xi_i, \eta_i\}$ と ψ とから定まるから，これは，$\{\xi_i, \eta_i\}$ が時々刻々変化すると考えてもよいし（ハイゼンベルク描像），ψ が時々刻々変化すると考えてもよい（シュレディンガー描像）．あるいは両方が時々刻々変化すると考えてもよい（これを**相互作用描像**と呼ぶ）．これらは，同じ $\{P(a)\}$ の時間変化を与えるから，全て等価である．

量子論で得られる予言の具体的な内容は確率分布 $\{P(a)\}$ だから,「同じ状態」・「違う状態」の定義も, 2.2 節で述べたように, $\{P(a)\}$ を用いて定義される. また, 見かけ上異なる理論がいくつかあっても, $\{P(a)\}$ さえ同じになれば, それらはみな等価な理論である. 実際, 同じ基本変数を選んでも, 演算子形式以外に, 経路積分等の, 見かけ上ずいぶん異なって見える形式がいろいろある. さらに, 演算子形式の中でも, 具体的にどんなヒルベルト空間を用いてどんなふうに表現（表示）するかが無数にある（4.4 節, 4.6 節参照）. これらは全て同じ $\{P(a)\}$ を与えるので, 等価な理論である.

以上を念頭において本書を読み返せば, 第 2 章の意味も, 量子論の本質も, 一層はっきり見えてくると思う.

さらに学びたい人のための指針

　本書は,「量子論の基礎」というタイトル通りに,量子論の最も基本的な事項だけを書いた.量子論は,本書に書かれている事を骨組みにして様々な形に発展しているので,それらも学びたくなった読者も少なくないだろう.そのような読者のための指針を最後に記しておく.

　まえがきにも書いたように,この本では,進んだ量子論を学ぶときにも修正を要しないように,正確で一般的な記述を行うように注意を払った.実際,第2章・第9章に書いたことは全ての量子論を包含する最も一般的な原理であるし,第3章の5つの要請は,閉じた系の純粋状態に関しては,系の自由度が無限大でも成り立つ普遍的な形で書いた.そして他の章でも,随所に一般的な場合について解説した.従って,進んだ量子論の本の多くは,実は本書に書いてあることの個別のケースへの応用とみることもできる.そのために,しばしば,進んだ量子論の本を読んでいるのに本書よりも一般性を失った記述になっていることに気付くであろう.例えば,進んだ量子論の本は,7.4節のどれかひとつの立場で書かれることが多いが,そうすると本書の記述よりも一般性は失ってしまうわけである.それは当然なので,とまどう必要はない.普通の入門書で勉強した場合は,前の段階で学んだことを修正しながら次の段階の勉強を進めるわけだが,本書ではその必要は全くないばかりか,進んだ量子論の本を,それよりも一般的な立場・異なる立場を知った上で読めるわけである.これこそが,本書で基礎を身につけた利点であり,筆者の狙いでもある.だから,勉強して

いて判らなくなったら，とりあえず本書を開いてみるとよい．特に，スペードマークの付いた部分に解決の糸口があることが多いと思う．だから，**ある程度学年が上がったら，本書を再び取り出し，スペードマークの付いた項目を読むことを強く勧める**．

また，本書は，本質・原理原則・一般性に重点を置いているので，すぐ次に読む本としては，正反対のタイプである，計算テクニックに重点を置いた本を選ぶのもバランスがとれてよいだろう．その際にも，ときどき本書と見比べて，「この本でやっていることは，(本書で学んだ) 一般的な枠組みから見ると，○○を基本変数にとって，正準量子化で量子化して，(4.5節の) 正準量子化の曖昧な部分は素朴な対称化で済ませたことになる」とか「有限自由度系だから無限自由度系の場合の (7.3節に書いた) 問題を気にしなくてよいのだな」などということを確認しながら読むことをお勧めする．そうすれば，計算の海に溺れて本質を見失ってしまうことなく，計算テクニックを習得できると思う．

本書の後に学ぶべき事項は，具体的には次のようになる．まず，学部3年生から4年生前期までには，次の事を学んで欲しい：量子力学における対称性と保存則，特に角運動量の扱い．水素原子の電子状態．定常状態の摂動論，時間変化する状態の摂動論．断熱変化．変分法．簡単な散乱理論，同種粒子の多粒子系の扱いの基礎．これらの事項を，演習問題を解きながら身につけて欲しい．さらに，学部4年生から大学院初年級までには，次の事を学んで欲しい：場の理論における対称性と保存則．場の理論の摂動論，場の理論における平均場近似，相転移と自発的対称性の破れ，繰り込みの基礎，混合状態を扱う理論．そこから先は進む分野によって違うので，各研究室の指導教官に訊いて欲しい．

学問でもスポーツでも，基礎が大事であると言われる．それは裏返せば，基礎を身につけていないために困っている人が多いことを意味する．実際，先に進んでつまずいている学生さんを見ると，結局は基礎がしっかりしていないためであることが多い．本書によって，読者が量子論の基礎をしっかりと身につけて下さることを願いつつ，筆を置く．

付録 A
複素数と複素ベクトル空間

A.1 複素数

$i^2 = -1$ となる数 i を考え，**虚数単位**と呼ぶ．x, y が実数のとき，$z \equiv x + iy$ を**複素数** (complex number) と言う．複素数全体の集合を $\mathbf{C}$ と書き，実数全体の集合を $\mathbf{R}$ と書く．x を**実部**，y を**虚部**と言い，それぞれ，$\mathrm{Re}(z), \mathrm{Im}(z)$ と書く．実数は，虚部がゼロの複素数と見なせるので，$\mathbf{R} \subset \mathbf{C}$.

複素数同士の四則演算は，実数と同様に行う．例えば，

$$z_1 z_2 = z_2 z_1, \quad (z_1 + z_2)^2 = z_1^2 + 2z_1 z_2 + z_2^2$$

となる．実部と虚部を同定する時には，i の偶数べきが実数であることに注意する．例えば，

$$z_1 z_2 = (x_1 + iy_1)(x_2 + iy_2) = x_1 x_2 - y_1 y_2 + i(x_1 y_2 + y_1 x_2)$$

より，$\mathrm{Re}(z_1 z_2) = x_1 x_2 - y_1 y_2, \mathrm{Im}(z_1 z_2) = x_1 y_2 + y_1 x_2$ である．

$z^* \equiv x - iy$ を，$z = x + iy$ の**共役複素数**と呼ぶ．複素数を共役複素数に置き換える操作を，**複素共役** (complex conjugate) をとると言う．これらのことから，次のことがわかる：

$$\mathrm{Re}(z) = \mathrm{Re}(z^*) = \frac{z + z^*}{2}, \quad \mathrm{Im}(z) = -\mathrm{Im}(z^*) = \frac{z - z^*}{2i},$$

$$(z^*)^* = z, \quad x \text{ が実数なら } x^* = x,$$

$$(z_1 + z_2)^* = z_1^* + z_2^*, \quad (z_1 z_2)^* = z_1^* z_2^*,$$

$$z^* z = (x + iy)(x - iy) = x^2 + y^2.$$

また，$|z| \equiv \sqrt{x^2 + y^2}$ を z の**絶対値**と呼ぶ．上の最後の式から，

$$|z|^2 = z^* z = z z^*.$$

この式はとても有用で，例えば，

$$|z_1 + z_2|^2 = (z_1^* + z_2^*)(z_1 + z_2) = |z_1|^2 + |z_2|^2 + z_1^* z_2 + z_2^* z_1.$$

さて，複素数を引数とする**指数関数**を，実数を引数とする時と同様に，

$$\begin{aligned} e^z &\equiv \exp(z) \\ &\equiv 1 + z + \frac{z^2}{2!} + \frac{z^3}{3!} + \cdots \end{aligned} \tag{A.1}$$

で定義すると，実数を引数とする時と同様に，

$$e^0 = 1, \quad e^{z_1} e^{z_2} = e^{z_1 + z_2}, \quad e^{-z} = 1/e^z$$

が成り立つ．また，任意の実数 θ に対して，次の**オイラーの公式**が成り立つ：

$$e^{i\theta} = \cos\theta + i\sin\theta \quad (\theta \text{ は実数}). \tag{A.2}$$

ただし，本書では，角度は全て radian（ラジアン）を用いている（2π radian = 360 度）．特に，

$$e^{\pm\frac{\pi}{2}i} = \pm i, \quad e^{\pm\pi i} = -1, \quad e^{\pm 2\pi i} = 1.$$

これらのことから，任意の整数 n，任意の実数 θ について，

$$(e^z)^n = e^{nz}, \quad |e^{i\theta}| = 1, \quad e^{i(\theta + 2\pi n)} = e^{i\theta},$$
$$(e^{i\theta})^* = e^{-i\theta} = \cos\theta - i\sin\theta, \quad (e^{i\theta})^n = e^{in\theta} = \cos(n\theta) + i\sin(n\theta).$$

任意の複素数 z は，適当に実数 θ を選べば，必ず

$$z = |z| e^{i\theta}$$

と書ける．この θ を，z の**偏角**と呼ぶ．この定義からわかるように，偏角には 2π の整数倍だけの不定性がある．z^* は，z と絶対値が同じで，偏角が逆符号である．実際，

A.2 複素ベクトル空間

$$z^* = (|z|e^{i\theta})^* = |z|^*(e^{i\theta})^* = |z|e^{-i\theta}.$$

また，複素数をかけると，絶対値は積に，偏角は和になる：

$$z_1 z_2 = |z_1||z_2|e^{i(\theta_1+\theta_2)}.$$

だから，例えば n を整数とすると，

$$z^n = |z|^n e^{in\theta}$$

である．物理では，しばしば，偏角 θ を**位相** (phase)，$e^{i\theta}$ を**位相因子** (phase factor) と呼ぶ．位相因子を他の複素数にかけても，絶対値は変わらず，位相を変えるだけである．実際，$z' = |z'|e^{i\theta'}$ に対して，

$$e^{i\theta}z' = |z'|e^{i(\theta+\theta')}.$$

A.2 複素ベクトル空間

集合 V が，次の2つの公理 I, II を満たすとき，V を**複素ベクトル空間**（または，**C 上の線形空間**）と呼び，V の元を**ベクトル**と呼ぶ[*1]．

公理 I（加法）任意の2つのベクトル $\mathbf{x}, \mathbf{y}$ について，その**和**と呼ばれる第3のベクトル（これを $\mathbf{x}+\mathbf{y}$ で表す）が定まり，次の法則が成り立つ：

1) $(\mathbf{x}+\mathbf{y})+\mathbf{z} = \mathbf{x}+(\mathbf{y}+\mathbf{z})$.
2) $\mathbf{x}+\mathbf{y} = \mathbf{y}+\mathbf{x}$.
3) **ゼロベクトル**と呼ばれる特別なベクトル（これを $\mathbf{0}$ で表す）がただ一つ存在し，どんなベクトル $\mathbf{x}$ に対しても，$\mathbf{0}+\mathbf{x} = \mathbf{x}$.
4) 任意のベクトル $\mathbf{x}$ に対し，$\mathbf{x}+\mathbf{x}' = \mathbf{0}$ となるベクトル $\mathbf{x}'$ がただ一つ存在する．これを $\mathbf{x}$ の**逆ベクトル**と呼び，$-\mathbf{x}$ で表す．

公理 II（スカラー倍）任意のベクトル $\mathbf{x}$ と任意の複素数 c について[*2]，「$\mathbf{x}$ の c 倍」と呼ばれるベクトル（これを $c\mathbf{x}$ で表す）が定まり，次の法則が成り

[*1] 高校までに習うベクトル（3次元実空間ベクトル）を，拡張したものである．
[*2] **複素ベクトル空間**とか，**C 上の線形空間**と呼ぶ由来は，スカラー倍するときの数が，複素数であることによる．これが実数であれば，**実ベクトル空間**（**R 上の線形空間**）である．

立つ：

5) $c(\mathbf{x}+\mathbf{y}) = c\mathbf{x} + c\mathbf{y}$.
6) $(c+c')\mathbf{x} = c\mathbf{x} + c'\mathbf{x}$.
7) $(cc')\mathbf{x} = c(c'\mathbf{x})$.
8) $1\mathbf{x} = \mathbf{x}$.

例 複素数を成分とする N 行の**列ベクトル**（N 個の複素数を縦に並べて括弧でくくったもので，**縦ベクトル**とも呼ぶ）全体の集合

$$\mathbf{C}^N \equiv \left\{ \mathbf{x} \,\middle|\, \mathbf{x} = \begin{pmatrix} z_1 \\ z_2 \\ \vdots \\ z_N \end{pmatrix}, z_j \in \mathbf{C} \right\}$$

は複素ベクトル空間を成す．ただし，和とスカラー倍を次式のように単純に定義する：

$$c\begin{pmatrix} z_1 \\ z_2 \\ \vdots \\ z_N \end{pmatrix} + c'\begin{pmatrix} z'_1 \\ z'_2 \\ \vdots \\ z'_N \end{pmatrix} = \begin{pmatrix} cz_1 + c'z'_1 \\ cz_2 + c'z'_2 \\ \vdots \\ cz_N + c'z'_N \end{pmatrix} \quad (c, c' \in \mathbf{C}).$$

■

V の m 個のベクトル，$\mathbf{x}_1, \mathbf{x}_2, \cdots, \mathbf{x}_m$ に対して，

$$c_1\mathbf{x}_1 + c_2\mathbf{x}_2 + \cdots + c_m\mathbf{x}_m$$

のような和を，$\mathbf{x}_1, \mathbf{x}_2, \cdots, \mathbf{x}_m$ の**線形結合** (linear combination) と言う．もしも，$c_1\mathbf{x}_1 + c_2\mathbf{x}_2 + \cdots + c_m\mathbf{x}_m = \mathbf{0}$ が満たされるのが，$c_1 = c_2 = \cdots = c_m = 0$ の時だけであれば，$\mathbf{x}_1, \mathbf{x}_2, \cdots, \mathbf{x}_m$ は，互いに**線形独立**（あるいは単に，**独立**）であると言う．これは要するに，「どの $\mathbf{x}_j$ も，他の $\mathbf{x}_k\ (k \neq j)$ の線形結合では表せない」ということである．例えば，$\mathbf{C}^2$ の場合，$\begin{pmatrix} 1 \\ 0 \end{pmatrix}$ と $\begin{pmatrix} 0 \\ 1 \end{pmatrix}$ は線形

A.2 複素ベクトル空間

独立だし,$\begin{pmatrix} 1 \\ 0 \end{pmatrix}$ と $\begin{pmatrix} 1 \\ 1 \end{pmatrix}$ も線形独立だけれども,両者を併せてしまうと,$\begin{pmatrix} 1 \\ 0 \end{pmatrix}, \begin{pmatrix} 0 \\ 1 \end{pmatrix}, \begin{pmatrix} 1 \\ 1 \end{pmatrix}$ は線形独立でなくなってしまう.実は,$\mathbf{C}^2$ の場合には,線形独立なベクトルの数は 2 個が上限で,3 個以上はあり得ない.一般に,V の線形独立なベクトルの数の最大値(n 個の線形独立なベクトルが存在し,かつ,$n+1$ 個の線形独立なベクトルは存在しない,という数 n)を V の**次元** (dimension) と呼び,$\dim V$ と書く.例えば,$\dim \mathbf{C}^N = N$ であり,$\mathbf{C}^N$ は「N 次元複素ベクトル空間」である.

複素ベクトル空間 V の次元が n であるとき,適当な n 個の線形独立なベクトル $\mathbf{b}_1, \mathbf{b}_2, \cdots, \mathbf{b}_n$ が見つかれば,線形独立と次元の定義から,V の任意のベクトルはこれらの線形結合で表せる.つまり,適当に係数 $c_1, c_2, \cdots, c_n$ を選んでやれば,

$$\mathbf{x} = c_1 \mathbf{b}_1 + c_2 \mathbf{b}_2 + \cdots + c_n \mathbf{b}_n$$

と表せる.このことから,$\mathbf{b}_1, \mathbf{b}_2, \cdots, \mathbf{b}_n$ は V の**基底**である,と言う.基底の選び方は一意的でないが,どんな選び方をしても,基底を成すベクトルの数は $n\,(=\dim V)$ 個である.例えば $\mathbf{C}^2$ の場合,$\begin{pmatrix} 1 \\ 1 \end{pmatrix}, \begin{pmatrix} 1 \\ -1 \end{pmatrix}$ を基底に選ぶと,任意の $\mathbf{x} = \begin{pmatrix} \xi \\ \eta \end{pmatrix}$ は,

$$\begin{pmatrix} \xi \\ \eta \end{pmatrix} = \frac{\xi+\eta}{2} \begin{pmatrix} 1 \\ 1 \end{pmatrix} + \frac{\xi-\eta}{2} \begin{pmatrix} 1 \\ -1 \end{pmatrix}$$

と表せる.

V に内積が定義されている場合は,基底を次のように選ぶと便利である:

- $\mathbf{b}_j\,(j=1,2,\cdots,n)$ のノルムは 1 である.
- $\mathbf{b}_j$ と $\mathbf{b}_k\,(j \neq k)$ は直交する.

これを満たす基底を,**正規直交基底** (orthonormal basis) あるいは**正規直交完全系** (complete orthonormal set) と呼ぶ.もちろん,正規直交基底も一意的ではない.

付録 B
行列

数字を並べて括弧でくくったものを**行列** (matrix) と呼ぶ．例えば，

$$\hat{M} \equiv \begin{pmatrix} 1 & i & 0 \\ -1 & 0 & -i \end{pmatrix}$$

は 2 行 3 列の行列である．$\hat{M}$ の i 行 j 列目に並ぶ数字を，ij **要素**と呼び，M_{ij} と書く．例えば，この例では $M_{21} = -1, M_{12} = i$ である．逆に，要素 M_{ij} $(i = 1, 2, \cdots, n; j = 1, 2, \cdots, m)$ よりなる n 行 m 列行列を，(M_{ij}) と書くこともある．n 成分の列ベクトルは，n 行 1 列の行列とも見なせる．

行の数と列の数が等しい行列を**正方行列**と呼ぶ．正方行列 (M_{ij}) の $i = j$ なる成分 M_{ii} を**対角要素** (diagonal element) と呼び，$i \neq j$ なる成分を**非対角要素** (off-diagonal element) と呼ぶ．非対角要素が全てゼロの正方行列を，**対角行列** (diagonal matrix) と言う．

行列の**和**とスカラー倍は，各要素に対する演算として定義する．例えば，

$$z \begin{pmatrix} a & b \\ c & d \end{pmatrix} + z' \begin{pmatrix} a' & b' \\ c' & d' \end{pmatrix} = \begin{pmatrix} za + z'a' & zb + z'b' \\ zc + z'c' & zd + z'd' \end{pmatrix}.$$

これから判るように，和をとるのは，行の数も列の数も等しい行列同士でないとできない．また，n 行 m 列行列 $\hat{A}$ と，m 行 l 列行列 $\hat{B}$ との**積**（かけ算）を，次のように定義する：

$$\hat{A}\hat{B} \text{の } ij \text{ 要素} \equiv \sum_{k=1}^{m} A_{ik} B_{kj}.$$

例えば，

$$\begin{pmatrix} a & b \\ c & d \end{pmatrix} \begin{pmatrix} a' & b' \\ c' & d' \end{pmatrix} = \begin{pmatrix} aa' + bc' & ab' + bd' \\ ca' + dc' & cb' + dd' \end{pmatrix}.$$

付録 B 行列

かけ算の定義から明らかに，左側の行列の列の数と右側の行列の行の数が等しくないとかけられない．正方行列なら左右取り換えてもかけ算ができるが，ただの複素数とは違い，かける順番を変えると，一般には結果が変わる．例えば，$\begin{pmatrix} 1 & 0 \\ 0 & -1 \end{pmatrix} \begin{pmatrix} 0 & 1 \\ 1 & 0 \end{pmatrix} = \begin{pmatrix} 0 & 1 \\ -1 & 0 \end{pmatrix}$ であるが，かける順番を変えると，$\begin{pmatrix} 0 & 1 \\ 1 & 0 \end{pmatrix} \begin{pmatrix} 1 & 0 \\ 0 & -1 \end{pmatrix} = \begin{pmatrix} 0 & -1 \\ 1 & 0 \end{pmatrix}$ と変わる．この例のように，2つの行列をかけた結果がかける順番により変わるとき，その2つの行列は**交換しない**とか**非可換** (noncommutative) であると言う．結果が同じなら，**交換する** (commute) とか**可換** (commutative) であると言う．

対角要素が全て1で，それ以外はすべてゼロの正方行列を**単位行列**と呼び，$\hat{1}$ とか $\hat{E}$ などと書く．例えば，2行2列では，

$$\hat{1} = \begin{pmatrix} 1 & 0 \\ 0 & 1 \end{pmatrix}.$$

単位行列をかけても行列は変わらない．

正方行列には，**行列式** (determinant) というものが定義できる（値は複素数）．その一般的な定義と計算法は，線形代数の本を参照して欲しいが，2行2列の行列については簡単で，

$$\det \begin{pmatrix} a & b \\ c & d \end{pmatrix} = ad - bc.$$

行列式がゼロでない正方行列は，**逆行列**を持つ．正方行列 $\hat{M}$ の逆行列 $\hat{M}^{-1}$ とは，$\hat{M}\hat{M}^{-1} = \hat{M}^{-1}\hat{M} = \hat{1}$ を満たす行列のことである．逆に，逆行列を持つなら，それは行列式がゼロでない正方行列である．

行列 $\hat{A}$ の**複素共役** (complex conjugate) $\hat{A}^*$ とは，その成分を，全て複素共役に置き換えたものである．例えば，

$$\begin{pmatrix} a & b \\ c & d \end{pmatrix}^* = \begin{pmatrix} a^* & b^* \\ c^* & d^* \end{pmatrix}.$$

行列 $\hat{A}$ の**転置行列** $\hat{A}^t$ とは，i 行 j 列と，j 行 i 列を，そっくり入れ換えたものである．例えば，

$$\begin{pmatrix} a & b & c \\ d & e & f \end{pmatrix}^t = \begin{pmatrix} a & d \\ b & e \\ c & f \end{pmatrix}.$$

行列 $\hat{A}$ の**エルミート共役** (hermitian conjugate), $\hat{A}^\dagger$ とは, $(\hat{A}^*)^t$ のことである. 例えば,

$$\begin{pmatrix} a & b \\ c & d \end{pmatrix}^\dagger = \begin{pmatrix} a^* & c^* \\ b^* & d^* \end{pmatrix}.$$

$\hat{A}^\dagger = \hat{A}$ となる行列 $\hat{A}$ を, **エルミート行列** (hermitian matrix) と呼ぶ. 即ち, エルミート行列の成分は,

$$A_{ij} = A_{ji}^*$$

を満たす. また, $\hat{U}^\dagger \hat{U} = \hat{U}\hat{U}^\dagger = \hat{1}$, つまり $\hat{U}^{-1} = \hat{U}^\dagger$ となる行列 $\hat{U}$ を, **ユニタリー行列** (unitary matrix) と呼ぶ. 即ち, ユニタリー行列の成分は,

$$\sum_i U_{ij}^* U_{ij'} = \delta_{j,j'}, \quad \sum_j U_{ij} U_{i'j}^* = \delta_{i,i'}$$

を満たす. ここで, $\delta_{j,j'}, \delta_{i,i'}$ はクロネッカーのデルタ (3.60) である.

付録 C
問題解答

問題 3.1 もしも，$\sum_j c_j |\psi_j\rangle = 0$ であれば，$|\psi_k\rangle$ $(k=1,2,\cdots)$ との内積をとれば，$c_k \langle \psi_k | \psi_k \rangle = 0$. 仮定より $\langle \psi_k | \psi_k \rangle \neq 0$ だから $c_k = 0$ となるので，$|\psi_1\rangle, |\psi_2\rangle, \cdots$ は線形独立．

問題 3.2

$$(\xi^* \ \eta^*) \begin{pmatrix} 0 & 2 \\ i & 0 \end{pmatrix} \begin{pmatrix} \xi' \\ \eta' \end{pmatrix} = \left[\left\{ \begin{pmatrix} 0 & -i \\ 2 & 0 \end{pmatrix} \begin{pmatrix} \xi \\ \eta \end{pmatrix} \right\}^* \right]^t \begin{pmatrix} \xi' \\ \eta' \end{pmatrix}$$

から明らかだが，両辺をそれぞれ計算して，一致することをみれば納得できるだろう．

問題 3.3 例えば，$\hat{\sigma}_y^\dagger = (\hat{\sigma}_y^*)^t = \begin{pmatrix} 0 & i \\ -i & 0 \end{pmatrix}^t = \begin{pmatrix} 0 & -i \\ i & 0 \end{pmatrix} = \hat{\sigma}_y$.

問題 3.4 異なる固有値に属する固有ベクトルは直交するので，$\langle a',l|a,j\rangle' = \langle a,l|a,j\rangle' \delta_{a,a'}$ である．また，(3.102) より $\sum_{a,l}|a,l\rangle\langle a,l| = \sum_{a,j}|a,j\rangle'{}^`\langle a,j| = \hat{1}$. これらを用いる．まず，

$$|a,j\rangle' = \hat{1}|a,j\rangle' = \sum_{a',l}|a',l\rangle\langle a',l|a,j\rangle' = \sum_l |a,l\rangle\langle a,l|a,j\rangle'.$$

これより，

$$\sum_{j=1}^{m_a} |a,j\rangle'{}^`\langle a,j| = \sum_{j=1}^{m_a} \sum_{l,l'} |a,l\rangle\langle a,l|a,j\rangle'{}^`\langle a,j|a,l'\rangle\langle a,l'|$$

$$= \sum_{l,l'} |a,l\rangle\langle a,l| \left(\sum_{j=1}^{m_a} |a,j\rangle'{}^`\langle a,j| \right) |a,l'\rangle\langle a,l'|$$

$$= \sum_{l,l'} |a,l\rangle\langle a,l| \left(\sum_{a'} \sum_{j=1}^{m_{a'}} |a',j\rangle'{}^`\langle a',j| \right) |a,l'\rangle\langle a,l'|$$

$$= \sum_{l,l'} |a,l\rangle\langle a,l|a,l'\rangle\langle a,l'| = \sum_{l,l'} |a,l\rangle\delta_{l,l'}\langle a,l'| = \sum_{l} |a,l\rangle\langle a,l|.$$

問題 3.5 (3.105) と $|b\rangle$ の内積をとると，$u_{ab} = \langle b|a\rangle$ を得る．従って，

$$\sum_{a} u_{ab}^* u_{ab'} = \sum_{a} \langle a|b\rangle\langle b'|a\rangle = \sum_{a} \langle b'|a\rangle\langle a|b\rangle = \langle b'|b\rangle = \delta_{b,b'},$$

$$\sum_{b} u_{ab} u_{a'b}^* = \sum_{b} \langle b|a\rangle\langle a'|b\rangle = \sum_{b} \langle a'|b\rangle\langle b|a\rangle = \langle a'|a\rangle = \delta_{a,a'}.$$

問題 3.6

$$|+\rangle\langle+| + |-\rangle\langle-| = \begin{pmatrix} \frac{1}{\sqrt{2}} \\ \frac{i}{\sqrt{2}} \end{pmatrix} \begin{pmatrix} \frac{1}{\sqrt{2}} & \frac{-i}{\sqrt{2}} \end{pmatrix} + \begin{pmatrix} \frac{1}{\sqrt{2}} \\ \frac{-i}{\sqrt{2}} \end{pmatrix} \begin{pmatrix} \frac{1}{\sqrt{2}} & \frac{i}{\sqrt{2}} \end{pmatrix}$$

$$= \begin{pmatrix} \frac{1}{2} & -\frac{i}{2} \\ \frac{i}{2} & \frac{1}{2} \end{pmatrix} + \begin{pmatrix} \frac{1}{2} & \frac{i}{2} \\ -\frac{i}{2} & \frac{1}{2} \end{pmatrix} = \begin{pmatrix} 1 & 0 \\ 0 & 1 \end{pmatrix} = \hat{1}.$$

$\hat{\sigma}_y$ についても同様である．

問題 3.7 例えば，$f(a) = a^2$ ならば，(3.115) は

$$f(\hat{A}) = \sum_{a} a^2 \hat{\mathcal{P}}(a)$$

を与えるが，一方，(3.111) で $\hat{A}^2$ を定義して，(3.108), (3.104) を用いると，

$$\hat{A}^2 = \sum_{a,a'} aa' \hat{\mathcal{P}}(a)\hat{\mathcal{P}}(a') = \sum_{a} a^2 \hat{\mathcal{P}}(a)$$

と，やはり同じ結果を得る．任意の多項式の場合も同様にして示せる．

問題 3.8 例えば，$K < 0$ のときの (3.145) は，(3.141) で $x = Ky$ とおくと，

$$\int_{\infty}^{-\infty} f(Ky')\delta(Ky' - Ky)Kdy' = f(Ky).$$

これと (3.141) を比べれば，$-K\delta(Ky) = \delta(y)$ が判る．他も同様．

問題 3.9 $\hat{A}$ が離散スペクトルを持つ場合について示す．（連続スペクトルの場合も同様にやれば示せる．）(3.187) の $(a - \langle A \rangle)^2$ をばらし，$P(a)$ に (3.119) を代入して，スペクトル分解 (3.108) の形にもっていけば，

$$\langle (\Delta A)^2 \rangle = \sum_a \left(a^2 - 2\langle A \rangle a + \langle A \rangle^2 \right) \langle \psi | \hat{\mathcal{P}}(a) | \psi \rangle$$

$$= \langle \psi | \sum_a \left(a^2 \hat{\mathcal{P}}(a) - 2\langle A \rangle a \hat{\mathcal{P}}(a) + \langle A \rangle^2 \hat{\mathcal{P}}(a) \right) | \psi \rangle$$

$$= \langle \psi | \left(\hat{A}^2 - 2\langle A \rangle \hat{A} + \langle A \rangle^2 \hat{1} \right) | \psi \rangle$$

$$= \langle \psi | (\hat{A} - \langle A \rangle)^2 | \psi \rangle.$$

問題 3.10 $|\psi\rangle$ が $\hat{A}$ の固有値のひとつ a に属する固有状態である場合，(3.190) より $\langle (\Delta A)^2 \rangle = a^2 - a^2 = 0$．逆に，$\langle (\Delta A)^2 \rangle = 0$ であれば，(3.188) より

$$\langle (\Delta A)^2 \rangle = \langle \psi | (\hat{A} - \langle A \rangle)^2 | \psi \rangle = \left\| (\hat{A} - \langle A \rangle) | \psi \rangle \right\|^2 = 0.$$

ゆえに，

$$(\hat{A} - \langle A \rangle) | \psi \rangle = 0 \quad \text{つまり} \quad \hat{A} | \psi \rangle = \langle A \rangle | \psi \rangle.$$

これは $|\psi\rangle$ が，$\hat{A}$ の，固有値 $\langle A \rangle$ に属する固有ベクトルであることを示している．

問題 3.11 $\langle \psi | \hat{A} | \psi \rangle, \langle \psi | \hat{B} | \psi \rangle$ はただの実数なので，任意の演算子と交換する．そのことに注意すれば直ちに，

$$[\Delta \hat{A}, \Delta \hat{B}] = [\hat{A} - \langle \psi | \hat{A} | \psi \rangle, \hat{B} - \langle \psi | \hat{B} | \psi \rangle] = [\hat{A}, \hat{B}] = ik.$$

問題 3.12 前問より $\Delta \hat{A} \Delta \hat{B} - \Delta \hat{B} \Delta \hat{A} = ik$ だから，

$$\left\| (\Delta \hat{A} + i\lambda \Delta \hat{B}) | \psi \rangle \right\|^2 = \langle \psi | (\Delta \hat{A} - i\lambda \Delta \hat{B})(\Delta \hat{A} + i\lambda \Delta \hat{B}) | \psi \rangle$$

$$= \langle \psi | (\Delta \hat{A})^2 | \psi \rangle - k\lambda + \langle \psi | (\Delta \hat{B})^2 | \psi \rangle \lambda^2.$$

この λ の 2 次式が ≥ 0 になる条件がまさに (3.199) である．

問題 3.13 まず，$\hat{A}$ の，固有値 a に属する固有ベクトル $|a, l\rangle$ ($l = 1, 2, \cdots, m_a$) を全て求めたとすると，

$$\hat{A} \hat{B} | a, l \rangle = \hat{B} \hat{A} | a, l \rangle = a \hat{B} | a, l \rangle. \tag{C.1}$$

だから，ベクトル $\hat{B} | a, l \rangle$ も，同じ固有値 a に属する，$\hat{A}$ の固有ベクトルである．つまり，$\hat{B} | a, l \rangle$ は，$|a, 1\rangle, \cdots, |a, m_a\rangle$ の張る部分空間（固有値 a に属する固有空間）の中にとどまる．$\hat{B}$ は，$\mathcal{H}$ の上の自己共役演算子であったから，この部分空間の中でも，自己共役演算子として振舞う．従って，この部分空間の中で，$\hat{B}$ の固有値 b と固有ベクトルを（$|a, 1\rangle, \cdots, |a, m_a\rangle$ の線形結合として）求めることができる．そのよう

にして求めた固有ベクトルを $|a,b,k\rangle$ と書こう.ただし,まだ縮退が残っているかもしれないから,縮退した固有ベクトル達を区別するラベル k を付けておいた.同様のことを,すべての固有値 a について行えば,すべての固有値の組 a,b について $|a,b,k\rangle$ が求まり,それは,(3.208) を満たす,$\hat{A}$ と $\hat{B}$ に共通な固有ベクトルである.

問題 3.14 $\hat{A}$, $\hat{B}$ それぞれの固有空間への射影演算子を $\hat{\mathcal{P}}(a), \hat{\mathcal{P}}(b)$ と書くと,$[\hat{\mathcal{P}}(a), \hat{\mathcal{P}}(b)] = 0$ ならば,$\hat{A}$, $\hat{B}$ をスペクトル分解してみれば,$[\hat{A}, \hat{B}] = 0$ は明らか.逆に,$[\hat{A}, \hat{B}] = 0$ であれば,定理 3.6 より $\hat{A}$ と $\hat{B}$ の同時固有ベクトル $|a,b,k\rangle$ が存在するので,それを用いて,

$$\hat{\mathcal{P}}(a) = \sum_{b',k} |a,b',k\rangle\langle a,b',k|, \ \hat{\mathcal{P}}(b) = \sum_{a',k'} |a',b,k'\rangle\langle a',b,k'|$$

と表せば,

$$\hat{\mathcal{P}}(a)\hat{\mathcal{P}}(b) = \sum_{b',k}\sum_{a',k'} |a,b',k\rangle\langle a,b',k|a',b,k'\rangle\langle a',b,k'| = \sum_k |a,b,k\rangle\langle a,b,k|,$$

$$\hat{\mathcal{P}}(b)\hat{\mathcal{P}}(a) = \sum_{a',k'}\sum_{b',k} |a',b,k'\rangle\langle a',b,k'|a,b',k\rangle\langle a,b',k| = \sum_k |a,b,k\rangle\langle a,b,k|.$$

問題 3.15 (3.225) が初期条件を満たすのは明らか.また,$|\psi_j(t)\rangle$ は (3.217) を満たすのだから,$i\hbar\dfrac{d}{dt}|\psi_j(t)\rangle = \hat{H}|\psi_j(t)\rangle$. この式に c_j をかけて足しあげれば,(3.225) も (3.217) を満たすことが判る.

問題 4.1 任意のベクトル $|\psi\rangle, |\psi'\rangle$ と,それを表示した $\psi(q), \psi'(q)$ について,

$$\begin{aligned}\langle\psi|\hat{p}|\psi'\rangle &= \int_{-\infty}^{\infty} dq \, \psi^*(q) \frac{\hbar}{i}\frac{\partial}{\partial q}\psi'(q) = \frac{\hbar}{i}\int_{-\infty}^{\infty} dq \, \psi^*(q)\frac{\partial}{\partial q}\psi'(q)\\
&= \frac{\hbar}{i}\left[\psi^*(q)\psi'(q)\right]_{-\infty}^{\infty} - \frac{\hbar}{i}\int_{-\infty}^{\infty} dq \, \frac{\partial}{\partial q}\psi^*(q)\psi'(q)\\
&= \int_{-\infty}^{\infty} dq \, \left(\frac{\hbar}{i}\frac{\partial}{\partial q}\psi(q)\right)^* \psi'(q) = \langle\hat{p}\psi|\psi'\rangle\end{aligned}$$

となるので,確かに自己共役である.ただし,$\psi(q), \psi'(q)$ が自乗可積分であることから $\lim_{q\to\pm\infty}\psi(q) = \lim_{q\to\pm\infty}\psi'(q) = 0$ となることを用いた.

問題 4.2 $\hat{\sigma}_y$ の固有ベクトル (3.36) を基底に選んで,(4.82) により行列表示すると,

$$\hat{\sigma}_x = \begin{pmatrix} 0 & -i \\ i & 0 \end{pmatrix}, \ \hat{\sigma}_y = \begin{pmatrix} 1 & 0 \\ 0 & -1 \end{pmatrix}, \ \hat{\sigma}_z = \begin{pmatrix} 0 & 1 \\ 1 & 0 \end{pmatrix}.$$

(3.26) と比べると，ちょうどひとつずつ前にずれたようになっている．なお，問題 4.3 の解答で得られる，$V_{\nu\nu'}$ と $V_{nn'}$ を結ぶ関係式を用いて求めてもよい．

問題 4.3

$$\psi(\nu) = \langle \nu | \psi \rangle = \sum_n \langle \nu | n \rangle \langle n | \psi \rangle = \sum_n u_{\nu n} \psi(n),$$

$$V_{\nu\nu'} = \langle \nu | \hat{V} | \nu' \rangle = \sum_{n,n'} \langle \nu | n \rangle \langle n | \hat{V} | n' \rangle \langle n' | \nu' \rangle = \sum_{n,n'} u_{\nu n} V_{nn'} u^*_{\nu' n'}.$$

これと $\sum_\nu u^*_{\nu n} u_{\nu n'} = \delta_{n,n'}$ を用いれば，

$$\sum_{\nu,\nu'} \psi^*(\nu) V_{\nu\nu'} \psi(\nu') = \sum_{\nu,\nu'} \sum_{n,m,n',m'} u^*_{\nu n} \psi^*(n) u_{\nu m} V_{mm'} u^*_{\nu' m'} u_{\nu' n'} \psi(n')$$

$$= \sum_{n,m,n',m'} \psi^*(n) \delta_{n,m} V_{mm'} \delta_{m',n'} \psi(n')$$

$$= \sum_{n,n'} \psi^*(n) V_{nn'} \psi(n').$$

この計算は，行列 $(u_{\nu n})$ を $\hat{U}$ などと書けば，(4.75) と同様の計算になっていることを注意しておく．

線形代数の本で説明されているように，この結果を実空間のベクトルになぞらえると，『座標軸を回転すると，ベクトルやテンソルの成分は変わるが，内積の値は（スカラー量なので）変わらない』という，なじみ深い性質を言っている．

問題 4.4 正規直交基底 $\{|n\rangle\}$ で計算した対角和 $\mathrm{Tr}[\hat{A}] = \sum_n \langle n | \hat{A} | n \rangle$ について，別の正規直交基底 $\{|\nu\rangle\}$ で作った恒等演算子 $\sum_\nu |\nu\rangle\langle\nu| = \hat{1}$ を $\hat{A}$ の両側に挿入すると，

$$\sum_n \langle n | \hat{A} | n \rangle = \sum_{n,\nu,\nu'} \langle n | \nu \rangle \langle \nu | \hat{A} | \nu' \rangle \langle \nu' | n \rangle = \sum_{n,\nu,\nu'} \langle \nu' | n \rangle \langle n | \nu \rangle \langle \nu | \hat{A} | \nu' \rangle$$

$$= \sum_{\nu,\nu'} \langle \nu' | \nu \rangle \langle \nu | \hat{A} | \nu' \rangle = \sum_{\nu,\nu'} \delta_{\nu,\nu'} \langle \nu | \hat{A} | \nu' \rangle = \sum_\nu \langle \nu | \hat{A} | \nu \rangle$$

となり，たしかに対角和の値は正規直交基底の選び方に依らないことが解る．ここで，2 行目に移るところでは，和の収束性が良いという仮定を用いて，先に $\sum_n$ を実行した．

問題 5.1 (5.48) を (5.47) に代入すると，$A\cos(ka/2) \pm B\sin(ka/2) = 0$ となるので，$A\cos(ka/2) = B\sin(ka/2) = 0$ となる．$A = B = 0$ は $\varphi = 0$ となるので解にならない．ゆえに，$\cos(ka/2) = B = 0$ または $A = \sin(ka/2) = 0$ のどちらか．前者なら $k = $ 奇数 $\times \pi/a$，後者なら $k = $ 偶数 $\times \pi/a$ なので，(5.50) を得る．これを

(5.22) に入れれば (5.51) を得る. $\varphi(x)$ は, n が偶数なら $A\cos(k_n x)$, n が奇数なら $B\sin(k_n x)$ だから, それぞれ規格化すると (5.52) を得る.

問題 5.2 約 5×10^{-18}J と, 身近なエネルギーに比べるととても小さい.

問題 5.3 (1) m が小さいほど, E_n が大きくなり, その間隔 $E_{n+1} - E_n$ も大きくなるので, 量子化が目立つようになる. つまり, 軽い粒子ほど量子化が目立つ. (2) a が小さいほど, E_n もその間隔も大きくなるので, 量子化が目立つようになる. つまり, 狭いところに閉じこめるほど量子化が目立つ. これと (1) の応用としては, 例えばガリウムヒ素という半導体の中では, 電子の質量が実効的に真空中の 1/10 以下になり, 量子化が目立ちやすい. このため, 原子よりかなり大きなサイズの領域に閉じこめても充分な量子効果が出ることになり, いわゆる**量子デバイス** (quantum device) の材料としてよく使われる. (3) $\hbar$ は自然定数なので勝手に変えられないが, もしも $\hbar$ が大きい世界があったなら, E_n もその間隔も大きくなる. つまり, $\hbar$ が大きいほど量子化が目立つ. (4) 今のモデルでは, 節の数とポテンシャルエネルギーの期待値は無関係なので, 運動エネルギーだけ考えればよい. 節の数が多いほど $\varphi(x)$ の微係数の絶対値が大きくなり, 運動エネルギーが大きくなる.

問題 5.4 $\langle x \rangle = 0$ は対称性から明らか. また,

$$\langle p \rangle = \frac{1}{\sqrt{\pi \ell^2}} \int \frac{\hbar}{i}\left(ik - \frac{x}{\ell^2}\right)\exp\left(-\frac{x^2}{\ell^2}\right)dx = \frac{\hbar k}{\sqrt{\pi \ell^2}}\int \exp\left(-\frac{x^2}{\ell^2}\right)dx = \hbar k$$

と計算できる. $\delta x, \delta p$ は, $\xi = 0$ とした (5.77) の両辺を a で微分した

$$\int_{-\infty}^{\infty} x^2 e^{-ax^2}dx = \frac{1}{2a}\sqrt{\frac{\pi}{a}} \quad (a > 0)$$

を用いて同様の計算をすれば求まる. なお, $\delta x, \delta p$ をかけ算してみると, 不確定性関係 $\delta x \delta p \geq \hbar/2$ の等号を満たしているので, 最小不確定状態 (p.181) になっている.

問題 5.5 $x = 0, a$ で, $\varphi(x)$ も $\varphi'(x)$ も連続であることより係数を定めると,

$$t = \frac{-4ik\kappa e^{-ika}}{(k-i\kappa)^2 e^{-\kappa a}-(k+i\kappa)^2 e^{\kappa a}}, \quad r = \frac{(k^2+\kappa^2)(e^{-\kappa a}-e^{\kappa a})}{(k-i\kappa)^2 e^{-\kappa a}-(k+i\kappa)^2 e^{\kappa a}}.$$

これと, (5.107), (5.108), (5.102) を用いて,

$$T = \frac{4k^2\kappa^2}{(k^2+\kappa^2)^2\sinh^2(\kappa a)+4k^2\kappa^2} = \frac{4E(V_0-E)}{V_0^2\sinh^2(\kappa a)+4E(V_0-E)},$$

$$R = \frac{(k^2+\kappa^2)^2\sinh^2(\kappa a)}{(k^2+\kappa^2)^2\sinh^2(\kappa a)+4k^2\kappa^2} = \frac{V_0^2\sinh^2(\kappa a)}{V_0^2\sinh^2(\kappa a)+4E(V_0-E)}.$$

付録 C 問題解答

ただし，$\kappa = \sqrt{2m(V_0 - E)}/\hbar$ である．

問題 5.6 交換関係 (5.115) をほぐした $\hat{a}\hat{a}^\dagger = 1 + \hat{a}^\dagger \hat{a}$ と，(5.116) を用いる．また，(5.127), (5.130) より $\hat{a}, \hat{a}^\dagger$ は n の値を変える演算子だから，任意の自然数 m に対して，$\langle n|(\hat{a})^m|n\rangle = \langle n|(\hat{a}^\dagger)^m|n\rangle = 0$ が成り立つことを利用する．

$$\langle n|\hat{q}|n\rangle = \sqrt{\frac{\hbar}{2m\omega}} \langle n|(\hat{a} + \hat{a}^\dagger)|n\rangle = 0,$$

$$\begin{aligned}\langle n|\hat{q}^2|n\rangle &= \frac{\hbar}{2m\omega} \langle n|(\hat{a}+\hat{a}^\dagger)^2|n\rangle = \frac{\hbar}{2m\omega}\langle n|(\hat{a}^2 + \hat{a}\hat{a}^\dagger + \hat{a}^\dagger \hat{a} + \hat{a}^{\dagger 2})|n\rangle \\ &= \frac{\hbar}{2m\omega}\langle n|(\hat{a}\hat{a}^\dagger + \hat{a}^\dagger \hat{a})|n\rangle = \frac{\hbar}{2m\omega}\langle n|(2\hat{n}+1)|n\rangle \\ &= \frac{\hbar}{2m\omega}(2n+1).\end{aligned}$$

問題 5.7 $\langle q \rangle, (\delta q)^2$ の計算には，前問の結果を利用できる．$\langle p \rangle, (\delta p)^2$ は，前問と同様に計算する．

$$\langle q \rangle = 0, \quad \langle p \rangle = -i\sqrt{\frac{m\hbar\omega}{2}}\langle 0|(\hat{a} - \hat{a}^\dagger)|0\rangle = 0.$$

$$\begin{aligned}(\delta q)^2 &= \langle q^2 \rangle - \langle q \rangle^2 = \langle q^2 \rangle = \langle 0|\hat{q}^2|0\rangle = \frac{\hbar}{2m\omega}, \\ (\delta p)^2 &= \langle p^2 \rangle - \langle p \rangle^2 = \langle p^2 \rangle = \langle 0|\hat{p}^2|0\rangle = -\frac{m\hbar\omega}{2}\langle 0|(\hat{a} - \hat{a}^\dagger)^2|0\rangle \\ &= -\frac{m\hbar\omega}{2}\langle 0|(\hat{a}^2 - \hat{a}\hat{a}^\dagger - \hat{a}^\dagger \hat{a} + \hat{a}^{\dagger 2})|0\rangle = \frac{m\hbar\omega}{2}\langle 0|\hat{a}\hat{a}^\dagger|0\rangle = \frac{m\hbar\omega}{2}.\end{aligned}$$

ゆえに，$\langle q \rangle = \langle p \rangle = 0$, $\dfrac{1}{2m}(\delta p)^2 = \dfrac{m\omega^2}{2}(\delta q)^2$, $\delta q \delta p = \dfrac{\hbar}{2}$ は全て満たされている．

問題 5.8 行列表示の基底として $\{|n\rangle\} = \{|0\rangle, |1\rangle, |2\rangle, \cdots\}$ をとると，$|n\rangle$ は基底そのものだから，明らかに，

$$|0\rangle = \begin{pmatrix} 1 \\ 0 \\ 0 \\ \vdots \end{pmatrix}, \quad |1\rangle = \begin{pmatrix} 0 \\ 1 \\ 0 \\ \vdots \end{pmatrix}, \quad |2\rangle = \begin{pmatrix} 0 \\ 0 \\ 1 \\ \vdots \end{pmatrix}, \cdots$$

また，(5.127), (5.130) より，

$$\hat{a} = \begin{pmatrix} 0 & 1 & 0 & 0 & \cdots \\ 0 & 0 & 2^{\frac{1}{2}} & 0 & \cdots \\ 0 & 0 & 0 & 3^{\frac{1}{2}} & \cdots \\ 0 & 0 & 0 & 0 & \cdots \\ \vdots & \vdots & \vdots & \vdots & \vdots \end{pmatrix}, \quad \hat{a}^\dagger = \begin{pmatrix} 0 & 0 & 0 & 0 & \cdots \\ 1 & 0 & 0 & 0 & \cdots \\ 0 & 2^{\frac{1}{2}} & 0 & 0 & \cdots \\ 0 & 0 & 3^{\frac{1}{2}} & 0 & \cdots \\ \vdots & \vdots & \vdots & \vdots & \vdots \end{pmatrix}.$$

これを (5.116) に代入して,

$$\hat{q} = \sqrt{\frac{\hbar}{2m\omega}} \begin{pmatrix} 0 & 1 & 0 & 0 & \cdots \\ 1 & 0 & 2^{\frac{1}{2}} & 0 & \cdots \\ 0 & 2^{\frac{1}{2}} & 0 & 3^{\frac{1}{2}} & \cdots \\ 0 & 0 & 3^{\frac{1}{2}} & 0 & \cdots \\ \vdots & \vdots & \vdots & \vdots & \vdots \end{pmatrix}.$$

問題 5.9

$$\varphi_1(q) = \left(\frac{m\omega}{\pi\hbar}\right)^{1/4} \left(\frac{2m\omega}{\hbar}\right)^{1/2} q \, \exp\left(-\frac{m\omega}{2\hbar}q^2\right).$$

問題 6.1 (6.14) を t で微分すると,

$$\begin{aligned}
\frac{d}{dt}\hat{U}(t) &= \frac{\hat{H}}{i\hbar} + \left(\frac{\hat{H}}{i\hbar}\right)^2 t + \frac{1}{2!}\left(\frac{\hat{H}}{i\hbar}\right)^3 t^2 + \ldots \\
&= \frac{\hat{H}}{i\hbar}\left\{\hat{1} + \frac{\hat{H}}{i\hbar}t + \frac{1}{2!}\left(\frac{\hat{H}}{i\hbar}t\right)^2 + \ldots\right\} \\
&= \frac{\hat{H}}{i\hbar}\hat{U}(t)
\end{aligned}$$

となるので, (6.10) を満たす. さらに, (6.11) も満たすことは (6.14) より明らかであるから, (6.12) は確かに解である.

問題 6.2 例えば第 3 項の二重積分は, t_1, t_2 平面における四角い領域の 2 次元積分を, $t_1 \geq t_2$ と $t_1 < t_2$ の 2 つの三角領域に分けて積分すれば,

$$\begin{aligned}
&\vec{T} \int_0^t \int_0^t \hat{H}(t_1)\hat{H}(t_2) dt_1 dt_2 \\
&= \vec{T}\left(\int_0^t \int_0^{t_1} \hat{H}(t_1)\hat{H}(t_2) dt_1 dt_2 + \int_0^t \int_0^{t_2} \hat{H}(t_1)\hat{H}(t_2) dt_2 dt_1\right)
\end{aligned}$$

$$= \int_0^t \int_0^{t_1} \hat{H}(t_1)\hat{H}(t_2)dt_1dt_2 + \int_0^t \int_0^{t_2} \hat{H}(t_2)\hat{H}(t_1)dt_2dt_1$$
$$= 2\int_0^t \int_0^{t_1} \hat{H}(t_1)\hat{H}(t_2)dt_1dt_2$$

と，(6.22) の第 3 項の二重積分になる．他の項についても同様にして示せる．

問題 8.1 (8.16) のようになってしまうと，たとえば $a(\theta,\cdots)$ に対して，$a(\theta,\phi,\lambda)$ と $a(\theta,\phi',\lambda)$ の 2 種類が出てしまい，(8.18) のようにおくことは許されなくなる．このためそれ以降の議論が破綻して，局所実在論でも CHSH 不等式を破りうる．

問題 8.2 共通の所から与えられた指示に応じて θ,ϕ が決まるのだから，θ,ϕ は，指示によって値が変わるある共通のパラメータ X の関数 $\theta(X),\phi(X)$ である．たとえば，$X=1,2,3,4$ に応じて $(\theta(X),\phi(X))=(\theta,\phi),(\theta',\phi),(\theta,\phi'),(\theta',\phi')$ など．a,b の値が，θ,ϕ を通じてだけでなく，X に直接依存する部分もあるように仕組んでおけば，$a=a(\theta(X),X,\lambda), b=b(\phi(X),X,\lambda)$ となる．そうなると，たとえば $a(\theta,\cdots)$ に対して，$a(\theta(1),1,\lambda)$ と $a(\theta(3),3,\lambda)$ の 2 種類が出てしまい，(8.18) のようにおくことは許されなくなる．このためそれ以降の議論が破綻して，局所実在論でも CHSH 不等式を破りうる．

問題 8.3 λ の値に関係付けて θ,ϕ の値を設定する場合は，θ,ϕ を λ とは独立な変数と見なした (8.15) が破綻する．このためそれ以降の議論が破綻して，局所実在論でも CHSH 不等式を破りうる．

問題 9.1

$$\hat{\sigma}_+\hat{\sigma}_- + \hat{\sigma}_-\hat{\sigma}_+ = \hat{1}, \quad (\hat{\sigma}_+ + \hat{\sigma}_-)(\hat{\sigma}_- - \hat{\sigma}_+) = \hat{\sigma}_z$$

なので，これらの和と差をそれぞれ $1/2$ すれば，$\begin{pmatrix} 1 & 0 \\ 0 & 0 \end{pmatrix}, \begin{pmatrix} 0 & 0 \\ 0 & 1 \end{pmatrix}$ が作れる．明らかに，任意の 2×2 行列は，これらと $\hat{\sigma}_\pm$ の線形結合として表せる．

索 引

ア

アンサンブル (ensemble), 63
位相 (phase), 245
位相因子 (phase factor), 35, 245
位置演算子 (position operator), 77
位置表示の波動関数, 77
一般化運動量, 111, 199
一般化座標, 110
一般化速度, 110
井戸型ポテンシャル, 152
因果律 (causality), 214
エネルギー固有状態 (energy eigenstate), 96
エネルギー固有値 (energy eigenvalue), 96
エネルギー準位 (energy level), 156
エルミート演算子 (hermitian operator), 42
エルミート共役 (hermitian conjugate), 41, 250
エルミート行列 (hermitian matrix), 42, 250
エルミート多項式, 182
エレクトロンボルト, 163
演算子 (operator), 37
演算子形式 (operator formalism), 20, 29
エンタングルした状態 (entangled state), 228
オイラーの公式, 244
オーダー (order), 6
同じ状態, 19

カ

外場 (external field), 183
ガウス積分, 168
ガウス波束 (gaussian wave packet), 168
可換 (commutative), 81, 249
可観測量 (observable), 19, 43, 239
確定している状態, 79
確率 (probability), 11, 60
確率の流れ, 171
確率の流れの密度, 172
確率の保存, 101

確率分布 (probability distribution), 11
確率密度 (probability density), 75
隠れた変数 (hidden variable), 215
重ね合わせ (superposition), 66
重ね合わせの原理 (principle of superposition), 66
重ね合わせる (superpose), 66
可分 (separable), 182
換算質量 (reduced mass), 163
干渉項 (interference term), 68
干渉効果 (interference effect), 68
干渉縞, 4
完全系 (complete set), 45
完全性関係 (completeness relation または closure), 56
完備, 31, 34
規格化 (normalize), 36
規格化された固有ベクトル (normalized eigenvector), 40
規格化されている (normalized), 35
期待値 (expectation value), 65
基底, 247
基底準位 (ground level), 156
基底状態 (ground state), 156
基本変数, 21, 233
逆, 80
逆行列, 249
既約表現 (irreducible representation), 127
逆ベクトル, 245
q-数 (q-number), 37
強収束 (strong convergence), 139
凝縮系物理, 201
共役 (conjugate), 51, 111, 199
共役演算子 (adjoint operator), 41
共役複素数, 243
行列 (matrix), 248
行列式 (determinant), 249
行列表示 (matrix representation), 133
行列要素 (matrix element), 132, 133
行列力学 (matrix mechanics), 189

索　引

局所実在論 (local objective theory), 215
局所性 (locality), 214
局所相互作用 (local interaction), 198
局所的な確率の保存則, 171
局所的な保存則, 171
虚数単位, 243
虚部, 243
区間, 8
くりこみ (renormalization), 206
クロネッカーのデルタ, 47
形式解 (formal solution), 187
計量線形空間, 31
決定論的 (deterministic), 95
ケットベクトル (ket vector), 51
ゲルファントの3つ組, 73
元 (element), 7
交換関係 (commutation relation), 82
交換子 (commutator), 81
交換しない, 81, 249
交換する (commute), 81, 249
交換する物理量の完全集合 (complete set of commuting observables), 91
恒等演算子, 37
古典系 (classical system), 21
古典電磁気学, 9
古典物理学, 9
古典力学, 9
古典論, 9
古典論的考え方, 12
異なる状態, 19
固有エネルギー (eigenenergy), 96
固有関数 (eigenfunction), 51
固有空間 (eigenspace), 55
固有空間への射影演算子, 55
固有状態 (eigenstate), 38
固有 (角) 振動数 (eigen (angular) frequency), 97
固有値 (eigenvalue), 38
固有値スペクトル, 44
固有値方程式, 38
固有ベクトル (eigenvector), 38
孤立系 (isolated system), 22
混合状態 (mixed state), 22, 24, 25

サ

最小作用の原理 (least action principle), 110, 198
最小不確定状態 (minimum uncertainty state), 181
定まっている状態, 79
座標表示の波動関数, 77, 118, 123
作用 (action), 110, 197
CHSH 不等式 (Clauser-Horne-Shimony-Holt inequality), 218
GNS 構成法 (Gelfand-Naimark-Segal construction), 206
c-数 (c-number), 37
時間順序積, 187
時間とエネルギーの不確定性関係, 194
時間に依存しないシュレディンガー方程式 (time-independent Schrödinger equation), 142
時間に依存するシュレディンガー方程式 (time-dependent Schrödinger equation), 142
時間発展 (time evolution), 17, 20, 237, 239
時間発展演算子 (time evolution operator), 184
次元 (dimension), 33, 151, 247
自己共役演算子 (self-adjoint operator), 42
自乗可積分, 118
指数関数, 244
自然幅 (natural line width), 195
実在論, 12, 17
実部, 243
実 ϕ^4 模型 (real ϕ^4 model), 198, 201
射影 (projection), 54
射影演算子 (projection operator), 54
射影仮説, 102
弱収束 (weak convergence), 139
射線, 35
写像 (map), 21, 37
集合 (set), 7
集団, 63
自由度 (degrees of freedom), 22, 110, 234
縮重度, 45
縮退 (degeneracy), 45

縮退度, 45
シュレディンガーの波動関数, 119, 124
シュレディンガー表現 (Schrödinger representation), 119
シュレディンガー描像 (Schrödinger picture), 20, 189
シュレディンガー方程式 (Schrödinger equation), 95
シュワルツの不等式, 138
巡回不変性, 136
純粋状態 (pure state), 22, 24, 25, 93
状態ベクトル (state vector), 36
消滅演算子 (annihilation operator), 179
スカラー場, 196
スピン (spin), 10, 43
スペクトル分解 (spectral resolution), 58
正規直交完全系 (complete orthonormal set), 47, 247
正規直交基底 (orthonormal basis), 247
正準交換関係 (canonical commutation relation), 114, 115, 203
正準変換, 129
正準変数 (canonical variables), 111, 199
正準量子化 (canonical quantization), 114
生成演算子 (creation operator), 180
正方行列, 248
積, 248
絶対値, 244
ゼロベクトル, 245
線形結合 (linear combination), 246
線形作用素 (linear operator), 37
線形独立, 246
相関 (correlation), 212
相互作用描像, 239
相対確率, 144
双対空間 (dual space), 53
測定 (measurement), 17, 19, 237, 239
測定誤差 (measurement error), 85
測定の反作用 (backaction of measurement), 85
束縛状態 (bound state), 166

タ

対角化する表示, 134

対角行列 (diagonal matrix), 248
対角要素 (diagonal element), 248
対角和 (trace), 136
対偶, 80
第2量子化 (second quantization), 204
縦ベクトル, 246
単位, 151
単位行列, 249
遅延選択実験 (delayed-choice experiment), 217
違う状態, 19
チューリング機械 (Turing machine), 13
チューリングの計算機理論, 13, 236
超関数, 69
超選択則 (superselection rule), 68
調和振動子 (harmonic oscillator), 114
直交する (orthogonal), 35
定常状態（steady state あるいは stationary state), 97
デルタ関数 (delta function), 69
デルタ関数による規格化, 143
転置行列, 249
透過確率, 175
透過軸, 210
同型 (isomorphic), 134
同時刻交換関係 (equal-time commutation relation), 115, 116, 205
同時固有関数 (simultaneous eigenfunction), 89
同時固有状態 (simultaneous eigenstate), 89
同時固有ベクトル (simultaneous eigenvector), 89
特性方程式, 39
独立, 246
独立に, 61
閉じた系 (closed system), 22
ド・ブロイの関係式, 149
ド・ブロイ波長, 149
トンネル現象, 176
トンネル効果, 176

ナ

内積 (inner product), 30
内積空間 (inner product space), 31

索引

二重性, 149
ノルム (norm), 31

ハ

場 (field), 197
ハイゼンベルク・カット (Heisenberg cut), 108
ハイゼンベルクの運動方程式 (Heisenberg equation of motion), 191
ハイゼンベルク描像 (Heisenberg picture), 20, 189
排他的, 60
パウリ行列 (Pauli matrix), 38
箱形ポテンシャル, 173
波束 (wave packet), 168
波束の収縮, 102
波動関数 (wave function), 48
波動関数の規格化条件, 49
波動力学 (wave mechanics), 189
場の量子論 (quantum field theory), 196, 238
場の理論 (field theory), 196
ハミルトニアン (Hamiltonian), 95, 112, 113, 200
ハミルトニアン密度 (Hamiltonian density), 201
ハミルトン形式, 112, 200
汎関数 (functional), 200
汎関数微分, 200
反交換関係 (anti-commutation relation), 204
反射確率, 175
反復可能性, 62
非可換 (noncommutative), 81, 249
非束縛状態 (unbound state), 167
非対角要素 (off-diagonal element), 248
左微分, 144
微分方程式の固有値問題, 141
非ユニタリー発展 (non-unitary evolution), 105
表現 (representation), 119
表示 (representation), 48
標準偏差 (standard deviation), 79
開いた系 (open system), 22

フェルミオン (fermion), 126, 204
フォック空間 (Fock space), 206
フォン・ノイマン (von Neumann) の一意性定理, 127
不確定さ (uncertainty), 79
不確定性関係 (uncertainty relation), 83
不確定性原理 (uncertainty principle), 83
複素共役 (complex conjugate), 243, 249
複素数 (complex number), 243
複素ヒルベルト空間 (complex Hilbert space), 32
複素ベクトル空間, 30, 245
節 (node), 155
物性物理, 201
物理状態 (physical state), 17, 19, 237, 239
物理量 (physical quantity), 17, 19, 237, 239
部分空間 (subspace), 55
部分集合, 8
普遍的 (universal), 166
ブラベクトル (bra vector), 51
プランク定数 (Planck's constant), 11
分散 (variance), 78
平均値 (mean value), 65
平行な, 35
ベクトル, 245
ベル型の不等式 (Bell-type inequalities), 218
ベルの不等式 (Bell's inequalities), 13, 209, 218
偏角, 244
偏光 (polarization), 210
偏光板, 210
偏微分, 7
偏微分係数, 7
偏微分方程式, 120
ボソン (boson), 126, 204
保存, 101
ボルン (Born) の確率規則, 60, 75

マ

右微分, 144
ミクロな, 1
無限次元ヒルベルト空間, 33
無限自由度系, 22, 91, 234

ヤ

有界, 143
有限自由度系, 22, 91, 110, 234
ユニタリー演算子 (unitary operator), 185
ユニタリー行列 (unitary matrix), 250
ユニタリー線形空間 (unitary vector space), 31
ユニタリー同値 (unitarily equivalent), 127
ユニタリー発展 (unitary evolution), 100
ユニタリー変換 (unitary transformation), 100, 127
揺らいでいる状態, 79
ゆらぎ (fluctuation), 79
用意 (prepare), 103
要素, 248

ラ

ラグランジアン (Lagrangian), 110, 197
ラグランジアン密度 (Lagrangian density), 198
ラグランジュ形式, 111, 199
rigged Hilbert space, 73
離散固有値 (discrete eigenvalue), 44
離散スペクトル (discrete spectrum), 44
離散変数 (discrete variable), 6
理想測定 (ideal measurement), 104
量子 (quantum), 158
量子化 (quantization), 156
量子化 (quantize), 157
量子系 (quantum system), 21
量子計算機, 37
量子現象 (quantum phenomenon), 231
量子状態 (quantum state), 21
量子数 (quantum number), 154
量子測定 (quantum measurement), 21
量子測定理論 (quantum measurement theory), 85, 107
量子デバイス (quantum device), 256
量子力学 (quantum mechanics), 196, 238
量子論, 4
ルジャンドル変換, 112
励起準位 (excited level), 157
励起状態 (excited state), 157
零点エネルギー (zero-point energy), 181
零点振動 (zero-point oscillation), 181
列ベクトル, 246
連続固有値 (continuous eigenvalue), 44
連続状態, 167
連続スペクトル (continuous spectrum), 44
連続の式 (equation of continuity), 171
連続変数 (continuous variable), 7

ワ

和, 245, 248
ワイル (Weyl) 型の正準交換関係, 128

著者略歴

清水　明
（しみず　あきら）

1984年　東京大学大学院理学系研究科物理学専攻修了．理学博士．キヤノン（株）中央研究所研究員，新技術事業団榊量子波プロジェクト グループリーダー，東京大学教授，同大学先進科学研究機構機構長を経て，
現　在　東京大学名誉教授，放送大学客員教授．

主要著書

熱力学の基礎 第2版 I・II（東京大学出版会，2021）
熱力学の基礎（東京大学出版会，2007）
アインシュタインと21世紀の物理学（共著，日本物理学会編，日本評論社，2005）
物理学のすすめ（共著，塚田 捷 編，筑摩書房，1997）

新物理学ライブラリ＝別巻2

新版 量子論の基礎 その本質のやさしい理解のために

2003年 3月25日 ⓒ	初　版　発　行
2003年 5月10日	初版第2刷発行
2004年 4月25日 ⓒ	新版第1刷発行
2024年 6月10日	新版第22刷発行

著　者　清水　明
発行者　森平敏孝
印刷者　山岡影光
製本者　小西惠介

発行所　株式会社　サイエンス社
〒151-0051　東京都渋谷区千駄ヶ谷1丁目3番25号
営業　☎（03）5474-8500（代）　振替 00170-7-2387
編集　☎（03）5474-8600（代）
FAX　☎（03）5474-8900

印刷　三美印刷　　　製本　ブックアート

《検印省略》

本書の内容を無断で複写複製することは，著作者および出版者の権利を侵害することがありますので，その場合にはあらかじめ小社あて許諾をお求め下さい．

サイエンス社のホームページのご案内
http://www.saiensu.co.jp
ご意見・ご要望は
rikei@saiensu.co.jp まで．

ISBN4-7819-1062-9

PRINTED IN JAPAN

SGC ライブラリ
for Senior & Graduate Courses

165
弦理論と可積分性
ゲージ–重力対応のより深い理解に向けて

佐藤勇二著　Ｂ５・本体2500円

166
ニュートリノの物理学
素粒子像の変革に向けて

林　青司著　Ｂ５・本体2400円

167
統計力学から理解する　　超伝導理論［第2版］

北　孝文著　Ｂ５・本体2650円

168
幾何学的な線形代数
基礎概念から幾何構造まで

戸田正人著　Ｂ５・本体2100円

169
テンソルネットワークの基礎と応用
統計物理・量子情報・機械学習

西野友年著　Ｂ５・本体2300円

＊表示価格は全て税抜きです．

サイエンス社

SGC ライブラリ
for Senior & Graduate Courses

170
一般相対論を超える重力理論と宇宙論
向山信治著　Ｂ５・本体2200円

171
気体液体相転移の古典論と量子論
國府俊一郎著　Ｂ５・本体2200円

172
曲面上のグラフ理論
中本敦浩・小関健太共著　Ｂ５・本体2400円

173
一歩進んだ理解を目指す物性物理学講義
加藤岳生著　Ｂ５・本体2400円

174
調和解析への招待
関数の性質を深く理解するために
澤野嘉宏著　Ｂ５・本体2200円

＊表示価格は全て税抜きです．

サイエンス社

SGCライブラリ for Senior & Graduate Courses

175
演習形式で学ぶ特殊相対性理論
前田恵一・田辺　誠共著　Ｂ５・本体2200円

176
確率論と関数論
伊藤解析からの視点
厚地　淳著　Ｂ５・本体2300円

177
量子測定と量子制御［第2版］
沙川貴大・上田正仁共著　Ｂ５・本体2500円

178
空間グラフのトポロジー
Conway-Gordonの定理をめぐって
新國　亮著　Ｂ５・本体2300円

179
量子多体系の対称性とトポロジー
統一的な理解を目指して
渡辺悠樹著　Ｂ５・本体2300円

180
リーマン積分からルベーグ積分へ
積分論と実解析
小川卓克著　Ｂ５・本体2300円

＊表示価格は全て税抜きです．

サイエンス社

SGC ライブラリ for Senior & Graduate Courses

181
重点解説
微分方程式とモジュライ空間
廣惠一希著　Ｂ５・本体2300円

182
ゆらぐ系の熱力学
非平衡統計力学の発展
齊藤圭司著　Ｂ５・本体2500円

183
行列解析から学ぶ量子情報の数理
日合文雄著　Ｂ５・本体2600円

184
物性物理とトポロジー
非可換幾何学の視点から
窪田陽介著　Ｂ５・本体2500円

185
深層学習と統計神経力学
甘利俊一著　Ｂ５・本体2200円

＊表示価格は全て税抜きです．

サイエンス社

SGC ライブラリ for Senior & Graduate Courses

186
電磁気学探求ノート
"重箱の隅"を掘り下げて見えてくる本質

和田純夫著　B5・本体2650円

187
線形代数を基礎とする応用数理入門
最適化理論・システム制御理論を中心に

佐藤一宏著　B5・本体2800円

188
重力理論解析への招待
古典論から量子論まで

泉　圭介著　B5・本体2200円

189
サイバーグ–ウィッテン方程式
ホモトピー論的手法を中心に

笹平裕史著　B5・本体2100円

190
スペクトルグラフ理論
線形代数からの理解を目指して

吉田悠一著　B5・本体2200円

＊表示価格は全て税抜きです．

サイエンス社

SGC Books

新版 基礎からの力学系
小室元政著　Ａ５・本体2000円

新版 物理数学ノート
佐藤　光著　Ａ５・本体1900円

新版 演習場の量子論
柏　太郎著　Ａ５・本体1850円

新版 シュレーディンガー方程式
仲　滋文著　Ａ５・本体1800円

新版 マクスウェル方程式
北野正雄著　Ａ５・本体2000円

＊表示価格は全て税抜きです．

サイエンス社

■科学の最前線を紹介する月刊雑誌　　（毎月20日刊）

数理科学　MATHEMATICAL SCIENCES

自然科学と社会科学は今どこまで研究されているのか——．
そして今何をめざそうとしているのか——．
「数理科学」はつねに科学の最前線を明らかにし，
大学や企業の注目を集めている科学雑誌です．**本体 954 円（税抜き）**

■本誌の特色■
①基礎的知識　②応用分野　③トピックス
を中心に，科学の最前線を特集形式で追求しています．

■予約購読のおすすめ■
年間購読料：　11,000 円　（税込み）
　　半年間：　5,500 円　（税込み）

（送料当社負担）

SGCライブラリのご注文については，予約購読者の方には商品到着後のお支払いにて受け賜ります．
当社営業部までお申し込みください．

———— サイエンス社 ————